工程数学系列教材

# 数值分析

主　编　何光辉　胡小兵　董海云

主　审　王开荣



重庆大学出版社

## 内容提要

本书是为高校专业硕士和本科生《数值分析》课程编写的教材。书中系统地介绍了数值分析的基本概念,常用算法及有关的理论分析和应用。全书共分9章,第1章是绪论,介绍数值分析中的基本概念;第2章至第9章包含了数值分析中的基本问题,如线性方程组的数值解法,矩阵特征值和特征向量的数值解法,非线性方程及方程组的数值解法,插值方法,数据拟合和函数逼近,数值积分,数值微分以及常微分方程初值问题的数值解法等;在每个章节我们通过一个案例引入即将讲解的内容,加强了本课程在实际工程中的联系。在每个章节后面对部分例题介绍了用Matlab软件求解过程和源程序。教材还通过表格的形式对每章中的内容进行了系统的总结,方便读者总结和概括本章内容。最后各章都给出典型例题并配有一定数量的习题,书后给出了习题答案和提示.。

本书基本概念叙述清晰,语言通俗易懂,注重算法的实际应用和上机实践,可作为专业硕士和本科生的数值分析课程的教科书,还可作为大学本科及硕士生的教学参考书,也可供工程技术人员参考使用。

**图书在版编目(CIP)数据**

数值分析/何光辉主编.—重庆:重庆大学出版社,2015.8(2022.3重印)
ISBN 978-7-5624-9342-6

Ⅰ.①数… Ⅱ.①何… Ⅲ.①数值分析 Ⅳ.①O241

中国版本图书馆CIP数据核字(2015)第169829号

**数值分析**

主　编　何光辉　胡小兵　董海云
主　审　王开荣
责任编辑:文　鹏　　版式设计:周　立
责任校对:关德强　　责任印制:张　策

*

重庆大学出版社出版发行
出版人:饶帮华
社址:重庆市沙坪坝区大学城西路21号
邮编:401331
电话:(023) 88617190　88617185(中小学)
传真:(023) 88617186　88617166
网址:http://www.cqup.com.cn
邮箱:fxk@cqup.com.cn(营销中心)
全国新华书店经销
POD:重庆俊蒲印务有限公司

*

开本:787mm×1092mm　1/16　印张:14.75　字数:368千
2015年8月第1版　2022年3月第2次印刷
ISBN 978-7-5624-9342-6　定价:45.00元

# 前　言

科学计算已经与理论证明、科学实验并列成为三种科学研究方法之一。近年来随着计算机的迅速普及以及工程中需要处理的信息快速增长，掌握和应用科学计算方法或者数值分析方法已经是理工科研究生和本科生的基本要求。目前在工科研究生和专业硕士以及本科阶段选修《数值分析》课程的专业和学生占很大比例，这充分说明了科学计算已经成为各种工程技术中重要的研究手段和工具。

本书力求适应工科类专业硕士学习的特点，减少理论证明的过程，加强了实际案例的应用讲解。为了弥补研究生课程没有上机实践的缺点，本书中增加了上机实践的源代码，希望学生理解数学知识在工程应用中的过程，明确学习的目的，增强学习主动性。

因此本书编写时注重了以下原则：一是保持课程体系的完整性，二是增强本课程的实用性，三是加深内容的可读性。为此，我们在系统介绍基础理论的同时，省略了一些繁琐艰深的证明过程，而主要侧重于算法叙述和算例分析。行文时注重通俗易懂，对专业术语尽量作通俗的解释，特别是避免完全用术语解释术语，以增强本书的可读性。同时为常用的算法给出了 Matlab 出程序的源代码，方便读者编程运行进行验证。

学习本书必需的数学基础是微积分、线性代数和常微分方程，这是一般工科专业硕士和大学生都具备的。为便于自学，各章后均附有习题，书后有习题参考答案和提示，师生可结合安排习题练习。在计算习题计算量较大时，可考虑使用程序计算。

全书共分 9 章，其中第 1 章至第 5 章由何光辉老师执笔；第 6 章、7 章由胡小兵老师编写，第 8、9 章由董海云老师完成，全书由王开荣老师审核。全书设计讲授时数为 40 学时。

由于我们的经验和水平有限，对教材中疏忽和谬误之处，敬请读者指正赐教，以期修订时改进完善。

作者<br>2015.1

# 目 录

# 第 1 章 绪 论

数值分析是数学学科的一个分支,是一门与计算机科学密切结合的实用性很强的数学课程,也是科学计算的基础。数值分析是以各类数学问题的数值解法作为研究对象,并结合现代计算机科学与技术,为解决科学与工程中遇到的各类数学问题提供基本的算法。

数值分析课程研究内容包括常见的基本数学问题的数值解法,包含了数值代数(线性方程组的解法、矩阵特征值计算等)、非线性方程的解法、数值逼近、数值微分与数值积分、常微分方程的数值解法等。它的基本理论和研究方法建立在数学理论基础之上,研究对象是数学问题,因此它是数学的分支之一。

近年来,个人计算机的飞速发展使得人们可以获得强大的计算能力,使得数值分析的方法发展和使用异常迅速。数值分析是强大的问题求解工具,它能处理大规模方程组、非线性系统和复杂的几何问题。在工程中,这些问题很常见,用解析方法对其求解几乎是不可能的。因此,数值分析增强了人们求解问题的能力。

## 1.1 算 法

算法是对问题求解过程的一种描述,是为解决一个或一类问题给出的一个确定的、有限长的操作序列。严格说来,一个算法必须满足以下五个重要特性:

(1)有穷性

对于任意一组合法的输入值,在执行有穷步骤之后一定能结束。这里有两重意思,即算法中的操作步骤为有限个,且每个步骤都能在有限时间内完成。

(2)确定性

对于每种情况下所应执行的操作,在算法中都有确切的规定,使算法的执行者或阅读者都能明确其含义及如何执行。并且在任何条件下,算法都只有一条执行路径。确定性表现在对算法中每一步的描述都没有二义性,只要输入相同,初始状态相同,则无论执行多少遍,所得结果都应该相同。

(3)可行性

算法中的所有操作都必须足够基本,都可以通过已经实现的基本操作运算有限次实现之。可行性指的是,序列中的每个操作都是可以简单完成的,其本身不存在算法问题,例如,“求 $x$ 和 $y$ 的公因子”就不够基本。

(4)有输入

作为算法加工对象的量值,通常体现为算法中的一组变量。但有些算法的字面上可以没有输入,实际上已被嵌入算法之中。

(5)有输出

它是一组与“输入”有确定关系的量值,是算法进行信息加工后得到的结果,这种确定关系即为算法的功能。

### *1.1.1 算法常用描述形式*

(1)用数学公式和文字说明描述

这种方式符合人们的理解习惯,和算法的推证相衔接,易于学习接受,但不方便转换成程序语言。

(2)用框图描述

这种方式描述计算过程流向清楚,易于编制程序,但初学者有一个习惯过程。此外,框图描述格式不很统一,详略难以掌握。

(3)伪代码

它是表述算法的一种通用语言,有特定的表述程序和语句。它独立于计算机的硬件和软件系统,但它可以很容易地转换成某种实用的计算机高级语言,同时也具有一定的可读性。

(4)算法程序

算法程序即用计算机语言描述的算法。它是面向计算机的算法,计算机可直接运行。它可以是印刷文本,也可以是存储器上存储的文件,它们常常组装成算法软件包。我们以后讨论的算法,通常都有现成的程序文本和软件可以利用。一个合格的计算工作者,应当能熟练地应用这些已有的软件工具。但从学习算法的角度看,这种描述方式并不十分有利。

由于数值分析课程的特点是公式比较多,因此本教材主要采用数学公式和文字说明的描述方式。读者如果需要编写相关的程序,可以在理解算法的基础上自己编写程序。

### *1.1.2 数值型算法的基本特点*

数值型算法的执行总是与特定的工具有关,而每一种计算工具的有效数位总是一定的。因此相对于普通算法而言,数值分析问题在实际过程中参与运算的数值基本都是近似的。为准确而全面地描述整个问题的解决过程,数值型算法常具有如下特点:

1)无穷过程的截断

**例 1.1** 计算 $e^x, x\in[0,0.5]$。

**解** 据 Taylor 公式:

$$e^x = 1 + \frac{x^2}{2!} + \frac{x^3}{3!} + \cdots + \frac{x^n}{(n)!} + \cdots \tag{1.1}$$

这是一个无穷级数,我们只能在适当的地方“截断”,使计算量不太大,而精度又能满足要求。

如取 $n=5$,计算 $e^{0.25} \approx 1 + \frac{0.25^2}{2!} + \cdots + \frac{0.25^5}{5!} = 0.284\,025\,065\,104\,167$ ,据 Taylor 余项公式,它的误差应为

$$R = \frac{\xi^6}{6!}, \quad \xi \in [0,0.5] \tag{1.2}$$

$$|R| \leqslant \frac{(0.5)^6}{720} = 2.170\ 13 \times 10^{-5}$$

可见结果相当精确。

2)连续过程的离散化

**例 1.2** 计算积分值 $I = \int_0^1 (x^2 + 1)\mathrm{d}x$。

**解** 如图 1.1 所示,将 [0,1] 分为 4 等份,分别计算 4 个小曲边梯形面积的近似值,然后加起来作为积分的近似值。记被积函数为 $f(x)$,即

$$f(x) = x^2 + 1$$

取 $h = \frac{1}{4}$,有 $x_i = ih, i = 0,1,2,3,4, T_i = \frac{f(x_i) + f(x_{i+1})}{2} h$。

所以有 $I \approx \sum_{i=0}^{3} T_i = 1.343\ 75$,与精确 1.333 33 比较,可知结果不够精确,如进一步细分区间,精度可以提高。

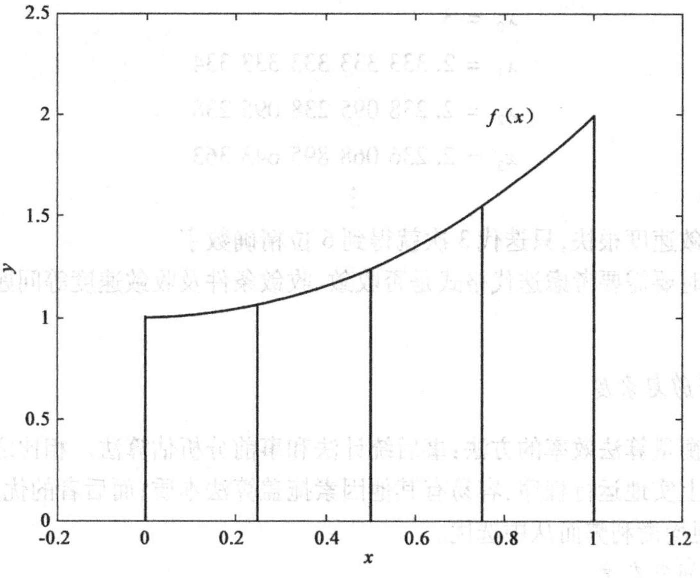


图 1.1

3)迭代计算

迭代是指某一简单算法的多次重复,后一次使用前一次的结果。这种形式易于在计算程序中实现,在程序中表现为"循环"过程。例如求最大公约数:求两个数 $a, b(b \neq 0)$ 的最大公约数,可以利用辗转相除法来完成。其具体步骤为:

①求 $\frac{a}{b}$ 的余数 $p$。

②如果 $p \neq 0$,令 $a = b, b = p$。

③重复步骤①②直到 $p = 0$,最终得到的 $a$ 即为最大公约数。

**例 1.3** 求(319,377)的最大公约数。

**解** 377 ÷ 319 = 1(余 58),(377,319) = (319,58);

319 ÷ 58 = 5(余 29),(319,58) = (58,29);

58 ÷ 29 = 2(余 0),(58,29) = 29;

最终得到(319,377) = 29。

**例 1.4** 不用开平方计算 $\sqrt{a}\,(a>0)$ 的值。

**解** 假定 $x_0$ 是 $\sqrt{a}$ 的一个近似值,$x_0>0$,则 $\frac{a}{x_0}$ 也是 $\sqrt{a}$ 的一个近似值,且 $x_0$ 和 $\frac{a}{x_0}$ 两个近似值必有一个大于 $\sqrt{a}$,另一个小于 $\sqrt{a}$。可以设想它们的平均值应为 $\sqrt{a}$ 的更好的近似值,于是设计一种算法:

$$x_{k+1}=\frac{1}{2}\left(x_k+\frac{a}{x_k}\right),\quad k=0,1,2,\cdots \tag{1.3}$$

如计算 $\sqrt{5}$,取 $x_0=3$,有 $x_{k+1}=\frac{1}{2}\left(x_k+\frac{5}{x_k}\right),\quad k=0,1,2,\cdots$

计算得到以下结果:

$$\begin{aligned}
x_0 &= 3\\
x_1 &= 2.333\,333\,333\,333\,334\\
x_2 &= 2.238\,095\,238\,095\,238\\
x_3 &= 2.236\,068\,895\,643\,363\\
&\vdots
\end{aligned}$$

可见此法收敛速度很快,只迭代 3 次就得到 6 位精确数字。

迭代法应用时要需要考虑迭代格式是否收敛、收敛条件及收敛速度等问题,这将在第 5 章进一步讨论。

### 1.1.3 算法的复杂度

通常有两种衡量算法效率的方法:事后统计法和事前分析估算法。相比之下,前者的缺点是必须在计算机上实地运行程序,容易有其他因素掩盖算法本质;而后者的优点是可以预先比较各种算法,以便均衡利弊而从中选优。

1)算法的时间复杂度

(1)估算算法的时间效率

和算法执行时间相关的因素有:①算法所用“策略”;②算法所解问题的“规模”;③编程所用“语言”;④“编译”的质量;⑤执行算法的计算机的“速度”。显然,后三条受到计算机硬件和软件的制约。既然是“估算”,我们仅需考虑前两条。

一个算法的“运行工作量”通常是随问题规模的增长而增长,因此比较不同算法的优劣主要应该以其“增长的趋势”为准则。假如,随着问题规模 $n$ 的增长,算法执行时间的增长率 $T(n)$ 和 $f(n)$ 的增长率相同,则可记作 $T(n)=O(f(n))$。其中,“$O$”的数学含义是:若存在两个常量 $C$ 和 $n_0$,当 $n>n_0$ 时,$|T(n)|\leqslant C|f(n)|$。

(2)估算算法的时间复杂度

任何一个算法都是由一个“控制结构”和若干“原操作”组成的,因此,一个算法的执行时间可以看成是所有原操作的执行时间之和。

$$算法运行时间 = \sum 原操作(i) 的执行次数 \times \sum 原操作的执行时间$$

“原操作”指的是固有数据类型的操作，显然每个原操作的执行时间和算法无关，相对于问题的规模是常量。同时，由于算法的时间复杂度只是算法执行时间增长率的量度，因此只需要考虑在算法中“起主要作用”的原操作即可。这种原操作称为“基本操作”，它的重复执行次数和算法的执行时间成正比，从而算法的执行时间与所有原操作的执行次数之和成正比。

从算法中选取一种对于所研究的问题来说是基本操作的原操作，以该基本操作在算法中重复执行的次数作为算法时间复杂度的依据。这种衡量效率的办法所得出的不是时间量，而是一种增长趋势的量度。它与软硬件环境无关，只暴露算法本身执行效率的优劣。

**例 1.5** 两个 $n \times n$ 的矩阵相乘。其中矩阵的“阶” $n$ 为问题的规模。

**算法：**

```
void Mult_matrix (int c[][], int a[][], int b[][], int n)
{
  // a、b 和 c 均为 n 阶方阵，且 c 是 a 和 b 的乘积
  for (i=1; i<=n; ++i)
  for (j=1; j<=n; ++j) {
    c[i,j] = 0;
    for (k=1; k<=n; ++k)
      c[i,j] += a[i,k] * b[k,j];
  }
}// Mult_matrix
```

容易看出，算法中的控制结构是三重循环，每一重循环的次数是 $n$ 。原操作有赋值运算、加法运算和乘法运算。显然，在三重循环之内的“乘法”是基本操作，它的重复执行次数是 $n^3$，即算法的时间复杂度为 $O(n^3)$ 。

2）算法的空间复杂度

算法的存储量指的是算法执行过程中所需的最大存储空间。算法执行期间所需要的存储量应该包括以下三部分：①输入数据所占空间；②程序本身所占空间；③）辅助变量所占空间。

类似于算法的时间复杂度，通常以算法的空间复杂度作为算法所需存储空间的量度。定义算法空间复杂度为 $S(n) = O(g(n))$，表示随着问题规模 $n$ 的增大，算法运行所需辅助存储量的增长率与 $g(n)$ 的增长率相同。

程序代码本身所占空间对不同算法通常不会有数量级之差别，因此在比较算法时可以不加考虑；算法的输入数据量和问题规模有关，若输入数据所占空间只取决于问题本身，和算法无关，则在比较算法时也可以不加考虑。由此只需要分析除输入和程序之外的额外空间。

和算法时间复杂度的考虑类似，若算法所需存储量依赖于特定的输入，则通常按最坏情况考虑。

# 1.2 误差

计算机科学的发展,提供了数据处理的高速度和高精度的计算工具,使得许多复杂的数值分析问题得到了较好的解决。但计算机与任何计算工具相同,它所处理的数值型的问题在任何环节中都是近似的,因而数值分析中误差总是不可避免存在的。也就是说,在数值分析方法中,绝大多数情况下不存在绝对的精确。我们关注的是如何估计误差,并将误差控制在可以接受的范围内。因此,在数值分析中误差分析是十分重要的。

### *1.2.1 误差的来源*

在运用数学方法解决实际问题的过程中,每一步都可能带来误差。

(1)模型误差

在建立数学模型时,往往要忽视很多次要因素,把模型"简单化"、"理想化"。这时模型就与真实背景有了差距,即带入了误差。

(2)测量误差

数学模型中的已知参数多数是通过测量得到,而测量过程受工具、方法、观察者的主观因素、不可预料的随机干扰等影响必然带入误差。

(3)截断误差

数学模型常难于直接求解,往往要近似替代,简化为易于求解的问题,这种简化带入的误差称为方法误差或截断误差。

(4)舍入误差

计算机只能处理有限数位的小数运算,初始参数或中间结果都必须进行四舍五入运算,这必然产生舍入误差。

在数值分析课程中不分析讨论模型误差。截断误差是数值分析课程的主要讨论对象,它往往是计算中误差的主要部分,在讲到各种算法时,通过数学方法可推导出截断误差限的公式,如式(1.2);舍入误差的产生往往带有很大的随机性,讨论比较困难,在问题本身呈病态或算法稳定性不好时,它可能成为计算中误差的主要部分;至于测量误差,我们把它作为初始的舍入误差看待。

详尽的误差分析是困难的,有时是不可能的。数值分析中主要讨论截断误差及舍入误差。当我们发现计算结果与实际不符时,应当能诊断出误差的来源,并采取相应的措施加以改进,直至建议对模型进行修改。

### *1.2.2 误差的基本概念*

1)误差与误差限

**定义 1.1** 设 $x^*$ 是准确值,$x$ 是它的一个近似值,称

$$e = x - x^* \tag{1.4}$$

为近似值 $x$ 的绝对误差,简称误差。误差是有量纲的量,量纲同 $x$,它可正可负。

误差一般无法准确计算,只能根据测量或计算情况估计出其绝对值的一个上限,这个上限称为近似值 $x$ 的误差限,记为 $\varepsilon$ 。即

$$|x - x^*| \leqslant \varepsilon \tag{1.5}$$

其意义是：$-\varepsilon \leqslant x - x^* \leqslant \varepsilon$，在工程中常记为：$x^* = x \pm \varepsilon$。如 $P = 10.2 \pm 0.05$ kw，$R = 1\,500 \pm 10\ \Omega$ 等。

2）相对误差与相对误差限

误差不能完全刻画近似值的精度。如测量百米跑道产生 10 cm 的误差与测量一个地球月球距离产生 100 km 的误差，我们不能简单地认为前者更精确，还应考虑被测值的大小。下面给出定义：

**定义 1.2** 误差与精确值的比值

$$e_r = \frac{e}{x^*} = \frac{x - x^*}{x^*} \tag{1.6}$$

称为 $x$ 的相对误差。相对误差是无量纲的量，常用百分比表示，它也可正可负。

相对误差也常不能准确计算，而是用相对误差限来估计。相对误差限：

$$\varepsilon_r = \frac{\varepsilon}{|x^*|} \geqslant \frac{|x - x^*|}{|x^*|} = |e_r| \tag{1.7}$$

实际上，由于 $x^*$ 不知道，用式（1.7）无法确定 $\varepsilon_r$，常用 $x$ 代 $x^*$ 作分母，以后就用 $\varepsilon_r = \frac{\varepsilon}{|x|}$ 表示相对误差限。

**例 1.6** 在刚才测量的例子中，若测得跑道长为 $100 \pm 0.1$ m，月地距离为 $384\,400 \pm 100$ km，则

$$\varepsilon_r^{(1)} = \frac{0.1}{100} = 0.1\%$$

$$\varepsilon_r^{(2)} = \frac{100}{384\,400} = 0.026\%$$

显然前者比后者相对误差大。

### *1.2.3 有效数字*

**定义 1.3** 设 $x$ 的误差限 $\varepsilon$ 是它某一数位的半个单位，我们就说 $x$ 准确到该位，从这一位起直到前面第一个非零数字为止的所有数字称为 $x$ 的有效数字。

如：$x = \pm 0.a_1a_2\cdots a_n \times 10^m$，其中 $a_1, a_2, \cdots, a_n$ 是 0 ~ 9 的整数，且 $a_1 \neq 0$。如 $|e| = |x - x^*| \leqslant \varepsilon = 0.5 \times 10^{m-l}$，$1 \leqslant l \leqslant n$，则称 $x$ 有 $l$ 位有效数字。有效数字的位数称为有效数位。

以上定义可以用于在知道精确值 $x^*$ 时去确定 $x$ 的有效数位。如：$\pi = 3.141\,592\,65\cdots$ 则 3.14 和 3.141 6 分别有 3 位和 5 位有效数字，而 3.143 相对于 $\pi$ 也只能有 3 位有效数字。

但在更多的情况下，我们不知道准确值 $x^*$。如果认为计算结果的各数位可靠，将它四舍五入到某一位，这时从这一位起到前面第一个非零数字共 $l$ 位，由于四舍五入的原因，它与计算结果之差必不超过该位的半个单位。因此，从这一位起到前面第一个非零数字都是有效数字，我们习惯上说将计算结果保留 $l$ 位有效数字。

如计算机上得到方程 $x^3 - x + 1 = 0$ 的一个正根为 1.324 72，保留 4 位有效数字的结果为 1.325，保留 5 位有效数字的结果为 1.324 7。

相对误差与有效数位的关系十分密切。定性地讲，相对误差越小，有效数位越多，反之亦正确。定量地讲，有如下两个定理：

**定理** 1.1　设近似值 $x = \pm 0.a_1a_2\cdots a_n \times 10^m$，有 $n$ 位有效数字，则其相对误差限

$$\varepsilon_r \leqslant \frac{1}{2a_1} \times 10^{-n+1} \tag{1.8}$$

此定理的证明不难，可作为习题完成。

**定理** 1.2　设近似值 $x = \pm 0.a_1a_2\cdots a_n\cdots \times 10^m$ 的相对误差限不大于

$$\varepsilon_r \leqslant \frac{1}{2(a_1+1)} \times 10^{-n+1} \tag{1.9}$$

则它至少有 $n$ 位有效数字。

**证**　$|x| \leqslant (a_1+1) \times 10^{m-1}$

$$|x - x^*| = \frac{|x - x^*|}{|x|} \times |x| \leqslant \frac{1}{2(a_1+1)} \times 10^{-n+1} \times (a_1+1) \times 10^{m-1} = 0.5 \times 10^{m-n}$$

由定义 1.3 知 $x$ 有 $n$ 位有效数字。

对有效数字的观察比估计相对误差容易得多，如监视到有效数字在算法中某一步突然变少，便意味着相对误差在这一步的突然扩大，这就是计算出问题的地方。

**例** 1.7　计算 $\frac{1}{1\,359} - \frac{1}{1\,360}$，视已知数为精确值，用 5 位浮点数计算。

**解**　原式 $= 0.735\,84 \times 10^{-3} - 0.735\,29 \times 10^{-3} = 0.55 \times 10^{-6}$。

结果只剩 2 位有效数字，有效数字大量损失，造成相对误差的扩大。

若通分后再计算：

$$\text{原式} = \frac{1}{1\,359 \times 1\,360} = \frac{1}{1.848\,2 \times 10^7} = 0.541\,06 \times 10^{-6}$$

就得到 5 位有效数字的结果。

# 1.3　数值运算时误差的传播

当参与运算的数值带有误差时，结果也必然带有误差，但我们在计算过程当中通过注意观察结果的误差与原始误差相比是否会扩大，了解并分析扩大的原因，可以有效地避免误差的迅速扩大，从而提高计算的精度。

### 1.3.1　一元函数计算的误差传播

设 $x$ 是 $x^*$ 的近似值，则结果误差

$$e(f(x)) = f(x) - f(x^*)$$

用 Taylor 展式分析

$$f(x^*) = f(x) + f'(x)(x^* - x) + \frac{f''(\xi)}{2}(x^* - x)^2$$

$$e(f(x)) = f'(x)(x - x^*) - \frac{f''(\xi)}{2}(x^* - x)^2$$

$$|e(f(x))| \leqslant \varepsilon(f(x)) \leqslant |f'(x)|\varepsilon(x) + \left|\frac{f''(\xi)}{2}\right|\varepsilon^2(x)$$

忽略第二项高阶无穷小之后，可得函数 $f(x)$ 的误差限估计式

$$\varepsilon(f(x)) \approx |f'(x)|\varepsilon(x) \tag{1.10}$$

### 1.3.2 多元函数计算时的误差传播

若 $x_1^*, x_2^*, \cdots, x_n^*$ 的近似值分别是 $x_1, x_2, \cdots, x_n$，则多元函数的准确值为 $A^* = f(x_1^*, x_2^*, \cdots, x_n^*)$，近似值为 $A = f(x_1, x_2, \cdots, x_n)$。

误差 $$e(A) = A - A^* = f(x_1, x_2, \cdots, x_n) - f(x_1^*, x_2^*, \cdots, x_n^*)$$

$$|A - A^*| = |f(x_1, x_2, \cdots, x_n) - f(x_1^*, x_2^*, \cdots, x_n^*)| \leqslant \sum_{k=1}^{n}\left|\frac{\partial f(x_1, x_2, \cdots, x_n)}{\partial x_k}\right||x - x^*| + O((\Delta x)^2)$$

其中，$\Delta x = \max\limits_{1\leqslant k\leqslant n}|x_k - x^*|$。

略去高阶项后，有

$$\varepsilon(A) \approx \sum_{k=1}^{n}\left|\frac{\partial f(x_1, x_2, \cdots, x_n)}{\partial x_k}\right|\varepsilon(x_k) \tag{1.11}$$

当函数是二元函数时，公式成为

$$\varepsilon(f(x, y)) \approx \left|\frac{\partial f(x, y)}{\partial x}\right|\varepsilon(x) + \left|\frac{\partial f(x, y)}{\partial y}\right|\varepsilon(y) \tag{1.12}$$

### 1.3.3 四则运算中误差的传播

四则运算可以看作是二元函数运算，按公式(1.12)易得近似数作四则运算后的误差限公式：



$$\varepsilon(x \pm y) = \varepsilon(x) + \varepsilon(y) \tag{1.13}$$

$$\varepsilon(x \cdot y) \approx |y|\varepsilon(x) + |x|\varepsilon(y) \tag{1.14}$$

$$\varepsilon\left(\frac{x}{y}\right) \approx \frac{|y|\varepsilon(x) + |x|\varepsilon(y)}{y^2} \quad (y \neq 0) \tag{1.15}$$

其中，公式(1.13)取等号，是因为作为多元函数，加减运算是一次函数，Taylor 展开式没有二次余项。

**例 1.8** 若电压 $V = 220 \pm 5$ V，电阻 $R = 300 \pm 10\ \Omega$，求电流 $I$ 并计算其误差限及相对误差限。

**解** $$I \approx \frac{220}{300} = 0.733\,3\ (\mathrm{A})$$

$$\varepsilon(I) = \frac{|V|\varepsilon(R) + |R|\varepsilon(V)}{R^2} = \frac{220 \times 10 + 300 \times 5}{90\,000} = 0.041\,1$$

$$I = 0.733\,3 \pm 0.041\,1(\mathrm{A}) \qquad \varepsilon_r(I) = \frac{0.041\,1}{0.733\,3} = 0.056 = 5.6\%$$

### 1.3.4 设计算法时应注意的问题

1) 避免两个相近数相减

由公式(1.15)有 $\varepsilon(x - y) = \varepsilon(x) + \varepsilon(y)$，可推出

$$\varepsilon_r(x-y)=\frac{\varepsilon(x-y)}{|x-y|}=\frac{|x|}{|x-y|}\times\frac{\varepsilon(x)}{|x|}+\frac{|y|}{|x-y|}\times\frac{\varepsilon(y)}{|y|}$$
$$=\frac{|x|}{|x-y|}\times\varepsilon_r(x)+\frac{|y|}{|x-y|}\times\varepsilon_r(y)$$

当 $x,y$ 十分相近时，$|x-y|$ 接近零，$\frac{|x|}{|x-y|}$ 和 $\frac{|y|}{|x-y|}$ 将很大，所以 $\varepsilon_r(x-y)$ 将比 $\varepsilon_r(x)$ 或 $\varepsilon_r(y)$ 大很多，即相对误差将显著扩大。

从直观上看，相近数相减会造成有效数位的减少，例 1.7 就是一个例子。有时，通过改变算法可以避免相近数相减。

**例** 1.9　解方程 $x^2-18x+1=0$（用 4 位浮点计算）。

**解**　用公式解法：

$$x_1=\frac{18+\sqrt{18^2-4}}{2}=9+\sqrt{80}=17.94,\ x_2=9-\sqrt{80}=9.000-8.944=0.056。$$

因为相近数相减，第二个根只有两位有效数字，精度较差。若第二个根改为用韦达定理计算

$$x_2=\frac{1}{x_1}=\frac{1}{17.94}=0.05574,$$

可以得到较好的结果。

又如 $\sqrt{x+1}-\sqrt{x}\,(x\gg1)$ 可改为 $\frac{1}{\sqrt{x+1}+\sqrt{x}}$，$1-\cos x\,(|x|\ll1)$ 可改为 $2\sin^2\left(\frac{x}{2}\right)$ 等，都可以得到比直接计算好的结果。

2）避免除法中除数的数量级远小于被除数

由公式（1.17）

$$\varepsilon\left(\frac{x}{y}\right)=\frac{|y|\varepsilon(x)+|x|\varepsilon(y)}{y^2}\approx\frac{|x|}{y^2}\varepsilon(y)+\frac{1}{|y|}\varepsilon(x)$$

若 $|y|\ll|x|$，则 $\frac{|x|}{y^2}\gg1$，这时 $\varepsilon\left(\frac{x}{y}\right)$ 将比 $\varepsilon(y)$ 扩大很多。

3）合理安排运算顺序

在以前学习的公理系统中，加法满足交换律，即 $a+b+c\equiv a+c+b$。但在数值分析中就不一定成立了，如果计算机只有 4 位字长，而假设 $a=10^{20}$，$b=2$，$c=-10^{20}$。如果按照顺序计算得到的结果是 0，而改写成先计算 $a+c$ 后结果为 2。由此可知，在数值分析中，加法的交换律和结合律可能不成立，这是在大规模数据处理时应注意的问题。

4）注意运算步骤的简化

减少算术运算的次数，除可以减少运算时间、提高运算效率外，还有一个重要作用就是减少误差的累积效应。同时，参与运算的数字的精度应尽量保持一致，否则那些较高精度的量的精度没有太大意义。

### *1.3.5　病态问题数值算法的稳定性*

在某一数学问题的计算过程中，舍入误差是否增长直接影响计算结果的可靠性。这里可能是数学问题本身性态不好，也可能是选择的算法出了问题。

①对某数学问题本身,如果输入数据有微小扰动(即误差),引起输出数据(即问题的解)的很大扰动,称此数学问题为病态问题。这是由数学问题本身的性质决定的,与算法无关。

$$y = \tan x, \quad x_1 = 1.50, x_2 = 1.51$$

$$y_1 = \tan x_1 = 14.1014, \quad y_2 = \tan x_2 = 16.4281$$

$$\frac{|y_2 - y_1|}{|x_2 - x_1|} = \frac{2.3267}{0.01} = 232.67$$

即 $x$ 有 0.01 的扰动,对结果 $y$ 产生 232.67 倍的误差。这里并没涉及具体的算法,是问题本身的性态造成的。实际上,1.5 接近 $\frac{\pi}{2}$,而在 $\frac{\pi}{2}$ 附近,$y = \tan x$ 是一个病态问题。

②如果误差增长并不是由数学问题本身引起,而是算法选择不当所致,则称此算法稳定性不好。

如 $y = \sin 1, y'(1) = \cos 1 = 0.5403$,选择用差商近似代替微商,取步长 $h = 0.01$,用四位有效数字作近似计算:

$$y = \sin 1, y'(1) \approx \frac{\sin(1.01) - \sin(1)}{1.01 - 1} = \frac{0.8468 - 0.8415}{0.01} = \frac{0.0053}{0.01} = 0.53$$

结果明显很差。这里并不是 $h$ 取得不够小的原因,如 $h = 0.001$,将只能得到 $y'(1) \approx 0.5$,结果更差。这是因为用相近数相减,损失了大量有效数位的缘故。

对病态问题,应尽量在建立数学模型时加以避免。实在避免不了时,可试用双精度勉强计算。当选择的算法不稳定时,则应改造或另选算法,今后的课程中两种情况都会遇到。

# 1.4 Matlab 入门知识

### 1.4.1 Matlab 简介

Matlab 的含义是矩阵实验室(Matrix Laboratory),主要用于方便矩阵的存取,其基本元素是无须定义维数的矩阵。Matlab 进行数值分析的基本单位是复数数组(或称阵列),这使得 Matlab 高度"向量化"。经过十几年的完善和扩充,现已发展成为线性代数课程的标准工具。由于它不需定义数组的维数,并给出矩阵函数、特殊矩阵专门的库函数,使之在求解诸如信号处理、建模、系统识别、控制、优化等领域的问题时,显得大为简捷、高效、方便,这是其他高级语言所不能比拟的。Matlab 中包括了被称作工具箱(Toolbox)的各类应用问题的求解工具。工具箱实际上是对 Matlab 进行扩展应用的一系列 Matlab 函数(称为 M 文件),它可用来求解各类学科的问题,包括信号处理、图象处理、控制系统辨识、神经网络等。随着 Matlab 版本的不断升级,其所含的工具箱的功能也越来越丰富,因此,应用范围也越来越广泛。Matlab 提供的工具箱已覆盖信号处理、系统控制、统计计算、优化计算、神经网络、小波分析、偏微分方程、模糊逻辑、动态系统模拟、系统辨识和符号运算等领域。

### 1.4.2 Matlab 入门知识

Matlab 变量名是以字母开头,后接字母、数字或下划线的字符序列,最多 63 个字符。在 Matlab 中,变量名区分字母的大小写。

赋值语句：

变量 = 表达式　或　表达式

其中，表达式是用运算符将有关运算量连接起来的式子，其结果是一个矩阵。

clear 命令用于删除 Matlab 工作空间中的变量。who 和 whos 这两个命令用于显示在 Matlab 工作空间中已经驻留的变量名清单。who 命令只显示出驻留变量的名称，whos 在给出变量名的同时还给出它们的大小、所占字节数及数据类型等信息。

利用 MAT 文件可以把当前 Matlab 工作空间中的一些有用变量长久地保留下来，扩展名是. mat。MAT 文件的生成和装入由 save 和 load 命令来完成。常用格式为：

save 文件名［变量名表］　［-append］［-ascii］

load 文件名　［变量名表］　［-ascii］

其中，文件名可以带路径，但不需带扩展名. mat，命令隐含一定对. mat 文件进行操作。变量名表中的变量个数不限，只要内存或文件中存在即可，变量名之间以空格分隔。当变量名表省略时，保存或装入全部变量。-ascii 选项使文件以 ASCII 格式处理，省略该选项时，文件将以二进制格式处理。save 命令中的 -append 选项控制将变量追加到 MAT 文件中。

1）向量的创建

（1）用步长生成法

数组 = 初值：步长（增量）：终值

```
>> a = 1:0.5:3
a =
1.0000    1.5000    2.0000    2.5000    3.0000
```

（2）用 linspace 生成

数组 = linspace（初值，终值，等分点数目）

```
>> b = linspace(1,3,5)
b =
1.0000    1.5000    2.0000    2.5000    3.0000
```

列向量用分号（；）作为分行标记：

```
>> c = [1;2;3;4;]
c =
     1
     2
     3
     4
```

若不想输出结果，在每一条语句后用分号作为结束符，若留空或用逗号结束，则在执行该语句后会把结果输出来。

```
>> a + b;
>> a + b
ans =
     2     3     4     5     6
```

2)矩阵的创建

(1)直接输入

最简单的建立矩阵的方法是从键盘直接输入矩阵的元素。具体方法如下:将矩阵的元素用方括号括起来,按矩阵行的顺序输入各元素,同一行的各元素之间用空格或逗号分隔,不同行的元素之间用分号分隔。

```
>> A = [1 2 3;4 5 6;2 3 5]
A =
     1     2     3
     4     5     6
     2     3     5
```

(2)利用矩阵函数创建

```
>> B = magic(3) % 魔方阵
B =
     8     1     6
     3     5     7
     4     9     2
>> C = hilb(3) %3 阶 Hilbert 矩阵
C =
    1.0000    0.5000    0.3333
    0.5000    0.3333    0.2500
    0.3333    0.2500    0.2000
```

Matlab 中用%引导注释。

其他创建矩阵的函数还有:

eye(m,n):生成 m 行 n 列单位矩阵;

zeros(m,n):生成 m 行 n 列全零矩阵;

ones(m,n):生成全 1 矩阵;

rand(m,n):生成随机矩阵;

rand:生成一个随机数;

diag(A):取 A 的对角线元素;

tril(A):取 A 的下三角元素;

triu(A):取 A 的上三角元素;

hilb(n):生成 n 维 Hilbert 矩阵;

randn(n):产生均值为 0,方差为 1 的标准正态分布随机矩阵;

vander(V):生成以向量 V 为基础向量的范得蒙矩阵;

invhilb(n):求 n 阶的希尔伯特矩阵的逆矩阵;

toeplitz(x,y):生成一个以 x 为第一列,y 为第一行的托普利兹矩阵;

compan(p):生成伴随矩阵,p 是一个多项式的系数向量,高次幂系数排在前,低次幂排在后;

pascal(n):生成一个 n 阶帕斯卡矩阵;

compan：生成伴随矩阵。

3）矩阵运算

Matlab 的基本算术运算有：+（加）、-（减）、*（乘）、/（右除）、\（左除）、^（乘方）。

在 Matlab 中，有一种特殊的运算，因为其运算符是在有关算术运算符前面加点，所以叫点运算。点运算符有.*，./，.\和.^。两矩阵进行点运算是指它们的对应元素进行相关运算，要求两矩阵的维参数相同。

```
>> A.*B
ans =
     8     2    18
    12    25    42
     8    27    10
```

Matlab 提供了 6 种关系运算符：<（小于）、<=（小于或等于）、>（大于）、>=（大于或等于）、==（等于）、~=（不等于）。

4）图形可视化

（1）二维绘图指令 plot

plot 函数的基本调用格式为：

plot(x,y,)　其中，x 和 y 为长度相同的向量，分别用于存储 x 坐标和 y 坐标数据。

plot(x)　plot 函数最简单的调用格式。当 x 是实向量时，以该向量元素的下标为横坐标，元素值为纵坐标画出一条连续曲线。实际上是绘制折线图。

plot(x1,y1,x2,y2,…,xn,yn)　当输入参数都为向量时，x1 和 y1，x2 和 y2，…，xn 和 yn 分别组成一组向量对，每一组向量对的长度可以不同。每一向量对可以绘制出一条曲线，可以在同一坐标内绘制出多条曲线。

plotyy(x1,y1,x2,y2)　绘制出具有不同纵坐标标度的两个图形。

hold on/off　保持原有图形还是刷新原有图形，不带参数的 hold 命令在两种状态之间进行切换。

plot(x1,y1,选项1,x2,y2,选项2,…,xn,yn,选项n)　设置曲线样式进行绘图。

（2）图形标注

title('图形名称')：图形标题　xlabel('x 轴说明')　ylabel('y 轴说明')　text(x,y,'图形说明')

legend('图例1','图例2',…)　gtext('用鼠标确定位置的字符说明')

（3）坐标控制 axis

axis([xmin xmax ymin ymax zmin zmax])

axis 函数功能丰富，常用的格式还有：

axis equal：纵、横坐标轴采用等长刻度；axis square：产生正方形坐标系（缺省为矩形）；

axis auto：使用缺省设置；axis off：取消坐标轴；axis on：显示坐标轴；

grid on/off：网格开/关；box on/off：加/不加边框线。

上述命令示例如下：

```
>> x=1:length(peaks);
>> plot(x,peaks);
```

```
>> box on;
>> title('绘制混合图形');
>> xlabel('X 轴');
>> ylabel('Y 轴');
```

绘制图像为:

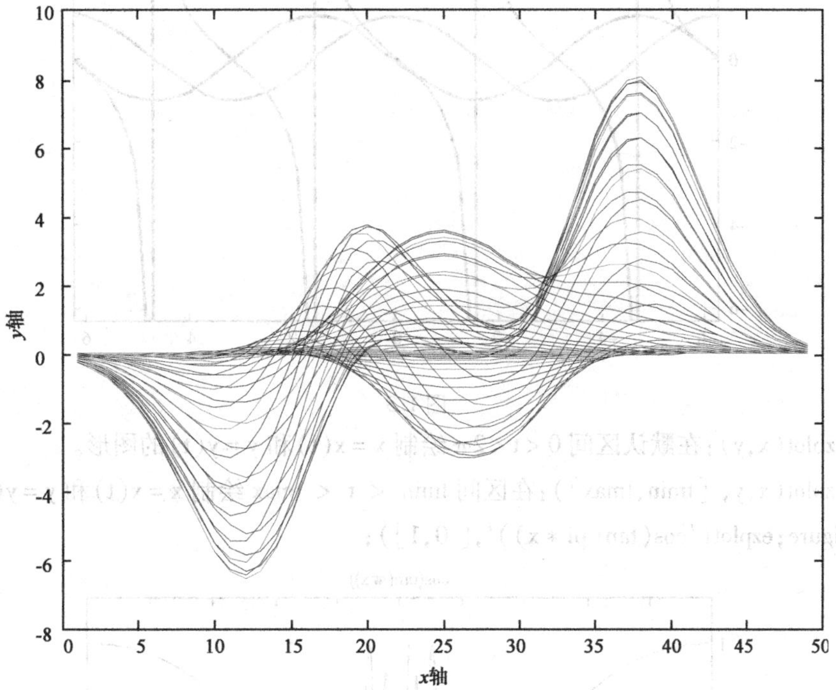


图 1.2 绘制混合图形

(4)二维数值函数的专用绘图函数 fplot

fplot(functionname,[a,b],tol,选项)

其中 functionname 为函数名,以字符串形式出现;[a,b]为绘图区间,tol 为相对允许误差,其系统默认值为 2e-3,选项定义与 plot 函数相同。

```
>> fplot(@(x)[tan(x),sin(x),cos(x)], 2*pi*[-1 1 -1 1]);
```

(5)二维符号函数曲线专用命令 ezplot

f = f(x)时:

ezplot(f):在默认区间 $-2\pi<x<2\pi$ 绘制f = f(x)的图形。

ezplot(f, [a,b]):在区间 $a<x<b$ 绘制 f = f(x)的图形。

f = f(x,y)时:

ezplot(f):在默认区间 $-2\pi<x<2\pi$ 和 $-2\pi<y<2\pi$ 绘制f(x,y) = 0 的图形。

ezplot(f, [xmin,xmax,ymin,ymax]):在区间 xmin < x < xmax 和 ymin < y < ymax 绘制 f(x,y) = 0 的图形。

ezplot(f, [a,b]):在区间 $a<x<b$ 和 $a<y<b$ 绘制 f(x,y) = 0 的图形。

若 x = x(t),y = y(t):

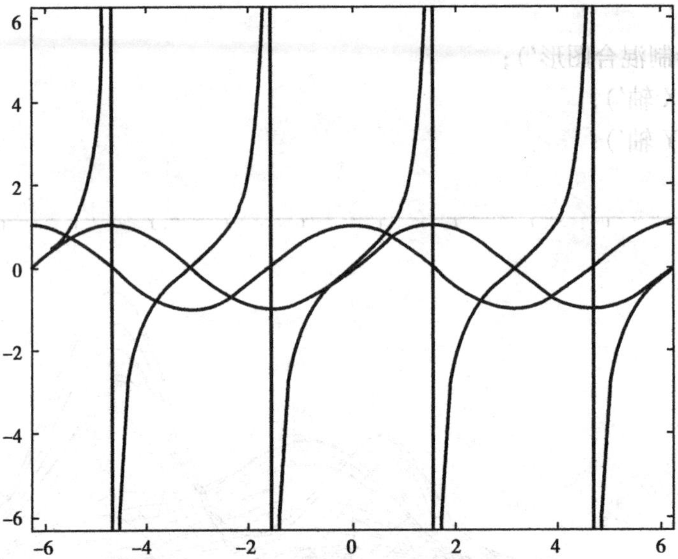


图 1.3

ezplot(x,y):在默认区间 0 < t < 2π 绘制 x = x(t) 和 y = y(t) 的图形。

ezplot(x,y, [tmin,tmax]):在区间 tmin < t < tmax 绘制 x = x(t) 和 y = y(t) 的图形

```
>> figure;ezplot('cos(tan(pi * x))',[0,1]);
```

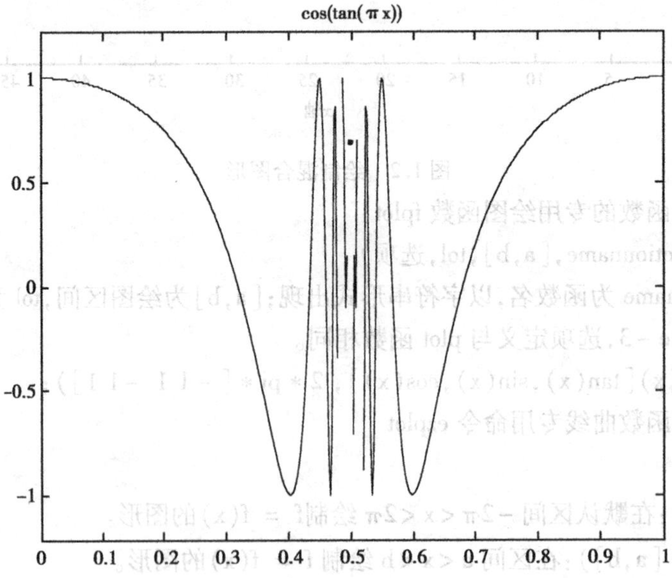


图 1.4

(6)图形窗口的分割 subplot

subplot(m,n,p)

该函数将当前图形窗口分成 $m \times n$ 个绘图区,即每行 $n$ 个,共 $m$ 行,区号按行优先编号,且选定第 p 个区为当前活动区。在每一个绘图区允许以不同的坐标系单独绘制图形。

(7)其他坐标系下的二维数据曲线图

对数坐标图形:

semilogx(x1,y1,选项 1,x2,y2,选项 2,…)

semilogy(x1,y1,选项 1,x2,y2,选项 2,…)

loglog(x1,y1,选项 1,x2,y2,选项 2,…)

极坐标图 polar:

polar(theta,r,选项)

其中,theta 为极坐标极角,r 为极坐标矢径,选项的内容与 plot 函数相似。

二维统计分析图:

bar(x,y,选项):条形图;

stairs(x,y,选项):阶梯图;

stem(x,y,选项):杆图;

fill(x1,y1,选项 1,x2,y2,选项 2,…):填充图。

(8)三维曲线 plot3

plot3(x1,y1,z1,选项 1,x2,y2,z2,选项 2,…,xn,yn,zn,选项 n)

其中每一组 x,y,z 组成一组曲线的坐标参数,选项的定义和 plot 函数相同。当 x,y,z 是同维向量时,则 x,y,z 对应元素构成一条三维曲线;当 x,y,z 是同维矩阵时,则以 x,y,z 对应列元素绘制三维曲线,曲线条数等于矩阵列数。

```
>> t=0:0.1:8*pi;
>> plot3(sin(t),cos(t),t);
```

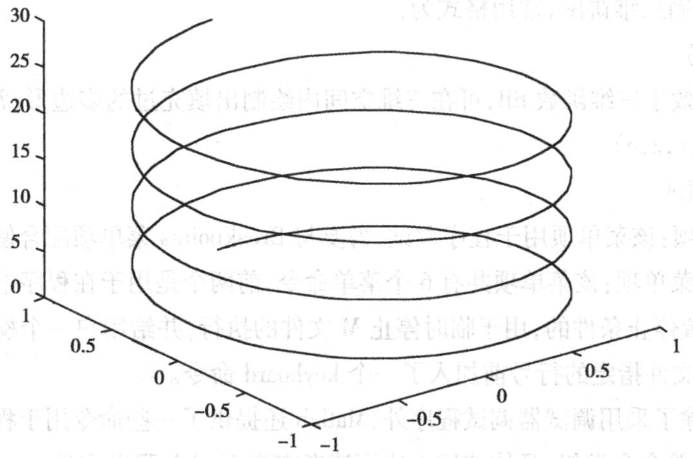


图 1.5

(9)产生三维数据

在 Matlab 中,利用 meshgrid 函数产生平面区域内的网格坐标矩阵,其格式为:

[X,Y]=meshgrid(x,y);

语句执行后,矩阵 X 的每一行都是向量 x,行数等于向量 y 的元素的个数,矩阵 Y 的每一列都是向量 y,列数等于向量 x 的元素的个数。

(10) 绘制三维曲面的函数

surf 函数和 mesh 函数的调用格式为:

mesh(x,y,z,c)

surf(x,y,z,c)

一般情况下,x,y,z 是维数相同的矩阵。x,y 是网格坐标矩阵,z 是网格点上的高度矩阵,c 用于指定在不同高度下的颜色范围。

(11) 标准三维曲面

sphere 函数的调用格式为:

[x,y,z] = sphere(n)

cylinder 函数的调用格式为:

[x,y,z] = cylinder(R,n)

Matlab 还有一个 peaks 函数,称为多峰函数,常用于三维曲面的演示。

(12)其他三维绘图指令介绍

bar3 函数绘制三维条形图,常用格式为:

bar3(y)

bar3(x,y)

stem3 函数绘制离散序列数据的三维杆图,常用格式为:

stem3(z)

stem3(x,y,z)

pie3 函数绘制三维饼图,常用格式为:

pie3(x)

fill3 函数等效于三维函数 fill,可在三维空间内绘制出填充过的多边形,常用格式为:

fill3(x,y,z,c)

(13)程序调试

Debug 菜单项:该菜单项用于程序调试,需要与 Breakpoints 菜单项配合使用。

Breakpoints 菜单项:该菜单项共有 6 个菜单命令,前两个是用于在程序中设置和清除断点的,后 4 个是设置停止条件的,用于临时停止 M 文件的执行,并给用户一个检查局部变量的机会,相当于在 M 文件指定的行号前加入了一个 keyboard 命令。

调试命令:除了采用调试器调试程序外,Matlab 还提供了一些命令用于程序调试。命令的功能和调试器菜单命令类似,具体使用方法请读者查询 Matlab 帮助文档。

## 本章小结

本章主要介绍了数值计算的研究方法的误差、误差限的概念,数值计算研究内容和数值型算法设计时的基本原则。

**知识点汇总表**

<table>
<tr><td colspan="2">数值计算:结合现代计算机科学与技术为解决科学与工程中的各类数学问题提供基本的算法。</td></tr>
<tr><td colspan="2">算法的 5 个重要特性:①有穷性;②确定性;③可行性;④有输入;⑤有输出。</td></tr>
<tr><td colspan="2">数值型算法的特点:①无穷过程的截断;②连续过程的离散化;③迭代计算。</td></tr>
<tr><td rowspan="2">误<br>差</td><td>误差的来源:①模型误差;②测量误差;③截断误差;④舍入误差</td></tr>
<tr><td>误差的基本概念<br>1. 绝对误差:准确值与近似值之差 $e = x - x^*$。<br>2. 相对误差:绝对误差与精确值的比值 $e_r = \frac{e}{x^*} = \frac{x - x^*}{x^*}$。<br>3. 绝对误差限:绝对误差绝对值的一个上限 $|x - x^*| \leqslant \varepsilon$。<br>4. 相对误差限:相对误差绝对值的一个上限 $\varepsilon_r = \frac{\varepsilon}{|x^*|} \geqslant \frac{|x - x^*|}{|x^*|} = |e_r|$。<br>5. 有效数字与误差:<br>(1) $x^*$ 具有 $n$ 位有效数字,则其相对误差限 $\varepsilon_r \leqslant \frac{1}{2a_1} \times 10^{-n+1}$;<br>(2) 近似值 $x$ 的相对误差限 $\varepsilon_r \leqslant \frac{1}{2(a_1 + 1)} \times 10^{-n+1}$,则其至少有 $n$ 位有效数字。</td></tr>
<tr><td colspan="2">误差传播:<br>1. 函数 $f(x)$ 的误差限估计式:<br>$$\varepsilon(f(x)) \approx |f'(x)|\varepsilon(x)$$<br>2. 四则运算的误差传播:<br>$$\varepsilon(x \pm y) = \varepsilon(x) + \varepsilon(y)$$<br>$$\varepsilon(x \cdot y) \approx |y|\varepsilon(x) + |x|\varepsilon(y)$$<br>$$\varepsilon\left(\frac{x}{y}\right) \approx \frac{|y|\varepsilon(x) + |x|\varepsilon(y)}{y^2} \quad (y \neq 0)$$</td></tr>
<tr><td colspan="2">设计数值型算法的基本原则:<br>1. 避免两个相近数相减;<br>2. 避免除法中除数的数量级远小于被除数;<br>3. 合理安排运算顺序;<br>4. 注意运算步骤的简化。</td></tr>
</table>

# 习题一

1. 填空题。

(1) 误差有四大来源,数值分析主要处理其中的________和________;

(2) 有效数字越多,相对误差越________;

(3) 在数值分析中为避免损失有效数字,尽量避免两个________数作减法运算;为避免误差的扩大,也尽量避免分母的绝对值________分子的绝对值;

(4) 取 π 的近似值 3.141 6,问相对误差是________。

2. 用例1.4的算法计算 $\sqrt{15}$，迭代3次，计算结果保留5位有效数字。

3. 以下5个数都是对准确值进行四舍五入得到的近似数，指出它们的有效数位，并求下列两个近似值的误差限。$x_1=1.1021$，$x_2=0.031$，$x_3=385.6$，$x_4=56.430$，$x_5=7\times1.0$。

(1) $x_1+x_2+x_4$　　(2) $x_1x_2x_3$

4. 已知 $\pi=3.1415926\cdots$，试问其近似值 $x_1=3.1$，$x_2=3.14$，$x_3=3.141$ 各有几位有效数字？并给出它们的相对误差限。

5. 已知 $x_1=1.42$，$x_2=-0.0184$，$x_3=184\times10^{-4}$ 的绝对误差限均为 $0.5\times10^{-2}$，问它们各有几位有效数字？

6. 计算球体积要使相对误差限为1%，问半径 $R$ 允许的相对误差限是多少？

7. 序列 $\{y_n\}$ 满足递推关系 $y_n=10y_{n-1}-1$。若 $y_0=\sqrt{2}\approx1.41$（三位有效数字），计算到 $y_{10}$ 时误差有多大？

8. 假如有一种算法求 $\sqrt{a}$ 可得到6位有效数字，问为了使 $\sqrt{\pi}$ 有4位有效数字，$\pi$ 应取几位有效数字？

9. 计算 $(\sqrt{2}-1)^6$ 的近似值，取 $\sqrt{2}\approx1.414$。利用下列四种计算格式，试问哪一种算法误差最小？

(1) $\dfrac{1}{(\sqrt{2}+1)^6}$　　(2) $(3-2\sqrt{2})^3$　　(3) $\dfrac{1}{(3+2\sqrt{2})^3}$　　(4) $99-70\sqrt{2}$

10. 下列各式应如何改进，使计算更准确：

(1) $y=\dfrac{1}{1-x}-\dfrac{1-x}{1+x}$，　$(|x|\approx1)$

(2) $y=e^{0.001}-1$

(3) $y=\sin(x+\varepsilon)-\sin x$，　$(|\varepsilon|\ll1)$

(4) $y=10^{11}+4+10^{11}+3+10^{11}+2+10^{11}+1$

# 第 2 章　线性方程组的直接解法

## 2.1　引例:公园树的定位

假如你想到一个美丽的街心公园去参观,可惜公园正在装修,游客不得入内。所以你就只好在公园外围走走,拍几张照片。公园内有两颗参天大树极为壮观。你在公园的东面和南面对公园拍了照片。回到家后,你用这些照片居然画出了公园的地图,并且确定了那两颗树的位置(见图 2.1)。

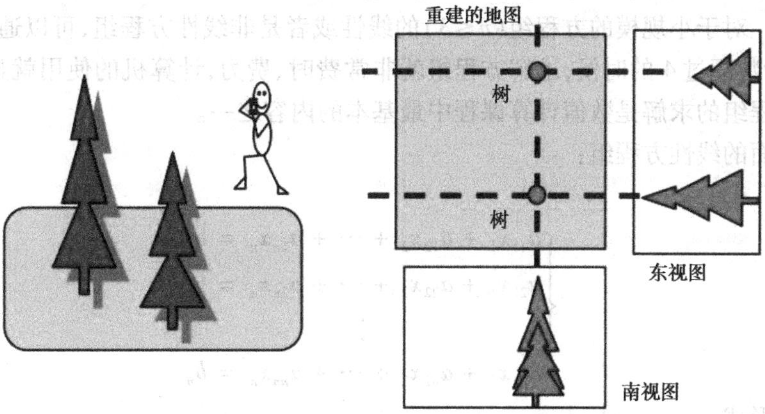


图 2.1　照片示意图

如图 2.1 所示,要确定那两颗树的位置并不难。只要把那两张照片按原本的方位放好,从照片上的每棵树画出一条垂线。这些垂线的交点就是大树的位置。如果有足够多的照片的话,我们还可以画出整个公园的地图。

这是一个有趣的数学问题,我们把公园可以看成是一个矩阵,公园里的树可以看成是矩阵里的元素。树的定位实际上就是确定矩阵里的元素是多少。以 2 × 2 的矩阵为例,有一些提示:第一行的和为 5,第二行的和为 4,第一列的和是 7,第二列的和是 2,如图 2.2 所示。

对图 2.2 可以列一个方程:

$$\begin{cases} x_1 + x_2 = 5 \\ x_3 + x_4 = 4 \\ x_1 + x_3 = 7 \\ x_2 + x_4 = 2 \end{cases} \tag{2.1}$$

很容易求得这个方程组的一组解为:

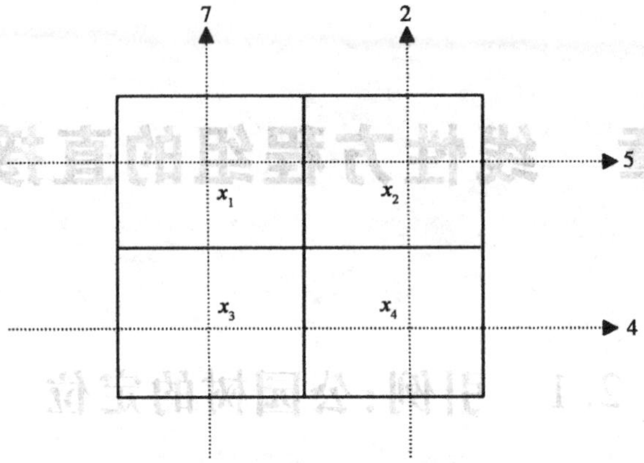


图 2.2　照片矩阵示意图

$$x_1 = 3, x_2 = 2, x_3 = 4, x_4 = 0。$$

我们称式(2.1)这样的方程组叫线性方程组。很多数学模型含有线性方程组。有的问题的数学模型中虽不直接表现为线性方程组,但它的数值解法中将问题"离散化"或"线性化"为线性方程组。对于小规模的方程组($n \leqslant 3$)的线性或者是非线性方程组,可以通过简单的方法求解,但当阶数超过 4 的时候,求解方程组就非常费时、费力,计算机的使用就显得十分必要。因此线性方程组的求解是数值计算课程中最基本的内容之一。

考虑下面的线性方程组:

$$\begin{cases} a_{11}x_1 + a_{12}x_2 + \cdots + a_{1n}x_n = b_1 \\ a_{21}x_1 + a_{22}x_2 + \cdots + a_{2n}x_n = b_2 \\ \qquad\qquad \vdots \\ a_{n1}x_1 + a_{n2}x_2 + \cdots + a_{nn}x_n = b_n \end{cases} \tag{2.2}$$

常记为矩阵形式

$$Ax = b \tag{2.3}$$

此时 $A$ 是一个 $n \times n$ 方阵, $x$ 和 $b$ 是 $n$ 维列向量。

根据线性代数知识, 若 $\det A \neq 0$ ,式(2.3)的解存在且唯一。

关于线性方程组的解法一般分为两大类,一类是直接法,即经过有限次的算术运算,可以求得式(2.2)的精确解(假定计算过程没有舍入误差)。如线性代数课程中提到的 Cramer 算法就是一种直接法。但该法对高阶方程组计算量太大,不是一种实用的算法。实用的直接法中具有代表性的算法是 Gauss 消元法,其他算法都是它的变形和改进。

另一类是迭代法,它将式(2.2)变形为某种迭代公式,给出初始解 $x_0$,用迭代公式得到近似解的序列 $\{x_k\}, k = 0,1,2,\cdots$ ,在一定的条件下 $x_k \to x^*$ (精确解)。这两种解法都有广泛的应用,本章先讨论直接数值解法,下一章讨论迭代数值解法。

## 2.2　Gauss 消元法

Gauss 消元法是一种古老而经典的方法。我们在中学学过加减消元法，Gauss 消元法就是它的标准化的、适合在计算机上编程计算的一种方法。

### 2.2.1　Gauss 消元法

1）高斯消元法的思想

**例** 2.1　解方程组

$$\begin{cases} x_1 + 2x_2 + 3x_3 = 1 & (2.4) \\ 2x_1 + 7x_2 + 5x_3 = 6 & (2.5) \\ x_1 + 4x_2 + 9x_3 = -3 & (2.6) \end{cases}$$

**解**　第一步，将式(2.4)乘 −2 加到式(2.5)，式(2.4)乘 −1 加到式(2.6)，得到

$$\begin{cases} x_1 + 2x_2 + 3x_3 = 1 & (2.4) \\ 3x_2 - x_3 = 4 & (2.7) \\ 2x_2 + 6x_3 = -4 & (2.8) \end{cases}$$

第二步，将式(2.7)乘 $-\frac{2}{3}$ 加到式(2.8)，得到

$$\begin{cases} x_1 + 2x_2 + 3x_3 = 1 & (2.4) \\ 3x_2 - x_3 = 4 & (2.7) \\ \frac{20}{3}x_3 = -\frac{20}{3} & (2.9) \end{cases}$$

回代：解式(2.9)得 $x_3$，将 $x_3$ 代入式(2.7)得 $x_2$，将 $x_2$、$x_3$ 代入式(2.4)得 $x_1$，得到解

$$x^* = (2,1,\ -1)^T$$

容易看出第一步和第二步相当于增广矩阵 $[A\vdots b]$ 在作行变换，用 $r_i$ 表示增广阵 $[A\vdots b]$ 的第 $i$ 行：

$$[A \vdots b] = \begin{pmatrix} 1 & 2 & 3 & 1 \\ 2 & 7 & 5 & 6 \\ 1 & 4 & 9 & -3 \end{pmatrix} \xrightarrow[r_3 = -r_1 + r_3]{r_2 = -2r_1 + r_2} \begin{pmatrix} 1 & 2 & 3 & 1 \\ 0 & 3 & -1 & 4 \\ 0 & 2 & 6 & -4 \end{pmatrix}$$

$$\xrightarrow{r_3 = -\frac{2}{3} \times r_2 + r_1} \begin{pmatrix} 1 & 2 & 3 & 1 \\ 0 & 3 & -1 & 4 \\ 0 & 0 & \frac{20}{3} & -\frac{20}{3} \end{pmatrix}$$

由此看出上述过程是逐次消去未知数的系数，将 $Ax = b$ 化为等价的三角形方程组，然后回代解之，这就是 Gauss 消元法。

2）Gauss 消元法公式

综合以上讨论，不难看出，Gauss 消元法解线性方程组的公式为：

(1)消元

①令

$$a_{ij}^{(1)} = a_{ij} \quad (i,j = 1,2,\cdots,n),$$
$$b_i^{(1)} = b_i \quad (i = 1,2,\cdots,n)。$$

②对 $k = 1$ 到 $n-1$，若 $a_{kk}^{(k)} \neq 0$，进行：

$$\begin{cases} l_{ik} = \dfrac{a_{ik}^{(k)}}{a_{kk}^{(k)}} & (i = k+1,k+2,\cdots,n) \\ a_{ik}^{(k+1)} = 0 & (i = k+1,k+2,\cdots,n) \\ a_{ij}^{(k+1)} = a_{ij}^{(k)} - l_{ik} \times a_{kj}^{(k)} & (i,j = k+1,k+2,\cdots,n) \\ b_i^{(k+1)} = b_i^{(k)} - l_{ik} \times b_k^{(k)} & (i = k+1,k+2,\cdots,n) \end{cases} \tag{2.10}$$

(2)回代

若 $a_{nn}^{(n)} \neq 0$

$$\begin{cases} x_n = \dfrac{b_n^{(n)}}{a_{nn}^{(n)}} \\ x_i = \dfrac{1}{a_{ii}^{(i)}}\left(b_i^{(i)} - \sum\limits_{j=k+1}^{n} a_{ij}^{(i)} x_j\right) & (i = n-1,n-2,\cdots,1) \end{cases} \tag{2.11}$$

3)Gauss 消元法的条件

以上过程中，消元过程要求 $a_{ii}^{(i)} \neq 0,(i = 1,2,\cdots,n-1)$，回代过程则进一步要求 $a_{nn}^{(n)} \neq 0$，但就方程组 $Ax = b$ 而言，$a_{ii}^{(i)}(i = 2,\cdots,n-1)$ 是否等于0是无法事先看出的。

注意 $A$ 的顺序主子式 $D_i(i = 1,2,\cdots,n)$ 在消元过程中不变。这是因为消元所作的变换是“将某行的若干倍加到另一行”上，据线性代数知识，此类变换不改变行列式的值。若 Gauss 消元过程已进行了 $k-1$ 步(此时当然应有 $a_{ii}^{(i)} \neq 0,(i \leqslant k-1)$，这时计算 $A^{(k)}$ 的顺序主子式有递推公式：

$$D_1 = a_{11}^{(1)}$$
$$D_i = D_{i-1} a_{ii}^{(i)} \quad (i = 2,3,\cdots,n)$$

显然，$D_i \neq 0 \Leftrightarrow a_{ii}^{(i)} \neq 0$，可知消元过程能进行到底的充要条件是 $D_i \neq 0,(i = 1,2,\cdots,n-1)$。若要回代过程也能完成，还应加上 $D_n = |A| \neq 0$。综上所述有：

**定理2.1** Gauss 消元法消元过程能进行到底的充要条件是系数阵 $A$ 的1到 $n-1$ 阶顺序主子式不为零；$Ax = b$ 能用 Gauss 消元法求解的充要条件是 $A$ 的各阶顺序主子式不为零。

4)Gauss 消元法的计算量估计

由 Gauss 消元法的计算公式可知，该计算过程包括三个循环：外层循环按照矩阵的主行依次从上到下；中间层循环从当前主行开始依次从上往下消去主元对应的变量；最内层循环对列进行处理，所以高斯消元的时间复杂度为 $O(n^3)$。

### *2.2.2 选主元的Gauss 消元法*

在上节的算法中，消元时可能出现 $a_{ii}^{(i)} = 0$ 的情况，Gauss 消元法将无法继续；即使 $a_{kk}^{(k)} \neq$

0，但当 $|a_{kk}^{(k)}| \ll 1$ 时，用它作除数，也会导致其他元素数量级严重增加，带来舍入误差的扩散，使解严重失真。

**例 2.2**　线性方程组

$$\begin{cases} 0.00001x_1 + x_2 = 1.00001 \\ 2x_1 + x_2 = 3 \end{cases}$$

**解**　准确解是 $(1,1)^T$。现设我们的计算机为 4 位浮点数，方程组输入计算机后成为

$$\begin{pmatrix} 0.1000 \times 10^{-4} & 0.1000 \times 10 \\ 0.2000 \times 10 & 0.1000 \times 10 \end{pmatrix} \begin{pmatrix} x_1 \\ x_2 \end{pmatrix} = \begin{pmatrix} 0.1000 \times 10 \\ 0.3000 \times 10 \end{pmatrix} \tag{2.12}$$

用 Gauss 消元法：$l_{12} = 0.2 \times 10^6, r_2 = r_2 - l_{12} \times r_1$，

$$\begin{pmatrix} 0.1000 \times 10^{-4} & 0.1000 \times 10 \\ 0 & -0.2000 \times 10^6 \end{pmatrix} \begin{pmatrix} x_1 \\ x_2 \end{pmatrix} = \begin{pmatrix} 0.1000 \times 10 \\ -0.2000 \times 10^6 \end{pmatrix}$$

回代：$x_2 = 0.1000 \times 10 = 1, x_1 = 0$，解严重失真。

若将 $r_1$ 和 $r_2$ 交换

$$\begin{pmatrix} 0.2000 \times 10 & 0.1000 \times 10 \\ 0.1000 \times 10^{-4} & 0.1000 \times 10 \end{pmatrix} \begin{pmatrix} x_1 \\ x_2 \end{pmatrix} = \begin{pmatrix} 0.3000 \times 10 \\ 0.1000 \times 10 \end{pmatrix}$$

消元，$l_{12} = 0.5 \times 10^{-5}, r_2 = r_2 - l_{12} \times r_1$，

$$\begin{pmatrix} 0.2000 \times 10 & 0.1000 \times 10 \\ 0 & 0.1000 \times 10 \end{pmatrix} \begin{pmatrix} x_1 \\ x_2 \end{pmatrix} = \begin{pmatrix} 0.3000 \times 10 \\ 0.1000 \times 10 \end{pmatrix}$$

回代，$x_1 = 0.1000 \times 10$，$x_2 = 0.1000 \times 10$，得到准确解。

从此例可以看出，对方程组作简单的行交换有时会显著改善解的精度。在实际使用 Gauss 消元法时，常结合使用“选主元”技术以避免零主元或“小主元”出现，从而保证 Gauss 消元法能进行或保证解的数值稳定性。

1）列主元消元法

设已用列主元消元法完成 $Ax = b$ 的第 $k-1$ $(1 \leqslant k \leqslant n-1)$ 次消元，此时方程组

$Ax = b \rightarrow A^{(k)}x = b^{(k)}$　有如下形式：

$$[A^{(k)} \vdots b^{(k)}] = \begin{pmatrix} a_{11}^{(1)} & a_{12}^{(1)} & \cdots & \cdots & \cdots & b_1^{(1)} \\ & a_{22}^{(2)} & \cdots & \cdots & \cdots & b_2^{(2)} \\ & & \cdots & \cdots & \cdots & \vdots \\ & & a_{kk}^{(k)} & \cdots & a_{kn}^{(k)} & b_k^{(k)} \\ & & \vdots & & \vdots & \vdots \\ & & a_{nk}^{(k)} & \cdots & a_{nn}^{(k)} & b_n^{(k)} \end{pmatrix} \tag{2.13}$$

进行第 $k$ 次消元前，先进行两个步骤：

①在 $a_{kk}^{(k)}$ 至 $a_{nk}^{(k)}$ 这一列内选出绝对值最大者，即 $|a_{i_k,k}^{(k)}| = \max\limits_{k \leqslant i \leqslant n} |a_{ik}^{(k)}|$，确定 $i_k$。若 $a_{i_k,k}^{(k)} = 0$，则必有 $a_{kk}^{(k)}$ 至 $a_{nk}^{(k)}$ 这一列元素全为零，此时易证 $|A| = |A^{(k)}| = 0$，即方程组 $Ax = b$ 无确定解，应给出信息退出计算。

②若 $a_{i_k,k}^{(k)} \neq 0, i_k \neq k$，则交换 $i_k$ 行和 $k$ 行元素，即

$$a_{kj}^{(k)} \leftrightarrow a_{i_k,k}^{(k)} \quad (k \leqslant j \leqslant n)$$

$$b_k^{(k)} \leftrightarrow b_{i_k}^{(k)}$$

然后用 Gauss 消元法进行消元。

这样,从 $k=1$ 做到 $n-1$,就完成了消元过程,只要 $|A| \neq 0$ ,列主元 Gauss 消元法必可进行下去。

2)全主元消元法

在式(2.12)中,若每次选主元不局限在 $a_{kk}^{(k)}$ 至 $a_{nk}^{(k)}$ 这一列中,而在整个主子矩阵

$$\begin{pmatrix} a_{kk}^{(k)} & \cdots & a_{kn}^{(k)} \\ \vdots & & \vdots \\ a_{nk}^{(k)} & \cdots & a_{nn}^{(k)} \end{pmatrix}$$

中选取,便称为全主元 Gauss 消元法。则在第 $k$ 次消元前,增加的步骤为:

①用 $|a_{i_k,j_k}^{(k)}| = \max\limits_{k \leqslant i,j \leqslant n} |a_{ij}^{(k)}|$,确定 $i_k, j_k$。若 $a_{i_k,j_k}^{(k)} = 0$,给出 $|A| = 0$ 的信息,退出计算,否则转步骤②。

②作如下行交换和列交换。

$i_k \neq k$ 时,行交换:

$$a_{kj}^{(k)} \leftrightarrow a_{i_k,j}^{(k)} \quad (k \leqslant j \leqslant n)$$

$$b_k^{(k)} \leftrightarrow b_{i_k}^{(k)}$$

$j_k \neq k$ 时,列交换: $a_{ik}^{(k)} \leftrightarrow a_{i,j_k}^{(k)} \quad (k \leqslant i \leqslant n)$

值得注意的是,在全主元的消元法中由于进行了列交换,$x$ 各分量的顺序已被打乱。因此必须在每次列交换的同时,让机器"记住"作了一次怎样的交换,在回代解出后将 $x$ 各分量换回原来相应的位置,这样增加了程序设计的复杂性。此外,作第一步比较大小时,全主元消元法将耗用更多的机时,但全主元消元法比列主元消元法数值稳定性更好一些。实际应用中,这两种选主元技术都在使用。

选主元素 Gauss 消元法是一种实用的算法,原则上它可以应用于任意的方程组 $Ax = b$ ,只要 $\det A \neq 0$ 。

### 2.2.3 Gauss—Jordan 消元法

Gauss—Jordan 消元法是 Gauss 消元法的一种变形。Gauss 消元法是消去对角元下方的元素。若同时消去对角元上方和下方的元素,而且将对角元化为 1,就是 Gauss—Jordan 消元法。设 Gauss—Jordan 消元法已完成 $k-1$ 步,于是 $Ax=b$ 化为等价方程组 $Ax^{(k)} = b^{(k)}$ ,增广阵为:

$$[A^{(k)} : b^{(k)}] = \begin{pmatrix} 1 & & & a_{1k} & \cdots & a_{1n} & b_1 \\ & \ddots & & \vdots & & \vdots & \vdots \\ & & 1 & a_{k-1,k} & \cdots & a_{k-1,n} & b_{k-1} \\ & & & a_{kk} & \cdots & a_{kn} & b_k \\ & & & \vdots & & \vdots & \vdots \\ & & & a_{nk} & \cdots & a_{nn} & b_n \end{pmatrix}$$

在第 $k$ 步计算时,考虑将第 $k$ 行上下的第 $k$ 列元素都化为零,且 $a_{kk}$ 化 1。对 $k=$

$1,2,\cdots,n$。

(1)按列选主元

确定 $i_k$ 使

$$|a_{i_k,k}| = \max_{k \leq i \leq n} |a_{ik}|$$

(2)换行

$i_k \neq k$ 时，交换增广阵第 $k$ 行和第 $i_k$ 行

$$a_{kj} \leftrightarrow a_{i_k,j} \quad (k \leq j \leq n)$$
$$b_k \leftrightarrow b_{i_k}$$

(3)计算乘数

$$\begin{cases} l_{ik} = -\dfrac{a_{ik}}{a_{kk}}, & (i = 1,2,\cdots,n, i \neq k) \\ l_{kk} = \dfrac{1}{a_{kk}}, \end{cases} \tag{2.14}$$

(4)消元

$$\begin{cases} a_{ij} = a_{ij} + l_{ik}a_{kj}, & (i = 1,2,\cdots,n,\text{且 } i \neq k; j = k+1,k+2,n,) \\ a_{ik} = 0, & (i = 1,2,\cdots,n,\text{且 } i \neq k;) \\ b_i = b_i + l_{ik}b_k, & (i = 1,2,\cdots,n,\text{且 } i \neq k) \end{cases} \tag{2.15}$$

(5)主行计算

$$a_{kj} = a_{kj} \times l_{kk} \quad (j = k,k+1,\cdots,n)$$
$$b_k = b_k \times l_{kk}$$

当 $k=n$ 时，

$$[A : b] \rightarrow [A^{(n)} : b^{(n)}] = \begin{pmatrix} 1 & & & & b_1 \\ & 1 & & & b_2 \\ & & \ddots & & \vdots \\ & & & 1 & b_n \end{pmatrix}$$

显然 $x_i = b_i, (i = 1,2,\cdots,n)$ 就是 $Ax=b$ 的解。

Gauss—Jordan 消元法的消元过程比 Gauss 消元法略复杂，但省去了回代过程，它的计算量与 Gauss 消元法同数量级，也称为无回代的 Gauss 消元法。

### *2.2.4　方阵求逆*

Gauss—Jordan 消元法解方程组并不比 Gauss 消元法优越，但用于矩阵求逆是适宜的，实际上它就是线性代数中学过的初等变换方法求逆的一种规范化算法。

**例 2.3**　求

$$A = \begin{pmatrix} 1 & -1 & 0 \\ 2 & 2 & 3 \\ -1 & 2 & 1 \end{pmatrix} \text{的逆阵。}$$

**解**　写出增广阵，并进行初等变换求逆，可以看到，就是 Gauss—Jordan 消元法：

$$C=\begin{pmatrix}1&-1&0&1&0&0\\2&2&3&0&1&0\\-1&2&1&0&0&1\end{pmatrix}\xrightarrow{r_1\leftrightarrow r_2}\begin{pmatrix}2&2&3&0&1&0\\1&-1&0&1&0&0\\-1&2&1&0&0&1\end{pmatrix}$$

$$\xrightarrow{\text{第一次消元}}\begin{pmatrix}1&1&\frac{3}{2}&0&\frac{1}{2}&0\\0&-2&-\frac{3}{2}&1&-\frac{1}{2}&0\\0&3&\frac{5}{2}&0&\frac{1}{2}&1\end{pmatrix}\xrightarrow{r_2\leftrightarrow r_3}\begin{pmatrix}1&1&\frac{3}{2}&0&\frac{1}{2}&0\\0&3&\frac{5}{2}&0&\frac{1}{2}&1\\0&-2&-\frac{3}{2}&1&-\frac{1}{2}&0\end{pmatrix}$$

$$\xrightarrow{\text{第二次消元}}\begin{pmatrix}1&0&\frac{2}{3}&0&\frac{1}{3}&-\frac{1}{3}\\0&1&\frac{5}{6}&0&\frac{1}{6}&\frac{1}{3}\\0&0&\frac{1}{6}&1&-\frac{1}{6}&\frac{2}{3}\end{pmatrix}\xrightarrow{\text{第三次消元}}\begin{pmatrix}1&0&0&-4&1&-3\\0&1&0&-5&1&-3\\0&0&1&6&-1&4\end{pmatrix}$$

所以
$$A^{-1}=\begin{pmatrix}-4&1&-3\\-5&1&-3\\6&-1&4\end{pmatrix}$$

# 2.3 矩阵 *LU* 分解

### *2.3.1 LU 分解*

下面用矩阵语言描述 Gauss 消元法的消元过程。

$Ax=b$ 是线性方程组，$A$ 是 $n\times n$ 阶方阵，并设 $A$ 的各阶顺序主子式不为零。

令 $A^{(1)}=A$，当 Gauss 消元法进行第一步后，相当于用一个初等矩阵左乘 $A^{(1)}$。不难看出，这个初等矩阵为

$$L_1=\begin{pmatrix}1&&&&\\-l_{21}&1&&&\\-l_{31}&0&1&&\\\vdots&\vdots&\vdots&\ddots&\\-l_{n1}&0&0&\cdots&1\end{pmatrix}$$

其中，$l_{i1}(i=2,3,\cdots,n)$ 由式(2.10)确定，即

$$A^{(2)}=L_1A^{(1)},b^{(2)}=L_1b^{(1)}$$

同样第 $k$ 步消元有

$$A^{(k+1)}=L_kA^{(k)},b^{(k+1)}=L_kb^{(k)}$$

$$L_k = \begin{pmatrix} 1 & & & & & \\ & \ddots & & & & \\ & & 1 & & & \\ & & -l_{k+1,k} & 1 & & \\ & & \vdots & & \ddots & \\ & & -l_{nk} & & & 1 \end{pmatrix}$$

进行$(n-1)$步后，得到$A^{(n)}$，记$U = A^{(n)}$，显然$U$的下三角部分全化为零元素。

它是一个上三角阵，整个消元过程可表达如下：

$$L_{n-1}L_{n-2}\cdots L_1 A = U \tag{2.16}$$

$$L_{n-1}L_{n-2}\cdots L_1 b = b^{(n)}$$

则
$$A = L_1^{-1}L_2^{-1}\cdots L_{n-1}^{-1}U$$

记
$$L = L_1^{-1}L_2^{-1}\cdots L_{n-1}^{-1} \tag{2.17}$$

有
$$A = LU$$

已知$U$是上三角矩阵，下面讨论$L$的性态。

首先指出

$$L_k^{-1} = \begin{pmatrix} 1 & & & & & \\ & \ddots & & & & \\ & & 1 & & & \\ & & l_{k+1,k} & 1 & & \\ & & \vdots & & \ddots & \\ & & l_{nk} & & & 1 \end{pmatrix} \tag{2.18}$$

证明上式，只需验证$L_kL_k^{-1} = I$即可。

其次指出

$$L = \begin{pmatrix} 1 & & & & & \\ l_{21} & 1 & & & & \\ l_{31} & l_{32} & 1 & & & \\ \vdots & \vdots & \vdots & \ddots & & \\ \vdots & \vdots & \vdots & & 1 & \\ l_{n1} & l_{n2} & l_{n3} & \cdots & l_{n,n-1} & 1 \end{pmatrix} \tag{2.19}$$

其中的$l_{ij}(i = 2,3,\cdots,n;j = 1,2,\cdots,n-1)$全由式(2.10)确定，证明留作习题。

所以$L$是由各$L_k^{-1}$ $(k=1,2,\cdots,n-1)$的所有左下元素拼凑后加上对角元1而得。$L$是下三角矩阵，且所有的对角元为1，故称为单位下三角阵。这样，$A=LU$，称为$A$的$LU$分解，其中$L$是单位下三角阵，$U$是上三角阵。

**定理2.2** 矩阵$A_{n\times n}$，只要$A$的各阶顺序主子式非零，则$A$可以分解为一个单位下三角阵$L$和一个上三角阵$U$的乘积，即$A=LU$，且这种分解是唯一的。

**证** 只需证明分解的唯一性。设$A = LU$和$A = \bar{L}\bar{U}$。都是$A$的$LU$分解，则$LU = \bar{L}\bar{U}$。因为$A$非奇异，所以$\bar{L},\bar{U}$都非奇异，所以$\bar{L}^{-1}L = \bar{U}U^{-1}$。

注意到单位下三角阵的逆仍是单位下三角阵，它们的乘积仍是单位下三角阵，上三角阵的逆及它们的乘积仍是上三角阵(证明留作习题),则等式两边既要是单位下三角阵,又要是上三角阵,只能是单位阵 $I$。

所以 $\bar{L}^{-1}=L^{-1}$, $L=\bar{L}$,同理有 $U^{-1}=\bar{U}^{-1}$, $U=\bar{U}$,唯一性得证。

当 $A$ 进行 $LU$ 分解后,$Ax=b$ 就容易解出了。这时 $Ax=b$ 可改写为 $LUx=b$,令 $Ux=y$,有 $Ly=b$。即 $Ax=b$ 等价于 $\begin{cases}Ly=b\\Ux=y\end{cases}$。

即 $Ax=b$ 分解为解两个三角形方程组,三角形方程组是极易求解的。

### 2.3.2 直接 LU 分解

$A$ 的 $LU$ 分解可以用 Gauss 消元法完成,但也可以用矩阵乘法原理推出另一种方法,当然结果是完全一致的。设:

$$L=\begin{pmatrix}1 & & & & & \\ l_{21} & 1 & & & 0 & \\ l_{31} & l_{32} & 1 & & & \\ \vdots & \vdots & \vdots & \ddots & & \\ \vdots & \vdots & \vdots & & 1 & \\ l_{n1} & l_{n2} & l_{n3} & \cdots & l_{n,n-1} & 1\end{pmatrix},U=\begin{pmatrix}u_{11} & u_{12} & \cdots & \cdots & u_{1n}\\ & u_{22} & \cdots & \cdots & u_{2n}\\ & & \ddots & & \vdots\\ 0 & & & \ddots & \vdots\\ & & & & u_{nn}\end{pmatrix}$$

$A=LU$,由矩阵乘法公式:

$$a_{1j}=u_{1j},\qquad j=1,2,\cdots,n$$

$$a_{i1}=l_{i1}u_{11},\qquad i=2,3,\cdots,n$$

推出

$$u_{1j}=a_{1j},\qquad j=1,2,\cdots,n$$

$$l_{i1}=\frac{a_{i1}}{u_{11}},\qquad i=2,3,\cdots,n$$

这样就定出 $U$ 的第一行元素和 $L$ 的第一列元素(除对角线元 1 外)。

设已定出 $U$ 的前 $k-1$ 行和 $L$ 的前 $k-1$ 列,现确定 $U$ 的第 $k$ 行和 $L$ 的第 $k$ 列,由矩阵乘法:

$$a_{kj}=\sum_{r=1}^{n}l_{kr}u_{rj}$$

当 $r>k$ 时,$l_{kr}=0$,且 $l_{kk}=1$。

因为

$$a_{kj}=u_{kj}+\sum_{r=1}^{k-1}l_{kr}u_{rj},$$

所以

$$u_{kj}=a_{kj}-\sum_{r=1}^{k-1}l_{kr}u_{rj}\qquad j=k,k+1,\cdots,n \tag{2.20}$$

这是计算 $U$ 的第 $k$ 行的公式。

同理可推出计算 $L$ 的第 $k$ 列的公式:

$$l_{ik} = \frac{1}{u_{kk}}(a_{ik} - \sum_{r=1}^{k-1} l_{ir}u_{rk}) \qquad i = k, k+1, \cdots, n \tag{2.21}$$

按以下算法进行 $n$ 次可全部算出 $L$ 和 $U$ 的元素，与之对应的算法称 Doolittle 算法，现总结如下：

1) 矩阵分解 $A = LU$

对 $k = 1, 2, \cdots, n$

$$u_{kj} = a_{kj} - \sum_{r=1}^{k-1} l_{kr}u_{rj} \qquad j = k, k+1, \cdots, n \tag{2.22}$$

$$l_{ik} = \frac{1}{u_{kk}}(a_{ik} - \sum_{r=1}^{k-1} l_{ir}u_{rk}) \qquad i = k, k+1, \cdots, n \tag{2.23}$$

$$l_{kk} = 1 \tag{2.24}$$

2) 解 $Ly = b$

$$y_k = b_k - \sum_{r=1}^{k-1} l_{kr}y_r \qquad k = 1, 2, \cdots, n \tag{2.25}$$

3) 解 $Ux = y$

$$x_k = \frac{1}{u_{kk}}(y_k - \sum_{r=k+1}^{n} u_{kr}x_r) \qquad k = n, n-1, \cdots, 1 \tag{2.26}$$

Doolittle 算法实际上就是 Gauss 消元法的另一种形式。它的计算量与 Gauss 消元法一样。但它不是逐次对 $A$ 进行变换，而是一次性地算出 $L$ 和 $U$ 的元素。$L$ 和 $U$ 的元素算出后，不必另辟存储单元存放，可直接存放在 $A$ 的对应元素的位置，以节省存储单元，因此也称为紧凑格式法。

**例 2.4**　求解方程组

$$\begin{pmatrix} 2 & 4 & 2 & 6 \\ 4 & 9 & 6 & 15 \\ 2 & 6 & 9 & 18 \\ 6 & 15 & 18 & 40 \end{pmatrix}\begin{pmatrix} x_1 \\ x_2 \\ x_3 \\ x_4 \end{pmatrix} = \begin{pmatrix} 9 \\ 23 \\ 22 \\ 47 \end{pmatrix}$$

**解**　由公式(2.22)－(2.24)

$$A = LU = \begin{pmatrix} 1 & & & \\ 2 & 1 & & \\ 1 & 2 & 1 & \\ 3 & 3 & 2 & 1 \end{pmatrix}\begin{pmatrix} 2 & 4 & 2 & 6 \\ & 1 & 2 & 3 \\ & & 3 & 6 \\ & & & 1 \end{pmatrix}$$

于是化为两个方程组

$$\begin{pmatrix} 1 & & & \\ 2 & 1 & & \\ 1 & 2 & 1 & \\ 3 & 3 & 2 & 1 \end{pmatrix}\begin{pmatrix} y_1 \\ y_2 \\ y_3 \\ y_4 \end{pmatrix} = \begin{pmatrix} 9 \\ 23 \\ 22 \\ 47 \end{pmatrix}$$

$$\begin{pmatrix} 2 & 4 & 2 & 6 \\ & 1 & 2 & 3 \\ & & 3 & 6 \\ & & & 1 \end{pmatrix}\begin{pmatrix} x_1 \\ x_2 \\ x_3 \\ x_4 \end{pmatrix} = \begin{pmatrix} y_1 \\ y_2 \\ y_3 \\ y_4 \end{pmatrix}$$

用式(2.25)解第一个方程组，$y = (9,5,3,-1)^T$ 代入第二个方程组，用式(2.26)解之，得 $x = (0.5,2,3,-1)^T$。

### 2.3.3 行列式计算

在实际问题中，有时会遇到求方阵的行列式。在线性代数中讲到的行列式定义算法和展开算法均不适用于阶数较高的行列式。而 $LU$ 分解是计算行列式十分方便和适用的算法。

由 $A = LU$，得

$$\det A = \det L \times \det U = \det U = \prod_{i=1}^{n} u_{ii} \tag{2.27}$$

即只要将 $U$ 阵的对角元相乘就可得 $A$ 的行列式。

为避免计算中断，还应加上选主元素过程，此时每做一次行交换（或列交换），行列式要改变一次符号，有：

$$\det A = (-1)^p \prod_{i=1}^{n} a_{ii}^{(i)} \tag{2.28}$$

其中，$a_{ii}^{(i)}$，$i = 1,2,\cdots,n$ 是 $A^{(n)}$ 的对角线元素，$p$ 是进行的行交换次数（对列主元消元法而言），或是行交换和列交换次数的总和（对全主元消元法而言）。若选不出非零的主元素，则必有 $\det A = 0$。

如例 2.4 中的 $A$ 阵，用 $LU$ 分解的方法，显然有 $\det A = 2 \times 1 \times 3 \times 1 = 6$。

### 2.3.4 Crout 分解

将 $LU$ 分解换一个提法：要求 $L$ 为一般下三角阵，$U$ 为单位上三角阵，只要将 $A = LDU = (LD)U = \bar{L}U$，简记为 $A = LU$，这样的分解称为 Crout 分解。

显然，当 $A$ 的各阶顺序主子式非零时，它是存在且唯一的。Crout 分解对应的解法称 Crout 算法，也可用于解线性方程组，其特点是在回代时不做除法。它在下文的追赶法中有应用。限于篇幅，公式从略。

比如上题中矩阵 $A$ 的 $LU$ 分解为：

$$L = \begin{pmatrix} 1 & & & \\ 2 & 1 & & \\ 1 & 2 & 1 & \\ 3 & 3 & 2 & 1 \end{pmatrix}, U = \begin{pmatrix} 2 & 4 & 2 & 6 \\ & 1 & 2 & 3 \\ & & 3 & 6 \\ & & & 1 \end{pmatrix}$$

则 $A$ 的 Crout 分解为：

$$\bar{L} = \begin{pmatrix} 1 & & & \\ 2 & 1 & & \\ 1 & 2 & 1 & \\ 3 & 3 & 2 & 1 \end{pmatrix}\begin{pmatrix} 2 & & & \\ & 1 & & \\ & & 3 & \\ & & & 1 \end{pmatrix} = \begin{pmatrix} 2 & & & \\ 4 & 1 & & \\ 2 & 2 & 3 & \\ 6 & 3 & 6 & 1 \end{pmatrix}$$

$$\overline{U} = \begin{pmatrix} 1/2 & & & \\ & 1 & & \\ & & 1/3 & \\ & & & 1 \end{pmatrix} \begin{pmatrix} 2 & 4 & 2 & 6 \\ & 1 & 2 & 3 \\ & & 3 & 6 \\ & & & 1 \end{pmatrix} = \begin{pmatrix} 1 & 2 & 1 & 3 \\ & 1 & 2 & 3 \\ & & 1 & 2 \\ & & & 1 \end{pmatrix}$$

# 2.4　平方根法

实际问题中 $Ax = b$，$A$ 若是对称正定矩阵，则 Gauss 消元法简化为平方根法或改进的平方根法。

## 2.4.1　矩阵的 LDU 分解

将 $LU$ 分解中的 $U$ 矩阵再分解为 $U = D\overline{U}$，其中，$D$ 是由 $U$ 的对角元构成的对角阵，$\overline{U}$ 是 $U$ 的每行除以该行的对角元素而得。这时 $A = LD\overline{U}$，为使记号简单，就记为 $A = LDU$。这里，$L$ 是单位下三角阵，$U$ 是单位上三角阵，$D$ 是对角阵。我们把 $A$ 的这种分解称之为 $LDU$ 分解，显然当 $A = LU$ 确定时，$LDU$ 分解也是唯一的。

例 2.4 中的 $A$ 的 $LDU$ 分解为：

$$A = LDU = \begin{pmatrix} 1 & & & \\ 2 & 1 & & \\ 1 & 2 & 1 & \\ 3 & 3 & 2 & 1 \end{pmatrix} \begin{pmatrix} 2 & & & \\ & 1 & & \\ & & 3 & \\ & & & 1 \end{pmatrix} \begin{pmatrix} 1 & 2 & 1 & 3 \\ & 1 & 2 & 3 \\ & & 1 & 2 \\ & & & 1 \end{pmatrix}$$

## 2.4.2　对称正定矩阵的 Cholesky 分解

**定理 2.3**　设 $A$ 对称正定，则存在三角分解 $A = LL^T$，$L$ 是非奇异下三角矩阵，且当限定 $L$ 的对角元为正时，这种分解是唯一的。

**证**　因为 $A$ 对称正定，所以 $A$ 的各阶顺序主子式为正，所以有 $A = LDU$，

$$A^T = U^T DL^T = A = LDU$$

由 $LDU$ 分解的唯一性知 $U^T = L, U = L^T$，所以　$A = LDL^T$。

下面证明 $D$ 的对角元为正数。

因为 $\det L = 1 \neq 0$，所以 $L^T y_i = e_i$ 必有非零解 $y_i \neq 0$，这里 $e_i$ 是单位阵 $I_{n\times n}$ 的第 $i$ 列。

$$y_i^T A y_i = y_i^T LDL y_i = (L^T y_i) D (L^T y_i) = e_i^T D e_i = d_i$$

这是一个二次型，由 $A$ 对称正定知 $d_i > 0(i = 1,2,\cdots,n)$。

记
$$D^{\frac{1}{2}} = \mathrm{diag}(\sqrt{d_1}, \sqrt{d_2}, \cdots, \sqrt{d_n})$$

则
$$A = LDL = LD^{\frac{1}{2}}D^{\frac{1}{2}}L^T = (LD^{\frac{1}{2}})(LD^{\frac{1}{2}})^T = \tilde{L}\tilde{L}^T$$

由证明过程容易看出 $A = \tilde{L}\tilde{L}^T$ 是唯一的。

形如 $A = LL^T$ 的分解称为对称正定矩阵的 Cholesky 分解。

例 2.4 中的 $A$ 的 $LL^T$ 分解为：

$$A = LL^T = \begin{pmatrix} 1 & & & \\ 2 & 1 & & \\ 1 & 2 & 1 & \\ 3 & 3 & 2 & 1 \end{pmatrix} \begin{pmatrix} \sqrt{2} & & & \\ & 1 & & \\ & & \sqrt{3} & \\ & & & 1 \end{pmatrix} \begin{pmatrix} \sqrt{2} & & & \\ & 1 & & \\ & & \sqrt{3} & \\ & & & 1 \end{pmatrix} \begin{pmatrix} 1 & 2 & 1 & 3 \\ & 1 & 2 & 3 \\ & & 1 & 2 \\ & & & 1 \end{pmatrix}$$

$$L=\begin{pmatrix}\sqrt{2} & & & \\ 2\sqrt{2} & 1 & & \\ \sqrt{2} & 2 & \sqrt{3} & \\ 3\sqrt{2} & 3 & 2\sqrt{3} & 1\end{pmatrix}$$

### 2.4.3 平方根法和改进的平方根法

对称正定矩阵的 $A = LL^T$ 分解对应于解对称正定方程组 $Ax = b$ 的平方根法。

由矩阵乘法原理容易推出 $L$ 的元素 $l_{ij}$ 的算法：

对 $j = 1,2,\cdots,n$，计算

$$\begin{cases} l_{jj} = \left(a_{jj} - \sum_{k=1}^{j-1} l_{jk}^2\right)^{\frac{1}{2}} \\ l_{ij} = \dfrac{1}{l_{jj}}\left(a_{ij} - \sum_{k=1}^{j-1} l_{ik}l_{jk}\right), \qquad i = j+1,\cdots,n \end{cases} \tag{2.29}$$

$Ax = b$ 可化为

$$\begin{cases} Ly = b \\ L^Tx = y \end{cases}$$

解法是：

$$\begin{cases} y_i = \dfrac{1}{l_{ii}}\left(b_i - \sum_{k=1}^{j-1} l_{ik}y_k\right), \qquad i = 1,2,\cdots,n, \\ x_i = \dfrac{1}{l_{ii}}\left(y_i - \sum_{k=i+1}^{n} l_{ki}x_k\right), \qquad i = n,n-1,\cdots,1 \end{cases} \tag{2.30}$$

这就是平方根法，它适用于系数阵是对称正定矩阵的方程组。它的运算量以乘除法计是 Gauss 消元法的一半，显然这是因为只计算 $L$ 不算 $U$ 的缘故。

平方根法不用考虑选主元，这是它的优点。它的缺点是要计算 $n$ 次开平方，为避免开平方运算，发展了平方根法的改进形式，它对应于 $A = LDL^T$ 分解。

把 $Ax = b$ 改写为 $LDL^Tx = b$，它等价于：

$$\begin{cases} Ly = b \\ DL^Tx = y \end{cases}。$$

算法描述为：

①对 $i = 1,2,\cdots,n$，计算

$$t_{ij} = a_{ij} - \sum_{k=1}^{j-1} t_{ik}l_{jk}, \qquad j = 1,2,\cdots,i-1$$

$$d_i = a_{ii} - \sum_{k=1}^{i-1} t_{ik}l_{ik}$$

$$l_{ij} = \frac{t_{ij}}{d_j}, \qquad j = 1,2,\cdots,i-1$$

②解 $Ly = b$

$$y_i = b_i - \sum_{k=1}^{i-1} l_{ik}y_k, \qquad i = 1,2,\cdots,n$$

③解 $DL^Tx = y$

$$x_i = \frac{y_i}{d_i} - \sum_{k=i+1}^{n} l_{ki}x_k, \qquad i = n, n-1, \cdots, 1$$

## 2.5　追赶法

在很多情况下,如三次样条插值、常微分方程的边值问题等都归结为求解系数矩阵为对角占优的三对角方程组 $Ax = f$,即:

$$A = \begin{pmatrix} b_1 & c_1 & & & \\ a_2 & b_2 & c_2 & & \\ & \ddots & \ddots & \ddots & \\ & & a_{n-1} & b_{n-1} & c_{n-1} \\ & & & a_n & b_n \end{pmatrix}\begin{pmatrix} x_1 \\ x_2 \\ \vdots \\ x_{n-1} \\ x_n \end{pmatrix} = \begin{pmatrix} f_1 \\ f_2 \\ \vdots \\ f_{n-1} \\ f_n \end{pmatrix}$$

其中 $|i-j| > 1$ 时, $a_{ij} = 0$ ,且满足如下的对角占优条件:

① $|b_1| > |c_1| > 0, |b_n| > |a_n| > 0$;

② $|b_i| \geqslant |a_i| + |c_i|, a_ic_i \neq 0, i = 2,3,\cdots,n-1$。

对 $A$ 作 Crout 分解 $A = LU$

$$A = LU = \begin{pmatrix} \alpha_1 & & & & \\ \gamma_2 & \alpha_2 & & & \\ & \ddots & \ddots & & \\ & & \ddots & \ddots & \\ & & & \gamma_n & \alpha_n \end{pmatrix}\begin{pmatrix} 1 & \beta_1 & & & \\ & 1 & \beta_2 & & \\ & & \ddots & \ddots & \\ & & & 1 & \beta_{n-1} \\ & & & & 1 \end{pmatrix}$$

用矩阵乘法比较之:

$$\begin{aligned} &b_1 = \alpha_1, c_1 = \alpha_1\beta_1, \\ &a_i = \gamma_i, b_i = \gamma_i\beta_{i-1} + \alpha_i, i = 2,3,\cdots,n \\ &c_i = \alpha_i\beta_i, i = 2,3,\cdots,n-1 \end{aligned}$$

解得

$$\begin{cases} \gamma_i = \alpha_i, i = 2,3,\cdots,n \\ \alpha_1 = b_1, \alpha_i = b_i - a_i\beta_{i-1}, i = 2,3,\cdots,n \\ \beta_i = \dfrac{c_i}{\alpha_i}, i = 1,2,\cdots,n-1 \end{cases} \tag{2.31}$$

当 $A$ 满足对角占优条件时,以上分解能够进行到底(证明略)。

这样 $Ax = f$ 改写为 $LUx = f$,等价于:

$$\begin{cases} Ly = f \\ Ux = y \end{cases}$$

总结算法步骤如下:

①计算 $\alpha_i, \beta_i$。

$$\begin{cases}\beta_1 = \dfrac{c_1}{b_1}, \alpha_1 = b_1 \\ \alpha_i = b_i - a_i\beta_{i-1}, i = 2,3,\cdots,n \\ \beta_i = \dfrac{c_i}{\alpha_i}, i = 2,3,\cdots,n\end{cases} \tag{2.32}$$

②解 $Ly = f$。

$$\begin{cases}y_1 = \dfrac{f_1}{b_1} \\ y_i = \dfrac{f_i - a_i c_{i-1}}{a_i}, i = 2,3,\cdots,n\end{cases} \tag{2.33}$$

③解 $Ux = y$。

$$\begin{cases}x_n = y_n \\ x_i = y_i - \beta_i x_{i+1}, i = n-1, n-2, \cdots, 1\end{cases} \tag{2.34}$$

实际计算中,$Ax = f$的阶数往往很高,应注意$A$的存储技术。已知数据只用4个一维数组就可存完。即$\{a_i\}$,$\{b_i\}$,$\{c_i\}$,$\{f_i\}$各占一个一维数组,$\{\alpha_i\}$,$\{\beta_i\}$可存放在$\{b_i\}$,$\{c_i\}$的位置,$\{y_i\}$和$\{x_i\}$则可放在$\{f_i\}$的位置,整个运算可在4个一维数组中运行。追赶法的计算量很小,只是$5n-3$,$n$较大时,就计为$5n$次乘除法。追赶法的计算也不要选主元素。

**例2.5** 解方程组

$$\begin{pmatrix}6 & 1 & 0 \\ 1 & 4 & 1 \\ 0 & 1 & 14\end{pmatrix}\begin{pmatrix}x_1 \\ x_2 \\ x_3\end{pmatrix} = \begin{pmatrix}6 \\ 24 \\ 322\end{pmatrix}$$

试用平方根法,改进的平方根法和追赶法分别解之。

**解** (1)平方根法 $A = LL^T$

$$l_{11} = \sqrt{a_{11}} = \sqrt{6} = 2.449\,5 \qquad l_{22} = \sqrt{a_{22} - l_{21}^2} = \sqrt{\frac{23}{6}} = 1.957\,9$$

$$l_{21} = \frac{a_{12}}{\sqrt{6}} = \frac{\sqrt{6}}{6} = 0.408\,25 \qquad l_{32} = \frac{a_{32} - l_{31} \times l_{21}}{l_{22}} = \sqrt{\frac{6}{23}} = 0.510\,75$$

$$l_{31} = \frac{a_{13}}{\sqrt{6}} = 0 \qquad l_{33} = \sqrt{a_{33} - l_{32}^2} = \sqrt{14 - \frac{6}{23}} = 3.706\,6$$

所以

$$A = LU = \begin{pmatrix}2.449\,5 & 0 & 0 \\ 0.408\,25 & 1.957\,9 & 0 \\ 0 & 0.510\,75 & 3.706\,6\end{pmatrix}\begin{pmatrix}2.449\,5 & 0.408\,25 & 0 \\ 0 & 1.957\,9 & 0.510\,75 \\ 0 & 0 & 3.706\,6\end{pmatrix}$$

由$\begin{pmatrix}2.449\,5 & 0 & 0 \\ 0.408\,25 & 1.957\,9 & 0 \\ 0 & 0.510\,75 & 3.706\,6\end{pmatrix}\begin{pmatrix}y_1 \\ y_2 \\ y_3\end{pmatrix} = \begin{pmatrix}6 \\ 24 \\ 322\end{pmatrix}$解得 $y = \begin{pmatrix}2.449\,5 \\ 11.247 \\ 85.254\end{pmatrix}$,

由$\begin{pmatrix} 2.4495 & 0.40825 & 0 \\ 0 & 1.9579 & 0.51075 \\ 0 & 0 & 3.7066 \end{pmatrix}\begin{pmatrix} x_1 \\ x_2 \\ x_3 \end{pmatrix} = \begin{pmatrix} 2.4495 \\ 11.247 \\ 85.254 \end{pmatrix}$解得 $x = \begin{pmatrix} 1 \\ 0 \\ 23 \end{pmatrix}$。

(2)改进的平方根法　$A = LDL^T$

$$d_1 = a_{11} = 6$$

$$t_{21} = a_{21} = 1, l_{21} = \frac{t_{21}}{d_1} = \frac{1}{6} = 0.16667$$

$$d_2 = a_{21} - t_{21} \times l_{21} = 3.8333$$

$$t_{31} = a_{31} = 0, l_{32} = a_{32} - t_{31} \times l_{21} = 1$$

$$l_{31} = \frac{t_{31}}{d_2} = 0, l_{32} = \frac{t_{32}}{d_2} = 0.26087$$

$$d_3 = a_{33} - t_{31}l_{31} - t_{32}l_{32} = 14 - 0.26087 = 13.739$$

$$\begin{pmatrix} 1 & 0 & 0 \\ 0.1667 & 1 & 0 \\ 0 & 0.26087 & 1 \end{pmatrix}\begin{pmatrix} 6 & 0 & 0 \\ 0 & 3.8333 & 0 \\ 0 & 0 & 13.739 \end{pmatrix}\begin{pmatrix} 1 & 0.1667 & 0 \\ 0 & 1 & 0.26087 \\ 0 & 0 & 1 \end{pmatrix}$$

解 $Ly = b$

$$y_1 = b_1 = 6$$
$$y_2 = b_2 - l_{21}y_1 = 23$$
$$y_3 = b_3 - l_{31}y_1 - l_{32}y_2 = 316$$

解 $DL^Tx = y$

$$x_3 = \frac{y_3}{d_3} = 23$$

$$x_2 = \frac{y_2}{d_2} - l_{32}x_3 = 0$$

$$x_1 = \frac{y_1}{d_1} - l_{21}x_2 - l_{32}x_3 = 1$$

(3)追赶法

此方程组系数阵是三对角阵,且满足对角占优条件。

$$\alpha_1 = b_1 = 6, \beta_1 = \frac{c_1}{b_1} = 0.16667$$

$$\alpha_2 = b_2 - a_2\beta_1 = \frac{23}{6} = 3.8333, \beta_2 = \frac{c_2}{b_2} = \frac{23}{6} = 0.26087$$

$$\alpha_3 = b_3 - a_3\beta_2 = 13.739$$

所以

$$A = LU = \begin{pmatrix} 6 & 0 & 0 \\ 1 & 3.8333 & 0 \\ 0 & 1 & 13.739 \end{pmatrix}\begin{pmatrix} 1 & 0.1667 & 0 \\ 0 & 1 & 0.26087 \\ 0 & 0 & 1 \end{pmatrix}$$

解 $Ly = b$

$$\begin{pmatrix}6 & 0 & 0\\1 & 3.8333 & 0\\0 & 1 & 13.739\end{pmatrix}\begin{pmatrix}y_1\\y_2\\y_3\end{pmatrix}=\begin{pmatrix}6\\24\\322\end{pmatrix},\text{得 } y=\begin{pmatrix}1\\6\\23\end{pmatrix}$$

解 $Ux = y$

$$\begin{pmatrix}1 & 0.1667 & 0\\0 & 1 & 0.26087\\0 & 0 & 1\end{pmatrix}\begin{pmatrix}x_1\\x_2\\x_3\end{pmatrix}=\begin{pmatrix}1\\6\\23\end{pmatrix},\text{得 } x=\begin{pmatrix}1\\0\\23\end{pmatrix}$$

## 2.6　Matlab 求解线性方程组(一)

将本章中典型的例题运用 Matlab 求解。

**例 2.6**　用 Gauss 消元法解方程组：

$$\begin{cases}x_1 + 2x_2 + 3x_3 = 1\\2x_1 + 7x_2 + 5x_3 = 6\\x_1 + 4x_2 + 9x_3 = -3\end{cases}$$

**解**　直接建立求解该方程组的 M 文件 Gauss. m 如下：

```
%求解例题 2.1
%高斯法求解线性方程组 Ax=b
%A 为输入矩阵系数,b 为方程组右端系数
%方程组的解保存在 x 变量中
%先输入方程系数
A=[1 2 3;2 7 5;1 4 9];
b=[1 6 -3]';
[m,n]=size(A);
%检查系数正确性
if m~=n
    error('矩阵 A 的行数和列数必须相同');
    return;
end
if m~=size(b)
    error('b 的大小必须和 A 的行数或 A 的列数相同');
    return;
end
%再检查方程是否存在唯一解
if rank(A)~=rank([A,b])
    error('A 矩阵的秩和增广矩阵的秩不相同,方程不存在唯一解');
    return;
end
%这里采用增广矩阵行变换的方式求解
```

```
c = n + 1;
A( :,c) = b;
%% 消元过程
for k = 1:n - 1
A(k + 1:n, k:c) = A(k + 1:n, k:c) - (A(k + 1:n,k)/ A(k,k)) * A(k, k:c);
End
%% 回代结果
x = zeros(length(b),1);
x(n) = A(n,c)/A(n,n);
for k = n - 1: - 1:1
x(k) = (A(k,c) - A(k,k + 1:n) * x(k + 1:n))/A(k,k);
end
% 显示计算结果
disp('x = ');
disp(x);
```

直接运行上面的 M 文件或在 Matlab 命令窗口中直接输入 Gauss 即可得出结果。

在 Matlab 命令窗口中输入 Gauss 得出结果如下：

```
>> Gauss
x =
    2.0000
    1.0000
   -1.0000
```

**例** 2.7　用 Gauss—Jordan 消元法思想求

$$A=\begin{bmatrix}1 & -1 & 0\\ 2 & 2 & 3\\ -1 & 2 & 1\end{bmatrix}$$

的逆阵。

**解**　(解法一)直接建立求解的 M 文件 Gauss_Jordan. m,源程序如下：

```
%Gauss—Jordan 法求例 2.3
clc;
A = [1  -1 0;2 2 3; -1 2 1];
A1 = A;% 先保存原来的方阵 A
[n,m] = size(A);
if n ~ = m
        error('A 必须为方阵');
        return;
end
A( :,n + 1:2 * n) = eye(n);% 构造增广矩阵
for k = 1: n
    [l,m] = max(abs(A(k:n,k)));% 按列选主元
    if A(k + m - 1,k) = = 0
```

```
            error('找到列最大的元素为零,错误');
            return;
        end
        if m ~ =1   %交换
            Temp = A(k,:);
            A(k,:) = A(k+m-1,:);
            A(k+m-1,:) = Temp;
        end
        for i = 1:n
            if i ~ =k
                A(i,:) = A(i,:) - A(k,:) * A(i,k)/A(k,k);
            end
        end

end
for i = n:(-1):1
    A(i,:) = A(i,:)/A(i,i);
end
A(:,1:n) = [];
disp('A =');
disp(A1);
disp('用 Gauss—Jandan 算得矩阵 A 的逆矩阵为:');
disp('inv(A) =');
disp(A);
clear Temp i k l m n;%清除临时变量
```

在 Matlab 命令窗口中输入 Gauss_Jordan 回车后得到结果如下:

```
A =
     1   -1   0
     2    2   3
    -1    2   1
```

用 Gauss—Jandan 算得矩阵 A 的逆矩阵为:

```
inv(A) =
    -4    1   -3
    -5    1   -3
     6   -1    4
```

**例 2.8** 用分解 *LU* 的方法求解方程组

$$\begin{pmatrix}2 & 4 & 2 & 6\\ 4 & 9 & 6 & 15\\ 2 & 6 & 9 & 18\\ 6 & 15 & 18 & 40\end{pmatrix}\begin{pmatrix}x_1\\ x_2\\ x_3\\ x_4\end{pmatrix}=\begin{pmatrix}9\\ 23\\ 22\\ 47\end{pmatrix}$$

**解** 解线性方程组中 *LU* 分解的 *L*,*U* 可以实现矩阵 *A* 的三角分解,使得 $A = L * U$。*L*,*U* 应该是下三角和上三角矩阵的,这样才利于回代求根。但是 MATLAB 中的 *LU* 分解与解线性方程组中的 *L*,*U* 不一样。MATLAB 的 *LU* 分解命令调用格式为:

[L,U] = lu(A)

MATLAB 计算出来的 *L* 是"准下三角"(交换 *L* 的行后才能成为真正的下三角阵),*U* 为上三角矩阵,但它们还是满足 $A = L * U$ 的。

①先录入矩阵系数。

```
>> A = [2 4 2 6;4 9 6 15;2 6 9 18;6 15 18 40]
A =

     2     4     2     6
     4     9     6    15
     2     6     9    18
     6    15    18    40
>> b = [9 23 22 47]'
b =
     9
    23
    22
    47
```

②将 *A* 作 *LU* 分解,方法是使用矩阵分解的 *LU* 命令即可:

```
>>[L,D] = lu(A)
L =
    0.3333    1.0000   -0.6667    1.0000
    0.6667    1.0000         0         0
    0.3333   -1.0000    1.0000         0
    1.0000         0         0         0
U =
    6.0000   15.0000   18.0000   40.0000
         0   -1.0000   -6.0000  -11.6667
         0         0   -3.0000   -7.0000
         0         0         0   -0.3333
```

③再检验其正确性:

```
>>C = L * U
C =
     2     4     2     6
     4     9     6    15
     2     6     9    18
     6    15    18    40
```

④解方程组 $Ly = b$

```
>>y = L\b
```

```
y =
  47.0000
   -8.3333
   -2.0000
    0.3333
```

⑤解方程组 $Ux = y$ 得到方程组的最终解：

```
>> x = U\y
x =
     0.5000
     2.0000
     3.0000
    -1.0000
```

故方程组的最终解为：$x = (0.5, 2, 3, -1)^T$。

**例 2.9** 用追赶法解方程组 $\begin{pmatrix} 6 & 1 & 0 \\ 1 & 4 & 1 \\ 0 & 1 & 14 \end{pmatrix}\begin{pmatrix} x_1 \\ x_2 \\ x_3 \end{pmatrix} = \begin{pmatrix} 6 \\ 24 \\ 322 \end{pmatrix}$。

**解** 编制追赶法求解该方程的程序如下：

```
% pursue. m
% 三对角线性方程组的追赶法解方程组例 2.5
% 输入矩阵
clc;
A = [6 1 0;1 4 1;0 1 14]
f = [6 24 322]
[n,m] = size(A);
% 分别取对角元素
a = zeros(1,n);
a(2:n) = diag(A, -1);
c = diag(A,1);
% 此处用变量 d 存储 A 主对角线上的元素，因已用变量 b 存储方程右边的系数
b = diag(A);
if b(1) = =0
    error('主对角元素不能为 0');
    return;
end
% 初始计算，式(2.31)
alpha(1) = b(1);
beta(1) = c(1)/b(1);
% 按照公式(2.31)计算
for i = 2:n - 1
    alpha(i) = b(i) - a(i) * beta(i - 1);
    if alpha(i) = =0
```

```
            error('错误:在解方程过程中 α 为0');
            return;
        end
        beta(i) = c(i)/alpha(i);
    end
    %对最后一行作计算
    alpha(n) = b(n) - a(n) * beta(n - 1);
    if alpha(n) = =0
            error('错误:在解方程过程中最后一个 α 为0');
            return;
    end
    %以下按照公式(2.32)计算,解 Ly = f
    y(1) = f(1)/b(1);
    for i = 2:n
        y(i) = (f(i) - a(i) * y(i - 1))/alpha(i);
    end
    %以下按照公式(2.33)计算,解 Ux = y
    X(n) = y(n);
    for i = n - 1: - 1:1
        X(i) = y(i) - beta(i) * X(i + 1);
    end
    disp('X = ');
    disp(X);
```

在 Matlab 命令窗口输入 pursue,计算结果如下:

```
>> pursue
A =
      6     1     0
      1     4     1
      0     1    14
f =
      6    24   322
X =
      1     0    23
```

其中,A 为系数矩阵,f 为矩阵右端的系数,最后计算结果为 X。

由以上计算可知追赶法解该方程的结果亦为: $x = (1,0,23)^T$

# 本章小结

本章介绍了求解线性方程组的直接解法，其算法思想描述和求解公式汇总见下表。

**知识点汇总表**

<table>
<tr><th rowspan="2">算法类型</th><th colspan="3">数值解法思想和特点</th><th rowspan="2">求解公式</th></tr>
<tr><th>问题描述</th><th>算法名称</th><th>特　点</th></tr>
<tr><td rowspan="4">直接法</td><td rowspan="4">求解线性方程组 $Ax=b$，且 $\det A\neq 0$<br>特点：<br>①经过可预先估计次的有限出运算求近似解；<br>②需要对求的解进行分析，该方法不适合病态方程组；<br>③适用于低阶非稀疏矩阵的线性方程组。</td><td>Gauss 消元法</td><td>1. 消元过程<br>$Ax=b\Rightarrow$<br>$$\begin{pmatrix} a_{11}^{(1)} & a_{12}^{(1)} & \cdots & \cdots & a_{1n}^{(1)} \\ & \ddots & \vdots & \vdots & \vdots \\ & & a_{kk}^{(k)} & \cdots & a_{kn}^{(k)} \\ & & & \ddots & \vdots \\ & & & & a_{nn}^{(n-1)} \end{pmatrix} = \begin{pmatrix} b_1^{(1)} \\ \vdots \\ b_k^{(k)} \\ \vdots \\ b_n^{(n-1)} \end{pmatrix}$$<br>2. 回代过程</td><td>消元<br>$$\begin{cases} l_{ik} = \dfrac{a_{ik}^{(k)}}{a_{kk}^{(k)}} \\ a_{ij}^{(k+1)} = a_{ij}^{(k)} - l_{ik}\times a_{kj}^{(k)} \\ b_i^{(k+1)} = b_i^{(k)} - l_{ik}\times b_k^{(k)} \end{cases}$$<br>$i,j=k+1,k+2,\cdots,n$<br>回代<br>$$\begin{cases} x_n = \dfrac{b_n^{(n)}}{a_{nn}^{(n)}} \\ x_i = \dfrac{1}{a_{ii}^{(i)}}\left(b_i^{(i)} - \sum_{j=k+1}^{n} a_{ij}^{(i)} x_j\right) \end{cases}$$<br>$i=n-1,n-2,\cdots,1$</td></tr>
<tr><td>列主元消元法</td><td>1. 高斯消元法的改进<br>2. 每次选择最大的列主元作除数，然后消元<br>3. 回代过程</td><td>每次选择最大的列主元作除数，消元、回代过程同高斯消元法。</td></tr>
<tr><td>Gauss—Jordan 消元法</td><td>无回代过程</td><td>$$\begin{cases} l_{ik} = -\dfrac{a_{ik}}{a_{kk}} \\ l_{kk} = \dfrac{1}{a_{kk}} \end{cases}$$<br>$$\begin{cases} a_{ij} = a_{ij} + l_{ik}a_{kj} \\ b_i = b_i + l_{ik}b_k \end{cases}$$<br>$i=1,2,\cdots,n$，且 $i\neq k$；$j=k+1,k+2,n$</td></tr>
<tr><td>$LU$ 分解法</td><td>1. 分解。<br>$$A = \begin{pmatrix} 1 & & & \\ l_{21} & 1 & & \\ \vdots & \ddots & \ddots & \\ l_{n1} & \cdots & l_{n,n-1} & 1 \end{pmatrix} \begin{pmatrix} u_{11} & u_{12} & \cdots & u_{1n} \\ 0 & u_{22} & \cdots & \vdots \\ \vdots & \vdots & \ddots & \vdots \\ 0 & \cdots & \cdots & u_{nn} \end{pmatrix}$$<br>2. 求解上（下）三角矩阵方程组。</td><td>分解：<br>1. 计算 $U$ 的第一行：<br>$u_{1j}=a_{1j},j=1,2,\cdots,n$；<br>2. 计算 $L$ 的第 $i$ 列：<br>$l_{i1}=\dfrac{a_{i1}}{u_{11}},i=2,3,\cdots,n$；<br>3. 对 $k=2,3,\cdots,n$ 进行以下计算：<br>$u_{kj}=a_{kj}-\sum_{r=1}^{k-1} l_{kr}u_{rj}$，<br>$j=k,k+1,\cdots,n$<br>$l_{ik}=\dfrac{1}{u_{kk}}\left(a_{ik}-\sum_{r=1}^{k-1} l_{ik}u_{rk}\right)$<br>$i=k,k+1,\cdots,n$<br>4. 求解上（下）三角矩阵方程组<br>$y_k=b_k-\sum_{r=1}^{k-1} l_{kr}y_r \quad k=1,2,\cdots,n$<br>$x_k=\dfrac{1}{u_{kk}}\left(y_k-\sum_{r=k+1}^{n} u_{kr}x_r\right)$，<br>$k=n,n-1,\cdots,1$</td></tr>
</table>

续表

| 算法类型 | 数值解法思想和特点 | | | 求解公式 |
|---|---|---|---|---|
| | 问题描述 | 算法名称 | 特　点 | |
| 直接法 | 求解线性方程组 $Ax = b$，且 $\det A \neq 0$<br>特点：<br>①经过可预先估计的有限次运算求出近似解；<br>②需要对求的解进行分析，该方法不适合病态方程组；<br>③适用于低阶非稀疏矩阵的线性方程组。 | 平方根法 | 用于对称正定矩阵<br>$A = \begin{pmatrix} l_{11} & & & \\ l_{21} & l_{22} & & \\ \vdots & \vdots & \ddots & \\ l_{n1} & l_{n2} & \cdots & l_{nn} \end{pmatrix} \begin{pmatrix} l_{11} & l_{21} & \cdots & l_{n1} \\ & l_{22} & \cdots & l_{n2} \\ & & \ddots & \vdots \\ & & & l_{nn} \end{pmatrix}$<br>分解后求解 | 分解：<br>1. 计算 $L$ 的第一列：<br>$l_{11} = \sqrt{a_{11}}, l_{i1} = \dfrac{a_{i1}}{l_{11}}$,<br>$i = 2,3,\cdots,n$<br>2. 对 $k = 2,3,\cdots,n$ 进行以下计算：<br>$l_{kk} = \sqrt{a_{kk} - \sum_{r=1}^{k-1} l_{kr}^2}$,<br>$l_{ik} = \dfrac{1}{l_{kk}}\left(a_{ik} - \sum_{r=1}^{k-1} l_{ir}l_{kr}\right)$<br>$i = k,k+1,\cdots,n$<br>3. 求解：<br>$\begin{cases} y_1 = \dfrac{b_1}{l_{11}} \\ y_k = \dfrac{1}{l_{kk}}\left(b_k - \sum_{r=1}^{k-1} l_{kr}y_r\right) \end{cases}$<br>$k = 2,3,\cdots,n$<br>$\begin{cases} x_n = \dfrac{y_n}{l_{nn}} \\ x_k = \dfrac{1}{l_{kk}}\left(y_k - \sum_{r=k+1}^{n} l_{rk}x_r\right) \end{cases}$<br>$k = n-1,\cdots,2,1$ |
| | | 追赶法 | 1. 用于三对角矩阵<br>$A = \begin{pmatrix} \alpha_1 & & & & \\ \gamma_2 & \alpha_2 & & & \\ & \ddots & \ddots & \ddots & \\ & & \ddots & \ddots & \\ & & & \gamma_n & \alpha_n \end{pmatrix} \begin{pmatrix} 1 & \beta_1 & & & \\ & 1 & \beta_2 & & \\ & & \ddots & \ddots & \\ & & & 1 & \beta_{n-1} \\ & & & & 1 \end{pmatrix}$<br>2. 分解后求解 | 1. 分解：<br>$\begin{cases} \beta_1 = \dfrac{c_1}{b_1} \\ \beta_i = \dfrac{c_i}{b_i - a_i\beta_{i-1}} \end{cases}$<br>$i = 2,3,\cdots,n$<br>2. 求解：<br>$\begin{cases} y_1 = \dfrac{f_1}{b_1} \\ y_i = \dfrac{f_i - a_iy_{i-1}}{b_i - a_i\beta_{i-1}}, i = 2,3,\cdots,n \end{cases}$<br>$\begin{cases} x_n = y_n \\ x_i = y_i - \beta_i x_{i+1}, \end{cases}$<br>$i = n-1,n-2,\cdots,1$ |

# 习题二

1. 填空题。

(1) Gauss 消元法求解线性方程组的过程中若主元素为零会发生____________；主元素的绝对值太小会发生____________。

(2) Gauss 消元法求解线性方程组的计算工作量以乘除法次数计大约为____________。平方根法求解对称正定线性方程组的计算工作量以乘除法次数计大约为____________。

(3) 直接 $LU$ 分解法解线性方程组时的计算量以乘除法计为____________，追赶法解对角占优的三对角方程组时的计算量以乘除法计为____________。

2. 用 Gauss 消元法求解下列方程组 $Ax = b$。

(1) $A = \begin{pmatrix} 3 & -1 & 2 \\ 1 & 2 & 3 \\ 2 & -2 & -1 \end{pmatrix}, b = \begin{pmatrix} 12 \\ 11 \\ 2 \end{pmatrix}$；　(2) $A = \begin{pmatrix} 1 & 3 & 1 \\ 1 & 2 & 4 \\ 5 & 1 & 2 \end{pmatrix}, b = \begin{pmatrix} 10 \\ 17 \\ 13 \end{pmatrix}$。

3. 用列主元消元法解下列方程组 $Ax = b$。

(1) $\begin{cases} \varepsilon x_1 + x_2 + 2x_3 = 1 \\ x_1 + x_2 + x_3 = 2 \\ x_1 + 2x_2 + 2x_3 = 3 \end{cases}$ （其中 $\varepsilon$ 充分小）

(2) $\begin{cases} 2x_1 + 2x_2 + 3x_3 = 3 \\ 4x_1 + 7x_2 + 7x_3 = 1 \\ -2x_1 + 4x_2 + 5x_3 = -7 \end{cases}$

4. 用 Gauss—Jordan 消元法求：

$$\begin{pmatrix} 2 & -1 & 1 \\ 3 & 3 & 9 \end{pmatrix}^{-1}$$

5. 用直接 $LU$ 分解方法解方程组 $Ax = b$。

$$A = \begin{bmatrix} 1 & 2 & 1 & -2 \\ 2 & 5 & 3 & -2 \\ -2 & -2 & 3 & 5 \\ 1 & 3 & 2 & 3 \end{bmatrix} \quad b = \begin{bmatrix} 4 \\ 7 \\ -1 \\ 0 \end{bmatrix}$$

6. 将下列矩阵 A 分解为 $LL^T$ 的形式，$L$ 为下三角阵：

$$A = \begin{bmatrix} 1 & 2 & 6 \\ 2 & 5 & 15 \\ 6 & 15 & 46 \end{bmatrix}$$

7. 已知线性方程组如下所示。试将系数矩阵 A 分解为 $LDL^T$ 的形式，其中 $L$ 为单位下二对角阵，$D$ 为对角阵，并求解该问题。

$$\begin{cases} 5x_1 - 4x_2 + x_3 = 2 \\ -4x_1 + 6x_2 - 4x_3 + x_4 = -1 \\ x_1 - 4x_2 + 6x_3 - 4x_4 = -1 \\ x_2 - 4x_3 + 5x_4 = 2 \end{cases}$$

8. 用平方根法解方程组 $Ax = b$。

$$A = \begin{pmatrix} 3 & 2 & 1 \\ 2 & 2 & 1 \\ 1 & 1 & 1 \end{pmatrix}, b = \begin{pmatrix} 4 \\ 3 \\ 6 \end{pmatrix}$$

9. 用追赶法解三对角方程组 $Ax = b$（用分数计算）。

$$A = \begin{pmatrix} -4 & 1 & & \\ 1 & -4 & 1 & \\ & 1 & -4 & 1 \\ & & 1 & -4 \end{pmatrix}, b = \begin{pmatrix} 1 \\ 1 \\ 1 \\ 1 \end{pmatrix}$$

10. 用乔累斯基方法求解方程组(用分数计算)。

$$\begin{cases} 60x_1 + 30x_2 + 20x_3 = 20 \\ 30x_1 + 20x_2 + 15x_3 = 10 \\ 20x_1 + 15x_2 + 12x_3 = 5 \end{cases}$$

11. 证明：

(1)单位下三角阵的逆仍是单位下三角阵,两个单位下三角阵的乘积仍是单位下三角阵。

(2)如果矩阵 A 对称、正定,则其逆矩阵也对称、正定。

12. 设 $A = (a_{ij})_{n\times n}$ 是 $n$ 阶实对称正定矩阵,试证:

(1)对任意 $i \neq j$,都有 $a_{ij}^2 < a_{ii}a_{jj}$;

(2) $A$ 的绝对值最大的元素必定在主对角线上。

# 第 3 章　线性方程组的迭代数值解法

## 3.1　引例：绗架受力分析

绗架是能够承受重负载的轻量结构。在桥梁设计中，绗架通过旋转的支点连接起来，可以把力通过该绗架从一个节点传到另一个节点。图 3.1 给出了这样一个绗架的例子。

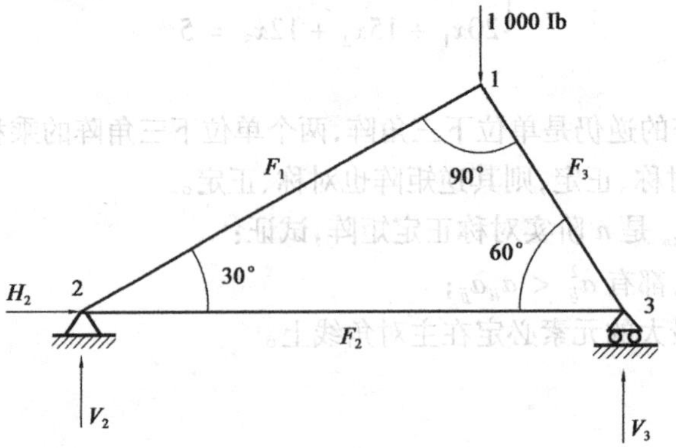


图 3.1　静止绗架

左下角 2 是一个固定点，绗架右下角 3 可以水平移动，1，2，3 都是支点。对支点垂直向下施加 1 000 N 的力。如果整个绗架处于静止平衡状态，每个支点的合力应该为零向量，所以每个支架的水平分量和垂直分量的和都为零。图 3.2 中画出了每个节点的单独受力情况。得到如表 3.1 所示的方程组。

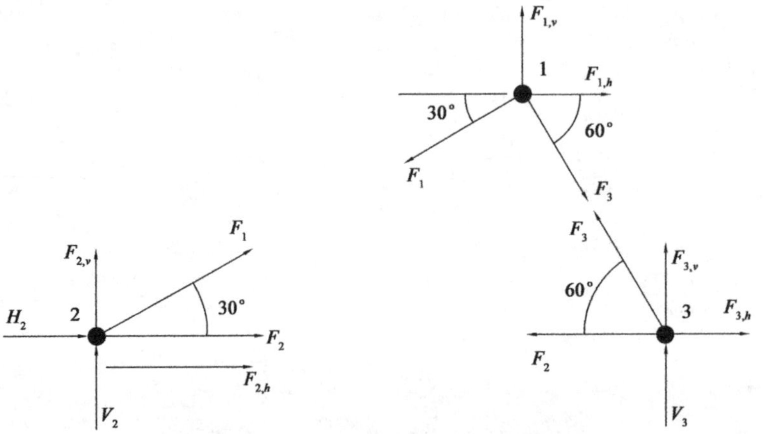


图 3.2　静止绗架各个节点的受力情况

表 3.1

| 支点 | 垂直分量 | 水平分量 |
|---|---|---|
| 1 | $\sum F_H = 0 = -F_1\cos 30^\circ + F_3\cos 60^\circ + F_{1,h}$ | $\sum F_V = 0 = -F_1\sin 30^\circ - F_3\sin 60^\circ + F_{1,v}$ |
| 2 | $\sum F_H = 0 = F_2 + F_1\cos 30^\circ + F_{2,h} + H_2$ | $\sum F_V = 0 = F_1\sin 30^\circ + F_{2,v} + V_2$ |
| 3 | $\sum F_H = 0 = -F_2 - F_3\cos 60^\circ + F_{3,h}$ | $\sum F_V = 0 = F_3\sin 60^\circ + F_{3,v} + V_3$ |

用一个 $6 \times 6$ 的矩阵描述该方程组,该方程组矩阵中有较多的零元素。这类含有大量零元素的矩阵称为稀疏矩阵,通常用迭代法(详见节)而不用第 2 章中介绍的线性方程组直接法求解。稀疏矩阵的存储和计算有一套技术处理,可以节约大量的存储空间和计算工作量。但用直接法计算时,因一次消元就可以使系数阵丧失其稀疏性,不能有效利用其稀疏的特点,同时由于直接解法往往会出现舍入误差。而本章介绍的迭代方法可以通过迭代次数控制,从而舍入误差不是我们所要关注的问题。在介绍线性方程组的迭代解法之前先介绍一些矩阵范数的知识。

# 3.2　向量和矩阵范数

在分析方程组的解的误差及讨论方程组的迭代解法的收敛时,常产生一个问题,即如何判断向量 $x$ 的“大小”。对矩阵也有类似的问题。本节介绍 $n$ 维向量和 $n \times n$ 矩阵的范数。

## 3.2.1　向量范数

**定义 3.1**　$x$ 和 $y$ 是 $R^n$ 中的任意向量,向量范数 $\|\bullet\|$ 是定义在 $R^n$ 上的实值函数,它满足:

① $\|x\| \geqslant 0$,当且仅当 $x = 0$ 时,$\|x\| = 0$;

② $\|kx\| = |k| \times \|x\|$,$k$ 是一个实数;

③ $\|x + y\| \leqslant \|x\| + \|y\|$。

容易看出,实数的绝对值、复数的模、三维向量的模都满足以上三条,$n$ 维向量的范数概念是它们的自然推广。

常使用的向量范数有三种,设 $x = (x_1, x_2, \cdots, x_n)^T$,

$$\|x\|_1 = \sum_{i=1}^{n} |x_i| \tag{3.1}$$

$$\|x\|_2 = \left(\sum_{i=1}^{n} x_i^2\right)^{\frac{1}{2}} \tag{3.2}$$

$$\|x\|_\infty = \max_{1 \leqslant i \leqslant n} |x_i| \tag{3.3}$$

容易验证,它们都满足上述三个条件。

**例 3.1**　$x = (1, 0.5, -0.5)^T$,求 $\|x\|_1$,$\|x\|_2$,$\|x\|_\infty$。

**解**　$\|x\|_1 = 1 + 0.5 + 0.5 = 2$,$\|x\|_2 = \sqrt{1^2 + 0.5^2 + 0.5^2} = 1.2247$,$\|x\|_\infty = 1$。

### 3.2.2 矩阵范数

从向量范数出发,可以定义 $n\times n$ 矩阵的范数。

**定义 3.2** 设 $A$ 是 $n\times n$ 矩阵, $x\in R^n$ ,定义

$$\|A\| = \max_{x\neq 0}\frac{\|Ax\|}{\|x\|} = \max_{\|x\|=1}\|Ax\| \tag{3.4}$$

为矩阵 $A$ 的范数。

它可以理解为 $A$ 作为线性变换,作用于不同的 $x$ 后,能将 $x$ 的范数放大的最大倍数。这样定义的范数有如下性质:

① $\|A\|\geqslant 0$ ,当且仅当 $A$ 是零矩阵时, $\|A\| = 0$ ;

② $\|kA\| = |k|\times\|A\|$ ,$k$ 是一个实数;

③两个同阶方阵 $A,B$ ,有 $\|A+B\|\leqslant\|A\| + \|B\|$ ;

④ $A$ 是 $n\times n$ 矩阵,$x$ 是 $n$ 维向量,有 $\|Ax\|\leqslant\|A\|\times\|x\|$ ;

⑤ $A,B$ 都是 $n\times n$ 矩阵,有 $\|AB\|\leqslant\|A\|\times\|B\|$ 。

矩阵范数最常用的有以下三种:

$$\|A\|_1 = \max_{1\leqslant j\leqslant n}\sum_{i=1}^{n}|a_{ij}| \tag{3.5}$$

$$\|A\|_2 = \sqrt{\lambda_1}\,(\lambda_1 \text{ 是 } A^TA \text{ 的最大特征值}) \tag{3.6}$$

$$\|A\|_\infty = \max_{1\leqslant i\leqslant n}\sum_{j=1}^{n}|a_{ij}| \tag{3.7}$$

它们分别与向量的三种范数对应,即用一种向量范数可定义相应的矩阵范数。

**定理 3.1** $R^n$ 空间上的范数等价。即对任意给定的两种范数 $\|A\|_\alpha$ , $\|A\|_\beta$, 有下列关系:

$$m\times\|A\|_\alpha\leqslant\|A\|_\beta\leqslant M\times\|A\|_\alpha$$

其中的 $m,M$ 是正的常数, $\|A\|_\alpha$ 表示向量(或矩阵)的 $\alpha$ 范数。

证明从略.

从以上定理看出,当向量或矩阵的任一种范数趋于零时,其他各种范数也趋于零。因此讨论向量和矩阵序列的收敛性时,可不指明使用的何种范数;证明时,也只要就某一种我们认为方便的范数证明就行了。

有了向量和矩阵范数的概念,就可以定义向量和矩阵序列的收敛。

**定义 3.3** 如果向量 $x$ 是准确值, $x^{(k)}$ 是它的一个近似值, $\|x^{(k)}-x\|$ 是 $x^{(k)}$ 对 $x$ 的误差, $\dfrac{\|x^{(k)}-x\|}{\|x\|}$ 是 $x^{(k)}$ 对 $x$ 的相对误差。

**定义 3.4** 如果 $\lim\limits_{k\to\infty}\|x^{(k)}-x\| = 0$ ,称 $R^n$ 中的向量序列 $\{x^{(k)}\}$ 收敛于 $R^n$ 中的向量 $x$。

**定义 3.5** 如果 $\lim\limits_{k\to\infty}\|A^{(k)}-A\| = 0$ ,称 $n\times n$ 矩阵序列 $\{A^{(k)}\}$ 收敛于 $n\times n$ 矩阵 $A$ 。

**定理 3.2** $R^n$ 中的向量序列 $\{x^{(k)}\}$ 收敛于 $R^n$ 中的向量 $x$ 的充要条件是:

$$\lim_{k\to\infty}x_j^{(k)} = x_j\ ,j = 1,2,\cdots,n$$

其中 $x_j^{(k)}$ 和 $x_j$ 是 $x^{(k)}$ 和 $x$ 中的第 $j$ 个分量。

**定理 3.3**　$n \times n$ 矩阵序列 $\{A^{(k)}\}$ 收敛于 $n \times n$ 矩阵 $A$ 的充要条件是：

$$\lim_{k \to \infty} a_{ij}^{(k)} = a_{ij}, i,j = 1,2,\cdots,n$$

其中 $a_{ij}^{(k)}$ 和 $a_{ij}$ 分别是 $A^{(k)}$ 和 $A$ 在 $(i,j)$ 位置上的元素。

证明略。

### 3.2.3　谱半径

**定义 3.6**　设 $n \times n$ 矩阵 $A$ 的特征值为 $\lambda_i, i = 1,2,\cdots,n$，则称

$$\rho(A) = \max_{1 \leqslant i \leqslant n} |\lambda_i| \tag{3.8}$$

为 A 的谱半径。

**定理 3.4**　矩阵谱半径和矩阵范数有如下关系：

$$\rho(A) \leqslant \|A\| \tag{3.9}$$

**证**　设 $\lambda_i$ 是 $A$ 的任一特征值，$x_i$ 为对应的特征向量，$Ax_i = \lambda_i x_i$ 两边取范数，由矩阵范数性质 4 有 $|\lambda_i| \times \|x_i\| \leqslant \|A\| \times \|x_i\|$，因为 $x_i \neq 0$，所以 $\|x_i\| > 0$，所以 $|\lambda_i| \leqslant \|A\| \; i = 1,2,\cdots,n$

所以 $\rho(A) = \max\limits_{1 \leqslant i \leqslant n} |\lambda_i| \| \leqslant \|A\|$。

**定理 3.5**　设 $A$ 是 $n \times n$ 阶矩阵，$A$ 的各次幂组成的矩阵序列 $I, A, A^2, \cdots, A^k, \cdots$ 收敛于零，即 $\lim\limits_{k \to \infty} A^k = 0$ 的充要条件是 $\rho(A) < 1$。

证明从略。

**例 3.2**　已知

$A = \begin{pmatrix} -2 & 1 & 0 \\ 1 & -2 & 1 \\ 0 & 1 & -2 \end{pmatrix}$，求 $\|A\|_1, \|A\|_\infty, \|A\|_2, \rho(A)$。

**解**　显然 $\|A\|_1 = 4, \|A\|_\infty = 4$。

$$A^T A = \begin{pmatrix} 5 & -4 & 1 \\ -4 & 6 & -4 \\ 1 & -4 & 5 \end{pmatrix}$$

$$|\lambda I - A^T A| = \begin{vmatrix} \lambda - 5 & 4 & -1 \\ 4 & \lambda - 6 & 4 \\ -1 & 4 & \lambda - 5 \end{vmatrix} = \lambda^3 - 16\lambda^2 + 52\lambda - 16$$

$$= (\lambda - 4)(\lambda^2 - 12\lambda + 4) = 0$$

$$\lambda_1 = 4, \lambda_{2,3} = 6 \pm 4\sqrt{2}$$

显然 $\lambda_2 = 6 + 4\sqrt{2}$ 之模最大。

所以 $\|A\|_2 = \sqrt{\lambda_2} = \sqrt{6 + 4\sqrt{2}} = 3.414\,2$。

$$|\lambda I - A| = \begin{vmatrix} \lambda + 2 & -1 & 0 \\ -1 & \lambda + 2 & -1 \\ 0 & -1 & \lambda + 2 \end{vmatrix} = (\lambda + 2)[(\lambda + 2)^2 - 2]$$

$$= (\lambda + 2)(\lambda^2 + 4\lambda + 2)$$

所以 $\lambda_1 = 2, \lambda_{2,3} = -2 \pm \sqrt{2}$，显然 $\lambda_3 = -2 - \sqrt{2}$ 之模最大，所以 $\rho(A) = |\lambda_3| = 2 + \sqrt{2} =$

3.414 2。

这里指出，对于实对称矩阵 $A$，有

$$\rho(A) = \|A\|_2 \tag{3.10}$$

### 3.2.4 条件数及病态方程组

线性方程组 $Ax = b$ 的解是由系数阵 $A$ 及右端向量 $b$ 决定的。由实际问题中得到的方程组中，$A$ 的元素和 $b$ 的分量总不可避免地带有误差，因此也必然对解向量 $x$ 产生影响。

这就提出一个问题：当 $A$ 有误差 $\Delta A$，$b$ 有误差 $\Delta b$ 时，解向量 $x$ 有多大误差？即当 $A$ 和 $b$ 有微小变化时，$x$ 的变化有多大？若 $A$ 和 $b$ 的微小变化，也只导致 $x$ 的微小变化，则称此问题是"良态"的；反之，若 $A$ 和 $b$ 的微小变化会导致 $x$ 的很大变化，则称此问题为"病态"问题。在以下的讨论中，设 $A$ 非奇异，$b \neq 0$，所以 $\|x\| \neq 0$。

①设 $Ax = b$ 中仅 $b$ 向量有误差 $\Delta b$，对应的解 $x$ 发生误差 $\Delta x$，即：$A(x + \Delta x) = b + \Delta b$，$Ax + A\Delta x = b + \Delta b$。

注意到 $Ax = b$，所以 $A\Delta x = \Delta b$。

若 $A$ 非奇异，有 $\Delta x = A^{-1}\Delta b$。

所以

$$\|\Delta x\| \leqslant \|A^{-1}\| \times \|\Delta x\| \tag{3.11}$$

又因为

$$\|b\| = \|Ax\| \leqslant \|A\| \times \|x\|$$

所以

$$\|x\| \geqslant \frac{\|b\|}{\|A\|} \tag{3.12}$$

式(3.11)和式(3.12)两式相除，有

$$\frac{\|\Delta x\|}{\|x\|} \leqslant \|A\| \times \|A^{-1}\| \times \frac{\|\Delta b\|}{\|b\|} \tag{3.13}$$

即 $x$ 的相对误差小于等于 $b$ 的相对误差的 $\|A\| \times \|A^{-1}\|$ 倍。

②$A$ 有误差 $\Delta A$，$b$ 无误差，此时解为 $x + \Delta x$，即

$$(A + \Delta A)(x + \Delta x) = b$$

$$Ax + A\Delta x + \Delta A x + \Delta A\Delta x = b$$

注意 $Ax = b$，有 $A\Delta x + \Delta A x + \Delta A\Delta x = 0$。

两边乘 $A^{-1}$，并移项：$\Delta x = -A^{-1}\Delta A x - A^{-1}\Delta A\Delta x$，得

$$\|\Delta x\| \leqslant \|A^{-1}\| \times \|\Delta A\| \times \|x\| + \|A^{-1}\| \times \|\Delta A\| \times \|\Delta x\|$$

两边除以 $\|x\|$，得 $\dfrac{\|\Delta x\|}{\|x\|} \leqslant \|A^{-1}\| \times \|\Delta A\| + \|A^{-1}\| \times \|\Delta A\| \times \dfrac{\|\Delta x\|}{\|x\|}$

$$(1 - \|A^{-1}\| \times \|\Delta A\|) \times \frac{\|\Delta x\|}{\|x\|} \leqslant \|A^{-1}\| \times \|\Delta A\|$$

一般讲 $\Delta A$ 是一个微小元素组成的矩阵，故 $\|\Delta A\|$ 相当小，$1 - \|A^{-1}\| \ \|\Delta A\| \geqslant 0$ 能成立，解出下式：

$$\frac{\|\Delta x\|}{\|x\|} \leqslant \frac{\|A^{-1}\| \times \|\Delta A\|}{1 - \|A^{-1}\| \times \|\Delta A\|} = \frac{\|A^{-1}\| \times \|A\| \times \dfrac{\|\Delta A\|}{\|A\|}}{1 - \|A^{-1}\| \times \|A\| \times \dfrac{\|\Delta A\|}{\|A\|}} \tag{3.14}$$

它反映了 $x$ 的相对误差和 $A$ 的相对误差的关系,不难分析出,当 $\|A^{-1}\| \times \|A\|$ 增大时,右端分子增大,分母减小,右端的值增大。

由以上分析不难看出,当 $\Delta b$ 和 $\Delta A$ 一定时,$\|A^{-1}\| \times \|A\|$ 的大小决定了 $x$ 的相对误差限。$\|A^{-1}\| \times \|A\|$ 越大时,$x$ 可能产生的相对误差越大,即问题的"病态"程度越严重。

同时看出,$Ax = b$ 的"病态"程度与 $A$ 的元素有关,而与 $b$ 的分量是无关的。为此,有如下定义:

**定义 3.7**　若 $n \times n$ 方阵 $A$ 非奇异,则称 $\|A^{-1}\| \times \|A\|$ 为 $A$ 的条件数,记为

$$\mathrm{cond}(A) = \|A^{-1}\| \times \|A\| \tag{3.15}$$

由此,式(3.13),式(3.14)可改写为

$$\frac{\|\Delta x\|}{\|x\|} \leqslant \mathrm{cond}(A)\frac{\|\Delta b\|}{\|b\|} \tag{3.16}$$

$$\frac{\|\Delta x\|}{\|x\|} \leqslant \frac{\mathrm{cond}(A)\dfrac{\|\Delta A\|}{\|A\|}}{1 - \mathrm{cond}(A)\dfrac{\|\Delta A\|}{\|A\|}} \tag{3.17}$$

由于选用的范数不同,条件数也不同,在有必要时,可记为

$$\mathrm{cond}_p(A) = \|A\|_p \times \|A^{-1}\|_p, (p = 1,2,\infty)$$

由于

$$1 = \|I\| = \|AA^{-1}\| \leqslant \|A\| \times \|A^{-1}\| = \mathrm{cond}(A)$$

可知 $\mathrm{cond}(A)$ 总是大于等于 1 的数。

条件数反映了方程组的"病态"程度。条件数越小,方程组的状态越好,条件数很大时,称方程组为病态方程组。但多大的条件数才算病态则要视具体问题而定,病态的说法只是相对而言。

条件数的计算是困难的,这首先在于要算 $A^{-1}$,而求 $A^{-1}$ 比解 $Ax = b$ 的工作量还大,当 $A$ 确实病态时,$A^{-1}$ 求解也不准确;其次要求范数,特别是求 $\|A\|_2$, $\|A^{-1}\|_2$ 又十分困难,因此实际工作中一般不先去判断方程组的病态。但是必须明白,在解决实际问题的全过程中,发现结果有问题,同时数学模型中有线性方程组出现,则方程组的病态可能是出问题的环节之一。

病态方程组无论选用什么方法去解,都不能根本解决原始误差的扩大,即使采用全主元消去法也不行。可以试用加大计算机字长,比如用双精度字长计算,或可使问题相对得到解决。如仍不行,则最好考虑修改数学模型,避开病态方程组。

**例 3.3**　求:$H_2 = \begin{pmatrix} 1 & \frac{1}{2} \\ \frac{1}{2} & \frac{1}{3} \end{pmatrix}$ 的条件数　$\mathrm{cond}_2(H_2)$, $\mathrm{cond}_1(H_2)$, $\mathrm{cond}_\infty(H_2)$。

**解**

$$H_2^{-1} = \begin{pmatrix} 4 & -6 \\ -6 & 12 \end{pmatrix}$$

$$\begin{vmatrix} 1-\lambda & \frac{1}{2} \\ \frac{1}{2} & 12-\lambda \end{vmatrix} = \lambda^2 - \frac{4}{3}\lambda + \frac{1}{12} = 0$$

$$\lambda = \frac{4 \pm \sqrt{13}}{6}$$

因为 $H_2$ 对称,所以 $\|H_2\|_2 = \rho(H_2) = \frac{4 + \sqrt{13}}{6}$,

$$\begin{vmatrix} 4-\lambda & -6 \\ -6 & 12-\lambda \end{vmatrix} = \lambda^2 - 16\lambda + 12 = 0,$$

$$\lambda = 8 \pm 2\sqrt{13}。$$

因为 $H_2^{-1}$ 对称,所以 $\|H_2^{-1}\|_2 = \rho(H_2^{-1}) = 8 + 2\sqrt{13}$,

所以 $\mathrm{cond}_2(H_2) = \|H_2^{-1}\|_2 \times \|H_2\|_2 = 19.28$。

又 $\|H_2\|_1 = \frac{3}{2}, \|H_2^{-1}\|_1 = 18$,

所以 $\mathrm{cond}_1(H_2) = 27$。

同理 $\mathrm{cond}_\infty(H_2) = 27$。

# 3.3 线性方程组的迭代解法

线性方程组

$$Ax = b \tag{3.18}$$

其中 $A$ 非奇异, $b \neq 0$ ,因而它有唯一非零解,构造与式(3.1)等价的方程组

$$x = Bx + f \tag{3.19}$$

即使得式(3.2)与式(3.1)同解,其中 $B$ 是 $n \times n$ 矩阵,$f$ 是 $n$ 维向量。

任取一个向量 $x^{(0)}$ 作为 $x$ 的近似解,用迭代公式

$$x^{(k+1)} = Bx^{(k)} + f,(k = 0,1,2,\cdots) \tag{3.20}$$

产生一个向量序列 $\{x^{(k)}\}$ ,若 $\lim\limits_{k\to\infty} x^{(k)} = x^*$, 则有 $x^* = Bx^* + f$,即 $x^*$ 是(3.19)的解,当然 $x^*$ 也就是 $Ax = b$ 的解。这里 $B$ 称为迭代矩阵。

从以上的讨论中,可以看出,迭代法的关键有:

①如何构造迭代公式 $x^{(k+1)} = Bx^{(k)} + f$,这样的构造形式不止一种,它们各对应一种迭代法。

②迭代法产生的向量序列 $\{x^{(k)}\}$ 的收敛条件是什么,收敛速度如何。

本章下面将分别讨论这两个问题。

### *3.3.1 Jacobi 迭代法*

先看一个算例:

**例** 3.4

$$\begin{cases} 17x_1 - 3x_2 - 2x_3 = 9 \\ -3x_1 + 12x_2 - x_3 = 21 \\ -x_1 - 3x_2 + 7x_3 = 4 \end{cases}$$

从以上三个方程中分别解出 $x_1, x_2, x_3$:

$$\begin{cases} x_1 = 0.176\,5x_2 + 0.117\,6x_3 + 0.529\,4 \\ x_2 = 0.250\,0x_1 + 0.083\,3x_3 + 1.750\,0 \\ x_3 = 0.142\,9x_1 + 0.428\,6x_2 + 0.571\,4 \end{cases}$$

进行迭代：

$$\begin{cases} x_1^{(k+1)} = 0.176\,5x_2^{(k+2)} + 0.117\,6x_3^{(k)} + 0.529\,4 \\ x_2^{(k+1)} = 0.250\,0x_1^{(k)} + 0.083\,3x_3^{(k)} + 1.750\,0 \\ x_3^{(k+1)} = 0.142\,9x_1^{(k)} + 0.428\,6x_2^{(k)} + 0.571\,4 \end{cases} \quad k = 0,1,2,\cdots$$

任取一初始向量，例如 $x^{(0)} = (0,0,0)^T$，得到迭代序列 $\{x^{(k)}\}(k = 0,1,2,\cdots)$，见表 3.2。

表 3.2

| $k$ | 0 | 1 | 2 | 3 | 4 | 5 | 6 | 7 | 8 |
|---|---|---|---|---|---|---|---|---|---|
| $x_1^{(k)}$ | 0 | 0.529 4 | 0.905 5 | 1.034 4 | 1.078 5 | 1.096 5 | 1.102 6 | 1.105 0 | 1.105 9 |
| $x_2^{(k)}$ | 0 | 1.750 0 | 1.930 0 | 2.092 8 | 2.135 9 | 2.154 3 | 2.160 9 | 2.163 3 | 2.164 2 |
| $x_3^{(k)}$ | 0 | 0.571 4 | 1.397 1 | 1.527 9 | 1.616 1 | 1.640 9 | 1.651 3 | 1.655 0 | 1.656 4 |

容易验证，原方程组的精确解为 $x = (1.106\,4, 2.164\,7, 1.657\,2)^T$，从上面的计算可看出 $\{x^{(k)}\}$ 收敛于精确解。

一般说来，对方程组：

$$\sum_{j=1}^{n} a_{ij}x_j = b_i, i = 1,2,\cdots,n \tag{3.21}$$

并设 $a_{ii} \neq 0(i = 1,2,\cdots,n)$，从第 $i$ 个方程解出 $x_i$，得等价的方程组：

$$x_i = \frac{b_i}{a_{ii}} - \frac{1}{a_{ii}} \sum_{\substack{j=1 \\ j\neq i}}^{n} a_{ij}x_j, i = 1,2,\cdots,n \tag{3.22}$$

迭代公式为：

$$x_i^{(k+1)} = \frac{b_i}{a_{ii}} - \frac{1}{a_{ii}}\left( \sum_{j=1}^{i-1} a_{ij}x_j^{(k)} + \sum_{j=i+1}^{n} a_{ij}x_j^{(k)} \right), i = 1,2,\cdots,n; k = 0,1,2,\cdots \tag{3.23}$$

这种迭代形式称为 Jacobi 迭代法，也称为简单迭代法。记：

$$L = \begin{pmatrix} 0 & & & & \\ a_{21} & 0 & & & 0 \\ a_{31} & a_{32} & 0 & & \\ \vdots & \vdots & \ddots & \ddots & \\ a_{n1} & a_{n2} & \cdots & a_{n,n-1} & 0 \end{pmatrix}, D = \begin{pmatrix} a_{11} & & & \\ & a_{22} & & 0 \\ 0 & & \ddots & \\ & & & a_{nn} \end{pmatrix}$$

$$U = \begin{pmatrix} 0 & a_{12} & a_{13} & \cdots & a_{1n} \\ & 0 & a_{23} & \cdots & a_{2n} \\ & & \ddots & \ddots & \vdots \\ & & & 0 & a_{n-1,n} \\ & & & & 0 \end{pmatrix}$$

于是
$$A = L + D + U$$

$$(L + D + U)x = b$$
$$Dx = -(L + U)x + b$$

因为 $a_{ii} \neq 0$，所以 $D$ 非奇异。

所以
$$x = -D^{-1}(L + U)x + D^{-1}b$$
$$x^{(k+1)} = -D^{-1}(L+U)x^{(k)} + D^{-1}b, k = 0,1,2,\cdots$$

是 Jacobi 迭代法的矩阵迭代形式。

对应于一般迭代法的矩阵形式 $x^{(k+1)} = Bx^{(k)} + f$，把 $B$ 和 $f$ 加上下标 $J$（Jacobi 的第一字母）

$$x^{(k+1)} = B_J x^{(k)} + f_J \tag{3.24}$$

其中
$$B_J = -D^{-1}(L + U), f_J = D^{-1}b, \tag{3.25}$$

这就是 Jacobi 迭代法的矩阵形式。

### 3.3.2 *Gauss-Seidel 迭代法*

在 Jacobi 迭代法的迭代形式(3.22)中，可以看出，在计算 $x_2^{(k+1)}$ 时，要使用 $x_1^{(k+1)}$。但此时 $x_1^{(k+1)}$ 已计算出来，看来此时可提前使用 $x_1^{(k+1)}$ 代替 $x_1^{(k)}$。一般地，计算 $x_i^{(k+1)}(n \geqslant i \geqslant 2)$ 时，使用 $x_p^{(k+1)}$ 代替 $x_p^{(k)}(i > p \geqslant 1)$，这样可能收敛会快一些，这就形成一种新的迭代法——Gauss-Seidel 迭代法。

**例 3.5** 用 Gauss-Seidel 迭代法计算例 3.3 并作比较。

**解** 迭代公式为：

$$\begin{cases} x_1^{(k+1)} = 0.176\,5x_2^{(k)} + 0.117\,6x_3^{(k)} + 0.529\,4 \\ x_2^{(k+1)} = 0.250\,0x_1^{(k+1)} + 0.083\,3x_3^{(k)} + 1.750\,0 \\ x_3^{(k+1)} = 0.142\,9x_1^{(k+1)} + 0.428\,6x_2^{(k+1)} + 0.571\,4 \end{cases} \quad k = 0,1,2,\cdots$$

用它计算得到序列 $\{x^{(k)}\}$，列表见表 3.3。

**表 3.3**

| $k$ | 0 | 1 | 2 | 3 | 4 | 5 | 6 |
|---|---|---|---|---|---|---|---|
| $x_1^{(k)}$ | 0 | 0.529 4 | 1.032 6 | 1.097 1 | 1.105 2 | 1.106 2 | 1.106 4 |
| $x_2^{(k)}$ | 0 | 1.882 4 | 2.129 3 | 2.160 2 | 2.164 1 | 2.164 6 | 2.164 7 |
| $x_3^{(k)}$ | 0 | 1.453 8 | 1.631 5 | 1.654 0 | 1.656 8 | 1.657 2 | 1.657 2 |

可见它对这一方程组比 Jacobi 迭代法收敛快一些。

Gauss-Seidel 迭代法的公式如下：

$$x_i^{(k+1)} = \frac{b_i}{a_{ii}} - \frac{1}{a_{ii}}\left(\sum_{j=1}^{i-1} a_{ij}x_j^{(k+1)} + \sum_{j=i+1}^{n} a_{ij}x_j^{(k)}\right), i = 1,2,\cdots,n; k = 0,1,2,\cdots \tag{3.26}$$

Gauss-Seidel 迭代法的矩阵迭代形式推导如下：

$$A = L + D + U, |D| \neq 0$$
$$(L + D + U)x = b$$
$$Dx = -Lx - Ux + b$$

$$Dx^{(k+1)} = -Lx^{(k+1)} - Ux^{(k)} + b$$

$$(D+L)x^{(k+1)} = -Ux^{(k)} + b$$

因为
$$|D+L| = |D| \neq 0$$

所以
$$x^{(k+1)} = -(D+L)^{-1}Ux^{(k)} + (D+L)^{-1}b \tag{3.27}$$

写成一般迭代形式：$x^{(k+1)} = B_S x^{(k)} + f_S$

其中
$$B_S = -(D+L)^{-1}U, f_S = (D+L)^{-1}b。\tag{3.28}$$

### 3.3.2　SOR 迭代法

SOR 法可看成 Gauss-Seidel 迭代法的加速，Gauss-Seidel 迭代法是 SOR 法的特例。

将 Gauss-Seidel 迭代法的

$$x_i^{(k+1)} = \frac{b_i}{a_{ii}} - \frac{1}{a_{ii}}\left(\sum_{j=1}^{i-1} a_{ij}x_j^{(k+1)} + \sum_{j=i+1}^{n} a_{ij}x_j^{(k)}\right)$$

改写为
$$x_i^{(k+1)} = x_i^{(k)} + \frac{1}{a_{ii}}\left(b_i - \sum_{j=1}^{i-1} a_{ij}x_j^{(k+1)} - \sum_{j=i+1}^{n} a_{ij}x_j^{(k)}\right)$$

记

$$r_i^{(k)} = x_i^{(k+1)} - x_i^{(k)} = \frac{1}{a_{ii}}\left(b_i - \sum_{j=1}^{i-1} a_{ij}x_j^{(k+1)} - \sum_{j=i+1}^{n} a_{ij}x_j^{(k)}\right)$$

这里 $r_i^{(k)}$ 是 $x_i$ 在第 $k$ 次迭代时的改变量。

为加快收敛，在增量 $r_i^{(k)}$ 前加一个因子 ω(0 < ω < 2)，得

$$x_i^{(k+1)} = x_i^{(k)} + \frac{\omega}{a_{ii}}\left(b_i - \sum_{j=1}^{i-1} a_{ij}x_j^{(k+1)} - \sum_{j=i+1}^{n} a_{ij}x_j^{(k)}\right), i = 1,2,\cdots,n, k = 0,1,2,\cdots \tag{3.29}$$

或改写为：

$$x_i^{(k+1)} = (1-\omega)x_i^{(k)} + \frac{\omega}{a_{ii}}\left(b_i - \sum_{j=1}^{i-1} a_{ij}x_j^{(k+1)} - \sum_{j=i+1}^{n} a_{ij}x_j^{(k)}\right), i = 1,2,\cdots,n, k = 0,1,2,\cdots \tag{3.30}$$

称此公式为 SOR 法（逐次超松弛法）。

从式(3.30)不难推出 SOR 方法的矩阵迭代形式：

$$x^{(k+1)} = (1-\omega)x^{(k)} + \omega D^{-1}(b - Lx^{(k+1)} - Ux^{(k)})$$

解得

$$x^{(k+1)} = (D+\omega L)^{-1}[(1-\omega)D - \omega U]x^{(k)} + \omega(D-\omega L)^{-1}b$$

记
$$B_\omega = (D+\omega L)^{-1}[(1-\omega)D - \omega U]; f_\omega = \omega(D-\omega L)^{-1}b \tag{3.31}$$

有
$$x^{(k+1)} = B_\omega x^{(k)} + f_\omega \tag{3.32}$$

这就是 SOR 法的矩阵迭代形式。

从定理 3.8 可以看到，必须取 $0 < \omega < 2$。当 $\omega = 1$ 时，就是 Gauss-Seidel 迭代法。当 $\omega$ 取得适当时，对 Gauss-Seidel 迭代法有加速效果。

表 3.4 Gauss-Seidel 迭代法

| $k$ | $x_1^{(k)}$ | $x_2^{(k)}$ | $x_3^{(k)}$ |
|---|---|---|---|
| 0 | 1 | 1 | 1 |
| 1 | 0.750 000 0 | 0.375 000 0 | 1.5 |
| 2 | 0.562 500 0 | 0.531 250 0 | 1.541 667 |
| 3 | 0.651 041 6 | 0.596 354 1 | 1.614 583 |
| ⋮ | ⋮ | ⋮ | ⋮ |
| 69 | 0.999 992 1 | 0.999 990 9 | 1.999 991 |
| 70 | 0.999 993 3 | 0.999 992 3 | 1.999 993 |
| 71 | 0.999 994 3 | 0.999 993 6 | 1.999 994 |
| 72 | 0.999 995 2 | 0.999 994 5 | 1.999 995 |

**例 3.6** 用 Gauss-Seidel 迭代法和取 $\omega=1.45$，用 SOR 法计算下列方程组的解

$$\begin{cases}4x_1-2x_2-x_3=0\\-2x_1+4x_2-2x_3=-2\\-x_1-2x_2+3x_3=3\end{cases}$$

当 $\max\limits_{i=1,2,3}|x_i^{(k+1)}-x_i^{(k)}|<10^{-6}$ 时退出迭代。初值取 $x^{(0)}=(1,1,1)^T$。计算结果见表 3.4 和表 3.5，可见 SOR 法有明显加速收敛作用。

表 3.5 SOR 法（$\omega=1.45$）

| $k$ | $x_1^{(k)}$ | $x_2^{(k)}$ | $x_3^{(k)}$ |
|---|---|---|---|
| 0 | 1 | 1 | 1 |
| 1 | 0.637 500 0 | 0.012 187 5 | 1.319 906 |
| 2 | 0.200 426 9 | 0.371 757 2 | 1.692 285 |
| 3 | 0.655 033 6 | 0.534 012 1 | 1.777 193 |
| ⋮ | ⋮ | ⋮ | ⋮ |
| 22 | 0.999 998 8 | 0.999 997 5 | 1.999 999 |
| 23 | 0.999 998 4 | 0.999 998 4 | 1.999 999 |
| 24 | 0.999 998 7 | 0.999 999 2 | 2.000 000 |
| 25 | 0.999 999 4 | 0.999 999 8 | 2.000 000 |

# 3.4 迭代法的收敛条件

### *3.4.1 从矩阵B 判定收敛性*

一般迭代过程

$$x^{(k+1)}=Bx^{(k)}+f \tag{3.33}$$

在什么条件下收敛？

**定理3.6**　对任意初始向量 $x^{(0)}$ 和 $f$，由式(3.33)产生的迭代序列 $\{x^{(k)}\}$ 收敛的充要条件是 $\rho(B)<1$。

**证**　必要性：设 $\{x^{(k)}\}$ 收敛于 $x^*$，有 $x^*=Bx^*+f$。

记 $\varepsilon_k=x^{(k)}-x^*$，所以 $\varepsilon_{k+1}=x^{(k+1)}-x^*=Bx^{(k)}+f-Bx^*-f=B(x^{(k)}-x^*)=B\varepsilon_k$

逆推回去，$\varepsilon_{k+1}=B\varepsilon_k=\cdots B^{k+1}\varepsilon_0$，对任意的 $x^{(0)}$，$\varepsilon_0=x^{(0)}-x^*$ 也是任意的，要有 $B^{k+1}\varepsilon_0\to 0(k\to\infty)$，必须 $\lim\limits_{k\to\infty}B^k=0$。由定理3.5有 $\rho(B)<1$。

充分性：设 $\rho(B)<1$，则1不是 $B$ 的特征值，有 $|I-B|\neq 0$，于是 $(I-B)x=f$ 有唯一解，记为 $x^*$，即 $x^*=Bx^*+f$ 成立，于是

$$x^{(k+1)}-x^*=B(x^{(k)}-x^*)\quad 仍成立$$

$$\varepsilon_{k+1}=B^{k+1}\varepsilon_0 仍成立$$

由定理3.5，有 $\lim\limits_{k\to\infty}B^k=0$，所以 $\lim\limits_{k\to\infty}\varepsilon^k=0$，即 $\lim\limits_{k\to\infty}x^{(k)}=x^*$ 成立。

定理3.6是迭代法收敛的基本定理，它不但能判别收敛，也能判别不收敛的情况。但由于 $\rho(B)$ 的计算往往比解方程组本身更困难，所以此定理在理论上的意义大于在实用上的意义。

从上面的定理可以看到，迭代法的收敛与否与迭代矩阵 $B$ 的性态有关，与初始向量 $x^{(0)}$ 和右端向量 $f$ 无关。

由于 $\rho(B)$ 难于计算，而由定理3.4有 $\rho(B)\leqslant\|B\|$，所以有，当 $\|B\|<1$ 时，必有 $\rho(B)<1$，于是得到：

**定理3.7**　若 $\|B\|=q<1$，则由迭代格式 $x^{(k+1)}=Bx^{(k)}+f$ 和任意初始向量 $x^{(0)}$ 产生的迭代序列 $x^{(k)}$ 收敛于精确解 $x^*$。

本定理是迭代法收敛的充分条件，它只能判别收敛的情况，当 $\|B\|\geqslant 1$ 时，不能断定迭代不收敛. 但由于 $\|B\|$，特别是 $\|B\|_1$ 和 $\|B\|_\infty$ 的计算比较容易，也不失为一种判别收敛的方法。

同时当 $\|B\|<1$ 时可以用来估计迭代的次数，或用来设置退出计算的条件。下面不加证明给出两个定理：

**定理3.8**　若 $\|B\|=q<1$，则迭代格式 $x^{(k+1)}=Bx^{(k)}+f$ 产生的向量序列 $\{x^{(k)}\}$ 中

$$\|x^{(k)}-x^*\|\leqslant\frac{q^k}{1-q}\|x^{(0)}-x^{(1)}\| \tag{3.34}$$

利用此定理可以在只计算出 $x^{(1)}$ 时，就估计迭代次数 $k$，但估计偏保守，次数偏大。

**定理3.9**　若 $\|B\|=q<1$，则 $\{x^{(k)}\}$ 的第 $k$ 次近似值的近似程度有如下估计式：

$$\|x^{(k+1)}-x^*\|\leqslant\frac{q}{1-q}\|x^{(k+1)}-x^{(k)}\| \tag{3.35}$$

本定理常用于程序中设置退出条件，即只要相邻两次的迭代结果之差足够小时，迭代向量对精确解的误差也足够小。

**例3.7**　就例3.1中的系数阵 $A_1$ 和例3.3中的系数阵 $A_2$

$$A_1=\begin{pmatrix}17 & -3 & -2\\ -3 & 12 & -1\\ -1 & -3 & 7\end{pmatrix},A_2=\begin{pmatrix}4 & -2 & -1\\ -2 & 4 & -2\\ -1 & -2 & 3\end{pmatrix}$$

讨论 Jacobi 迭代法和 Gauss-Seidel 迭代法的收敛性。

**解** (1) 就 $A_1$ 讨论

$$B_J = -D^{-1}(L+U) = \begin{pmatrix} 0 & 0.1765 & 0.1176 \\ 0.2500 & 0 & 0.0833 \\ 0.1429 & 0.4286 & 0 \end{pmatrix}$$

因为 $\|B_J\|_\infty = 0.5714 < 1$，由定理 3.6 知 Jacobi 迭代法收敛。

$$B_S = -(D+L)^{-1}U = \begin{pmatrix} 0 & 0.1765 & 0.1176 \\ 0 & 0.0441 & 0.1127 \\ 0 & 0.0441 & 0.0651 \end{pmatrix}$$

$$\|B_S\|_\infty = 0.2941 < 1$$

由定理 3.6 知 Gauss-Seidel 迭代法收敛。

(2) 就 $A_2$ 讨论

$$B_J = -D^{-1}(L+U) = \begin{pmatrix} 0 & \frac{1}{2} & \frac{1}{4} \\ \frac{1}{2} & 0 & \frac{1}{2} \\ \frac{1}{3} & \frac{2}{3} & 0 \end{pmatrix}$$

用定理 3.6 无法判断，现计算 $\rho(B_J)$

$$|B_J - \lambda I| = \begin{vmatrix} -\lambda & \frac{1}{2} & \frac{1}{4} \\ \frac{1}{2} & -\lambda & \frac{1}{2} \\ \frac{1}{3} & \frac{2}{3} & -\lambda \end{vmatrix} = -\lambda^3 + \frac{2}{3}\lambda^2 + \frac{1}{6} = 0$$

解之有三实根：$\lambda_1 = 0.9207, \lambda_2 = -0.2846, \lambda_3 = -0.6361$。所以 $\rho(B_J) = 0.9207 < 1$，故 Jacobi 迭代法收敛。

$$B_S = -(D+L)^{-1}U = \begin{pmatrix} 4 & 0 & 0 \\ -2 & 4 & 0 \\ -1 & -2 & 3 \end{pmatrix}^{-1} \begin{pmatrix} 0 & 2 & 1 \\ 0 & 0 & 1 \\ 0 & 0 & 0 \end{pmatrix} = \begin{pmatrix} 0 & \frac{1}{2} & \frac{1}{4} \\ 0 & \frac{1}{4} & \frac{5}{8} \\ 0 & \frac{1}{3} & \frac{1}{2} \end{pmatrix}$$

$\|B_S\|_\infty = 0.875$，故 Gauss-Seidel 迭代法收敛。

### *3.4.2 从矩阵 A 判断收敛*

以上讨论的收敛条件都是从迭代矩阵 $B$ 出发，讨论前必须先算出 $B$ 矩阵，而 $B$ 是由 $A$ 通过一定方法产生出来，是由 $A$ 完全确定的。这就提出一个问题：能否直接由矩阵 $A$ 的性态讨论 $Ax = b$ 使用迭代法是否收敛？

讨论前必须先介绍几个概念：

**定义 3.8** 对角优势：若 $A = (a_{ij})_{n\times n}$ 满足

$$|a_{ii}| \geqslant \sum_{\substack{j=1 \\ j \neq i}}^{n} |a_{ij}| \quad i = 1,2,\cdots,n \tag{3.36}$$

且至少有一个 $i$ 值,使 $|a_{ii}| > \sum_{\substack{j=1 \\ j \neq i}}^{n} |a_{ij}|$ 成立,称 $A$ 具有对角优势;

若 $|a_{ii}| > \sum_{\substack{j=1 \\ j \neq i}}^{n} |a_{ij}| \quad i = 1,2,\cdots,n$, 称 $A$ 具有严格对角优势。

**定理 3.10**　若 $A$ 具有严格对角优势,则 $A$ 非奇异。

**定义 3.9**　不可约:如果矩阵 $A$ 能通过行对换和相应的列对换,变成 $\begin{pmatrix} A_{11} & A_{12} \\ 0 & A_{22} \end{pmatrix}$ 的形式,其中 $A_{11}$ 和 $A_{22}$ 为方阵,则称 $A$ 可约,反之称 $A$ 不可约。

矩阵 $A$ 是否可约是不容易判别的,但有以下两条准则可以使用:

①矩阵没有零元素或零元素太少(少于 $n-1$ 个)时不可约;

②三对角阵如果三条对角线都没有零元素,则不可约。

**定理 3.11**　$A$ 不可约,且具有对角优势,则 $A$ 非奇异。

以上两个定理的证明要使用较多的数学知识,本书从略。

**定理 3.12**　$A$ 具有严格对角优势或 $A$ 不可约且具有对角优势,则 Jacobi 迭代法和 Gauss-Seidel 迭代法都收敛。

**例 3.8**　就例 3.1 中系数阵 $A$ 判断迭代法的收敛性:

$$A = \begin{pmatrix} 10 & -2 & -1 \\ -2 & 10 & -1 \\ -1 & -2 & 5 \end{pmatrix}$$

**解**　易知 $A$ 具有严格对角优势,据定理 3.7 知该方程组对 Jacobi 迭代法和 Gauss-Seidel 迭代法都收敛。

**定理 3.13**　SOR 法收敛的必要条件是 $0 < \omega < 2$。

**证**　因为 SOR 法收敛,所以 $\rho(B_\omega) < 1$。

设 $B_\omega$ 的特征值为 $\lambda_1,\lambda_2,\cdots,\lambda_n$,则

$$|\det(B_\omega) = \lambda_1\lambda_2\cdots\lambda_n| \leqslant [\rho(B_\omega)]^n < 1$$

又

$$\begin{aligned} \det(B_\omega) &= \det[(D+\omega L)^{-1}]\det[(1-\omega)D - \omega U] \\ &= [\det(D)^{-1}] \times \det(D) \times \det[(1-\omega)I - \omega D^{-1}U] \\ &= (1-\omega)^n \end{aligned}$$

所以 $|(1-\omega)^n| > 1$,即$|(1-\omega)^n| < 1$,从而$|(1-\omega)^n| < 1$,故得 $0 < \omega < 2$。

**定理 3.14**　如果 $A$ 实对称正定,且 $0 < \omega < 2$,则 SOR 法收敛。

证明略。

**推论**　当 $A$ 实对称正定时,$Ax = b$ 使用 Gauss-Seidel 迭代法收敛。

只要在上述定理 3.14 中令 $\omega = 1$ 即得。

注意 $A$ 实对称正定时,Jacobi 迭代法并不一定收敛,这时有类似定理:

**定理 3.15**　如果 $A$ 对称,且对角元全为正,且 $A$ 和 $2D - A$ 均正定,则 Jacobi 迭代法收敛。

最后提一下关于 $\omega$ 的选取，$\omega$ 的选取影响 $\rho(B_\omega)$ 的大小。使 $\rho(B_\omega)$ 最小的 $\omega$ 值称为最佳松弛因子，记为 $\omega_{opt}$。$\omega_{opt}$ 的选取是一个复杂问题，尚无完善的理论结果，只有针对一些特殊矩阵的结果，比如有：

**定理 3.16** 如 $A$ 对称正定，且是三对角阵，则

$$\omega_{opt} = \frac{2}{1 + \sqrt{1 - [\rho(B_J)]^2}}$$

其中 $B_J$ 是 Jacobi 迭代法的迭代矩阵。

可见即使有估计公式，计算 $\rho(B_J)$ 也是困难的，一般由经验或采取试算方法确定。

加速收敛的效果也随问题而异，对有的问题可加速好几十倍甚至更多，对有的问题则加速不明显。

**例 3.9** 若方程组的系数阵为

$$A = \begin{pmatrix} 4 & 2 & 1 \\ 2 & 2 & 1 \\ 1 & 1 & 1 \end{pmatrix}$$

试判断它对各种迭代法的收敛性。

**解** $A$ 对称，且

$$4 > 0, \begin{vmatrix} 4 & 2 \\ 2 & 2 \end{vmatrix} = 4 > 0, \begin{vmatrix} 4 & 2 & 1 \\ 2 & 2 & 1 \\ 1 & 1 & 1 \end{vmatrix} = 2 > 0$$

所以 $Ax = b$ 对 Gauss-Seidel 迭代法及 SOR 法 $0 < \omega < 2$ 都收敛（定理 3.9 及推论），$A$ 不是对角占优阵，无法判断 Jacobi 迭代法收敛性，改求 $\rho(B_J)$。

$$B_J = \begin{pmatrix} 0 & -0.5 & -0.25 \\ -1 & 0 & -0.5 \\ -1 & -1 & 0 \end{pmatrix}$$

$$|\lambda I - B_J| = \begin{vmatrix} \lambda & 0.5 & 0.25 \\ 1 & \lambda & 0.5 \\ 1 & 1 & \lambda \end{vmatrix} = \lambda^3 - 1.25\lambda + 0.5 = 0$$

$$\lambda_1 = 0.5, \lambda_{2,3} = \frac{-1 \pm \sqrt{17}}{4}$$

$$\rho(B_J) = \left| \frac{-1 - \sqrt{17}}{4} \right| = 1.280\ 8 > 1$$

所以对 Jacobi 迭代法不收敛。

## 3.5 求解桁架问题

对于表 3.1 中的方程：

对于节点 1，有

$$\sum F_H = 0 = -F_1 \cos 30^\circ + F_3 \cos 60^\circ + F_{1,h} \tag{3.37}$$

$$\sum F_V = 0 = -F_1\sin 30^\circ - F_3\sin 60^\circ + F_{1,v} \tag{3.38}$$

对于节点 2,有

$$\sum F_H = 0 = F_2 + F_1\cos 30^\circ + F_{2,h} + H_2 \tag{3.39}$$

$$\sum F_V = 0 = F_1\sin 30^\circ + F_{2,v} + V_2 \tag{3.40}$$

对于节点 3,有

$$\sum F_H = 0 = -F_2 - F_3\cos 60^\circ + F_{3,h} \tag{3.41}$$

$$\sum F_V = 0 = F_3\sin 60^\circ + F_{3,v} + V_3 \tag{3.42}$$

其中,$F_{i,h}$ 是作用在节点 $i$ 上的水平外力(正方向为从左到右),$F_{i,v}$ 是作用在节点 $i$ 上垂直外力(向上为正方向)。因此,在这个问题中,节点 1 的1 000 N向下的外力记为 $F_{i,v} = -1\,000$,其他的 $F_{i,v}$ 和 $F_{i,h}$ 都为0 。注意,方程中的未知数是内部作用力和反作用力。如果所有力的方向的假设都是一致的,则可以使用牛顿定律。如果方向假设不正确,则解是负数。在这个问题中,也需要注意的是,所有部分的力都假设为拉力,一起拉连接节点。如果是部分之间的力是压力,则该拉力值为负数。综上所述,该系统可以写成下面的 6 个方程 6 个未知数的方程组:

$$\begin{bmatrix} 0.866 & 0 & -0.5 & 0 & 0 & 0 \\ 0.5 & 0 & 0.866 & 0 & 0 & 0 \\ -0.866 & -1 & 0 & -1 & 0 & 0 \\ -0.5 & 0 & 0 & 0 & -1 & 0 \\ 0 & 1 & 0.5 & 0 & 0 & 0 \\ 0 & 0 & -0.866 & 0 & 0 & -1 \end{bmatrix} \begin{Bmatrix} F_1 \\ F_2 \\ F_3 \\ H_2 \\ V_2 \\ V_3 \end{Bmatrix} = \begin{Bmatrix} 0 \\ -1\,000 \\ 0 \\ 0 \\ 0 \\ 0 \end{Bmatrix} \tag{3.43}$$

从方程(3.43)的公式可以看到,求解中为了避免除以 0 对角元素,需要对方程组交换主元。使用交换主元策略之后,该方程组可以使用第 9 或者第 10 章中任何消去方法对其求解。然而,该问题是研究 $LU$ 分解可以对矩阵求逆的理想案例,所以计算如下:

$$F_1 = -500 \quad F_2 = 433 \quad F_3 = -866$$

$$H_2 = 0 \quad V_2 = 250 \quad V_3 = 750$$

得逆矩阵为

$$[A]^{-1} = \begin{bmatrix} 0.866 & 0.5 & 0 & 0 & 0 & 0 \\ 0.25 & -0.433 & 0 & 0 & 1 & 0 \\ -0.5 & 0.866 & 0 & 0 & 0 & 0 \\ -1 & 0 & -1 & 0 & -1 & 0 \\ -0.433 & -0.25 & 0 & -1 & 0 & 0 \\ 0.433 & -0.75 & 0 & 0 & 0 & -1 \end{bmatrix}$$

下面,将应用于每个节点的水平和垂直外力作为方程组右边向量,记为

$$\{F\}^T = (F_{1,h} \quad F_{1,v} \quad F_{2,h} \quad F_{2,v} \quad F_{3,h} \quad F_{3,v}) \tag{3.44}$$

因为外力对于 $LU$ 分解没有任何影响,所以当不同的外力加载到支架上时,不需要多次实现 $LU$ 分解用以研究外力对于支架每个部分的作用。这种情况下,对于每个右边向量,需要对

每个右加向量实现的只是前向和后向代入过程,就可以很有效地得到各个解。例如,我们希望研究由于从左往右的风所产生的水平外力的影响。如果风力可以理想化为对节点1和节点2的10001$b$的点作用力,则右边向量为

$$\{F\}^T = (-1000 \quad 0 \quad 1000 \quad 0 \quad 0 \quad 0)$$

用该向量计算得

$$F_1 = 866 \qquad F_2 = 250 \qquad F_3 = -500$$

$$H_2 = -2\,000 \quad V_2 = -433 \quad V_3 = 433$$

假设风从右边来(图3.3(b)),$F_{1,h} = -1\,000$,$F_{3,h} = -1\,000$,其他外力为0,则结果为

$$F_1 = -866 \quad F_2 = -1\,250 \quad F_3 = 500$$

$$H_2 = 2\,000 \quad V_2 = 433 \quad V_3 = -433$$

结果显示,两种风给该结构的影响明显不同。两种情况都在图3.3中进行了描述。

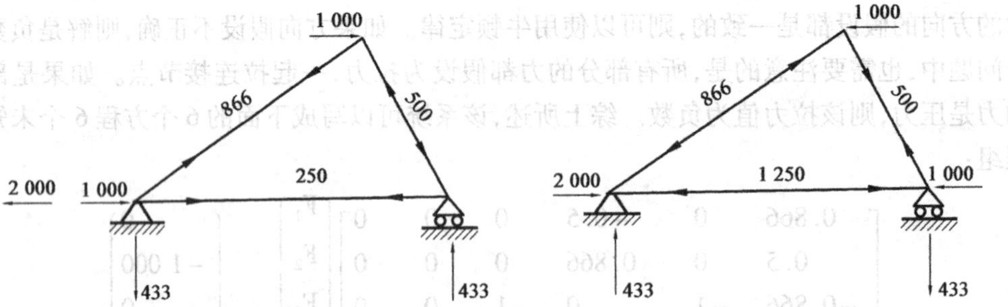


图3.3 两种测试情况

逆矩阵中的单个元素能够直接表示结构中的刺激-反应相互作用关系。每个元素表示外部刺激改变一个单位大小导致的未知数改变量。例如,元素 $a_{32}^{-1}$ 表示由于第二个外力刺激($F_{1,v}$)改变一个单位大小,第三个未知数($F_3$)将改变0.866。因此,如果在第一个节点的垂直加载的外力增加1,$F_3$ 将增加0.866。元素为0表示有些外力对某些未知数没有影响。例如 $a_{13}^{-1} = 0$ 表示 $F_{2,h}$ 的改变不会影响到 $F_1$ 的值。这种从相互作用中独立出来的能力能应用于很多工程应用中,包括识别系统中哪些部件是对外部刺激最敏感而容易出现故障。另外,它也可以用于确定哪些部件是不必要的。

当应用到大型的复杂结构时,前面的方法是非常有用的。在工程实践中,有时候可能会需要求解几百个或者几千个部分构成的支架问题。在这种情况下,线性方程组在深入观察该结构的性质方面是一个强有力的方法。

## 3.6 Matlab求解线性方程组(二)

下面将本章中典型的例题运用Matlab进行计算。

**例3.10** 用Jacobi迭代法解以下方程:

$$\begin{cases}10x_1 - 2x_2 - x_3 = 3 \\ -2x_1 + 10x_2 - x_3 = 15 \\ -x_1 - 2x_2 + 5x_3 = 10\end{cases}$$

**解**:编制迭代计算的 M 文件程序如下:

```
%Jacobi 迭代法求解例 3.10
% A 为方程组的增广矩阵
clc;
A=[10 -2 -1 3;-2 10 -1 15;-1 -2 5 10]
MAXTIME=50;%最多进行 50 次迭代
eps=1e-5;%迭代误差
[n,m]=size(A);
x=zeros(n,1);%迭代初值
y=zeros(n,1);
k=0;
%进入迭代计算
disp('迭代过程 X 的值情况如下:')
disp('X=');
while 1
      disp(x');
   for i=1:1:n
         s=0.0;
      for j=1:1:n
         if j~=i
           s=s+A(i,j)*x(j);
         end
         y(i)=(A(i,n+1)-s)/A(i,i);
      end
   end
   for i=1:1:n
        maxeps=max(0,abs(x(i)-y(i)));%检查是否满足迭代精度要求
   end
   if maxeps<=eps%小于迭代精度退出迭代
        for i=1:1:n
            x(i)=y(i);%将结果赋给 x
        end
        return;
   end
   for i=1:1:n%若不满足迭代精度要求继续进行迭代
        x(i)=y(i);
```

```
        y(i) =0.0;
    end
    k = k + 1;
    if k > MAXTIME% 超过最大迭代次数退出
        error('超过最大迭代次数,退出');
        return;
    end
end
```

运行该程序结果如下:

```
A =
    10   -2   -1    3
    -2   10   -1   15
    -1   -2    5   10
迭代过程 X 的值情况如下:
X =
        0          0          0
   0.3000     1.5000     2.0000
   0.8000     1.7600     2.6600
   0.9180     1.9260     2.8640
   0.9716     1.9700     2.9540
   0.9894     1.9897     2.9823
   0.9962     1.9961     2.9938
   0.9986     1.9986     2.9977
   0.9995     1.9995     2.9992
   0.9998     1.9998     2.9997
   0.9999     1.9999     2.9999
   1.0000     2.0000     3.0000
   1.0000     2.0000     3.0000
```

容易看出迭代计算最后结果为: $x = (1,2,3)^T$。

**例 3.11** 用 Gauss-Seidel 迭代法计算例 3.10 并作比较。

**解:**

编制求解程序 Gauss_Seidel. m。

```
% Gauss_Seidel. m
% Gauss_Seidel 迭代法求解例 3.10
% A 为方程组的增广矩阵
clc;
format long;
A = [10 -2 -1 3; -2 10 -1 15; -1 -2 5 10]
```

```
[n,m] = size(A);
%最多进行 50 次迭代
Maxtime = 50;
%控制误差
Eps = 10E - 5;
%初始迭代值
x = zeros(1,n);
disp('=');
%迭代次数小于最大迭代次数,进入迭代
for k = 1:Maxtime
    disp(x);
    for i = 1: n
        s = 0.0;
        for j = 1: n
            if i~ = j
             s = s + A(i,j) * x(j);%计算和
            end
        end
        x(i) = (A(i,n + 1) - s)/A(i,i);%求出此时迭代的值
    end
%因为方程的精确解为整数,所以这里将迭代结果向整数靠近的误差作为判断迭代是否停止的条件
    if sum((x - floor(x)).^2) < Eps
        break;
    end;
end;
X = x;
disp('迭代结果');
X
format short;
```

完成后直接在 Matlab 命令窗口中输入 Gauss_Seidel 回车后可得到如下结果：

```
>> Gauss_Seidel
A =
      10   -2   -1    3
      -2   10   -1   15
      -1   -2    5   10
```

```
x =
         0                      0                      0
    0.300000000000000      1.560000000000000      2.684000000000000
    0.880400000000000      1.944480000000000      2.953872000000000
    0.984283200000000      1.992243840000000      2.993754176000000
    0.997824185600000      1.998940254720000      2.999140939008000
    0.999702144844800      1.999854522869760      2.999882238116864
    0.999959128385638      1.999980049488814      2.999983845472654
    0.999994394445028      1.999997263436271      2.999997784263514
    0.999999231113606      1.999999624649072      2.999999696082350
    0.999999894538049      1.999999948515845      2.999999958313948
    0.999999985534564      1.999999992938308      2.999999994282236
    0.999999998015885      1.999999999031401      2.999999999215737
    0.999999999727854      1.999999999867145      2.999999999892429
    0.999999999962672      1.999999999981778      2.999999999985246
    0.999999999994880      1.999999999997501      2.999999999997976
    0.999999999999298      1.999999999999657      2.999999999999722
    0.999999999999904      1.999999999999953      2.999999999999962
    0.999999999999987      1.999999999999994      2.999999999999995
    0.999999999999998      1.999999999999999      2.999999999999999
    1.000000000000000      2.000000000000000      3.000000000000000
迭代结果:
X =
     1     2     3
```

可见对此题 Gauss_Seidel 法的收敛速度还是很快的。

**例 3.12** 取 $\omega = 1.45$,用 Gauss-Seidel 迭代法和 SOR 法计算下列方程组的解:

$$\begin{cases} 4x_1 - 2x_2 - x_3 = 0 \\ -2x_1 + 4x_2 - 2x_3 = -2 \\ -x_1 - 2x_2 + 3x_3 = 3 \end{cases}$$

**解**:Gauss-Seidel 迭代法可利用上题中的程序,把输入矩阵 A 换掉即可,以下编制求解程序 SOR.m。

```
%SOR 法求解例 3.3
%w=1.45
%方程组系数矩阵
clc;
A=[4 -2 -1;-2 4 -2 ;-1 -2 3]
%方程组右端系数
b=[0,-2,3]'
w=1.45;
```

```
%最大迭代次数
Maxtime = 100;
%精度要求
Eps = 1E - 5;
%以 15 位小数显示
format long;
n = length(A);
k = 0;
%初始迭代值
x = ones(n,1);
y = x;
disp('迭代过程:');
disp('=');
while 1
    y = x;
    disp(x');
    %计算过程
    for i = 1:n
        s = b(i);
        for j = 1:n
            if j ~ = i
                s = s - A(i,j) * x(j);
            end
        end
        if abs(A(i,i)) < 1E - 10 | k > = Maxtime
            error('已达最大迭代次数或矩阵系数近似为0,无法进行迭代');
            return;
        end
        s = s/A(i,i);
        x(i) = (1 - w) * x(i) + w * s;
    end
    if norm(y - x,inf) < Eps%达到精度要求退出计算
        break;
    end
    k = k + 1;
end
disp('最后迭代结果:');
%最后的结果
X = x'
```

```
%设为默认显示格式
format short;
```

为了能有可比性，Gauss-Seidel 程序中的误差控制改用无穷大范数来度量(即将其改为：norm(y - x,inf) < Eps,并在循环中用 y 先保存迭代前 x 的值:y = x)。此外,两个程序中的迭代初始值 $x_0 = (1,1,1)^T$。

Gauss-Seidel 法运行结果如下：

```
>> Gauss_Seidel

A =
     4    -2    -1     0
    -2     4    -2    -2
    -1    -2     3     3
x =
   1                     1                     1
   0.750000000000000     0.375000000000000     1.500000000000000
   0.562500000000000     0.531250000000000     1.541666666666667
   0.651041666666667     0.596354166666667     1.614583333333333
   0.701822916666667     0.658203125000000     1.672743055555556
   0.747287326388889     0.710015190972222     1.722439236111111
   0.785617404513889     0.754028320312500     1.764558015046297
   0.818153663917824     0.791355839482060     1.800288447627315
   0.845750031647859     0.823019239637587     1.830596170307677
   0.869158662395713     0.849877416351695     1.856304498366368
   0.889014832767439     0.872659665566903     1.878111387967082
   0.905857679775222     0.891984533871152     1.896608915839176
   0.920144495895370     0.908376705867273     1.912299302543305
   0.932263178569463     0.922281240556384     1.925608553227410
   0.942542758585044     0.934075655906227     1.936898023465833
   0.951262333819572     0.944080178642702     1.946474230368326
   0.958658646913433     0.952566438640879     1.954597174731730
   0.964932513003372     0.959764843867551     1.961487400246158
   0.970254271995315     0.965870836120737     1.967331981412263
   0.974768413413434     0.971050197412848     1.972289602746377
   0.978597499393018     0.975443551069698     1.976494867177471
   0.981845492329217     0.979170179753344     1.980061950611968
   0.984600577529664     0.982331264070816     1.983087701890432
   0.986937557508016     0.985012629699224     1.985654272302155
   0.988919882925151     0.987287077613653     1.987831346050819
   0.990601375319531     0.989216360685175     1.989678032229960
   0.992027688400078     0.990852860315019     1.991244469676705
```

```
0.993237547576686   0.992241008626696   1.992573188276692
0.994263801382521   0.993418494829607   1.993700263680578
0.995134313334948   0.994417288507763   1.994656296783491
0.995872718449754   0.995264507616623   1.995467244561000
0.996499064948561   0.995983154754781   1.996155124819374
0.997030358582234   0.996592741700804   1.996738613994614
0.997481024349056   0.997109819171835   1.997233554230909
0.997863298143645   0.997548426187277   1.997653383506066
0.998187558970155   0.997920471238110   1.998009500482125
0.998462610739587   0.998236055610856   1.998311573987100
0.998695921302203   0.998503747644651   1.998567805530502
0.998893825204951   0.998730815367726   1.998785151980135
0.999061695678897   0.998923423829516   1.998969514445976
0.999204090526252   0.999086802486114   1.999125898499494
0.999324875867931   0.999225387183712   1.999258550078451
0.999427331111469   0.999342940594960   1.999371070767130
```

迭代结果:

```
X =
   0.999514237989263   0.999442654378196   1.999466515581885
```

SOR 法($\omega$ = 1.45)运行结果如下:

```
>>SOR

A =
     4    -2    -1
    -2     4    -2
    -1    -2     3
b =
     0
    -2
     3
```

迭代过程:

```
x =
   1                   1                   1
   0.637500000000000   0.012187500000000   1.319906250000000
   0.200426953125000   0.371757197265625   1.312280505533854
   0.655033522367350   0.534011931458842   1.692284842064199
   0.705846820490625   0.773340086195768   1.777193200964156
   0.887273028620657   0.858734977660893   1.909222168471645
   0.915403031995823   0.936422530391512   1.938503269030869
   0.969682405159416   0.962044475111776   1.976329684037877
   0.977544672598031   0.983638894760734   1.983982498874047
```

| | | |
|---|---|---|
| 0.992436751874260 | 0.990266454150192 | 1.994143211257757 |
| 0.994223554996409 | 0.995946001166684 | 1.995924740976736 |
| 0.998182969701529 | 0.997552389716733 | 1.998589611975717 |
| 0.998531880520141 | 0.999014506686967 | 1.998972439993064 |
| 0.999573680611473 | 0.999389409429154 | 1.999666110080183 |
| 0.999628130465040 | 0.999763090152167 | 1.999741500669115 |
| 0.999901875643608 | 0.999848057258249 | 1.999922019942949 |
| 0.999905729701926 | 0.999943492726323 | 1.999934903350382 |
| 0.999977856325231 | 0.999962179037974 | 1.999982030452898 |
| 0.999976030495353 | 0.999986613620394 | 1.999983560868664 |
| 0.999995121966767 | 0.999990568926511 | 1.999995923188666 |

最后迭代结果：

X =

0.999993879742566　0.999996851108214　1.999995832511947

下面列出常用的 Matlab 迭代解法用到的函数：

①计算范数命令 norm：

norm(A,option)

当 A 为向量 V 时：

norm(V,1)为 A 的 1 - 范数；

norm(V,inf) = max(abs(V))为 A 的无穷范数；

norm(V, - inf) = min(abs(V))为 A 的最小范数。

当 A 为矩阵 A 时：

norm(A,1)为 A 的列和范数；

norm(A,2)或 norm(A)为 A 的谱范数；

norm(A,inf)为 A 的行和范数。

②计算矩阵的谱半径：

r = max(abs(eig(A)))

# 本章小结

本章介绍了求解线性方程组的直接解法和迭代解法及其收敛性判别方法，其算法思想描述和求解公式汇总如下表。

知识点汇总表

| | | |
|---|---|---|
| 向量与矩阵的范数、条件数 | 特点：<br>用于度量向量或者矩阵的"大小"；<br>向量的范数满足正定性、齐次性、三角不等式的性质；<br>矩阵的范数还具有等价性。 | 重点：<br>给定向量或矩阵，求出各种范数。<br>矩阵的谱半径。<br>矩阵范数与谱半径的关系 $\rho(A) \leqslant \|A\|$。<br>计算矩阵条件数。 |

续表

| | | | | |
|---|---|---|---|---|
| 迭代法 | 问题描述<br>将待求解线性方程组改写成等价形式：$x = Bx + f$，以迭代的形式求解方程组的近似解。<br>1. 迭代格式合适，可以加快收敛速度；<br>2. 不容易构造出收敛的迭代格式；<br>3. 迭代收敛的充要条件是谱半径小于1；<br>4. 适合于稀疏矩阵及大型矩阵。 | Jacobi 迭代法 | 方程组系数矩阵严格对角占优时收敛。 | $x_i^{((k+1))} = \frac{b_i}{a_{ii}} - \frac{1}{a_{ii}}\left(\sum_{j=1}^{i-1} a_{ij}x_j^{(k)} + \sum_{j=i+1}^{n} a_{ij}x_j^{(k)}\right)$，<br>$i = 1,2,\cdots,n, k = 0;1,2,\cdots$ |
| | | Gauss-Seidel 迭代法 | 方程组系数矩阵严格对角占优时收敛；<br>方程组系数矩阵对称正定时收敛。 | $x_i^{(k+1)} = \frac{b_i}{a_{ii}} - \frac{1}{a_{ii}}\left(\sum_{j=1}^{i-1} a_{ij}x_j^{(k+1)} + \sum_{j=i+1}^{n} a_{ij}x_j^{(k)}\right)$，<br>$i = 1,2,\cdots,n;k = 0,1,2,\cdots$ |
| | | 松弛法 | 方程组系数矩阵严格对角占优且 $0 < \omega \leqslant 1$ 时收敛；<br>方程组系数矩阵对称正定且 $0 < \omega < 2$ 时收敛。 | $x_i^{(k+1)} = (1-\omega)x_i^{(k)} + \frac{\omega}{a_{ii}}\left(b_i - \sum_{j=1}^{i-1} a_{ij}x_j^{(k+1)} - \sum_{j=i+1}^{n} a_{ij}x_j^{(k)}\right)$，<br>$i = 1,2,\cdots,n;k = 0,1,2,\cdots$ |

# 习题三

1. 填空题

(1) $A = \begin{pmatrix} 1 & 1 \\ 0 & 2 \end{pmatrix}$，$\|A\|_1 =$ ________，$\|A\|_2 =$ ________，$\rho(A) =$ ________。

(2) $A = \begin{pmatrix} t & 0 \\ 0 & \frac{1}{t} \end{pmatrix}$，$t > 1$，$\rho(A)$ ________，$\mathrm{cond}_2(A) =$ ________。

(3) $A=\begin{pmatrix} a & & \\ & b & \\ & & c \end{pmatrix}, c>b>a>0, \rho(A)$ ____________, $\mathrm{cond}_2(A)$ = ____________。

(4)线性方程组的系数阵为稀疏矩阵时,用____________求解有保持系数阵稀疏的优点。

(5)当线性方程组的系数阵 A 具有严格对角优势或具有对角优势且____________时,线性方程组 $Ax=b$ 用 Jacobi 迭代法和 Gauss-Seideli 迭代法均____________。

(6)当线性方程组的系数阵 A 对称正定时,____________迭代法收敛。

(7)线性方程组迭代法收敛的充分必要条件是迭代矩阵的____________小于 1;SOR 法收敛的必要条件是____________。

(8)用迭代法求解线性方程组,若 $q=\rho(B)$,$q$ ____________时不收敛,$q$ 接近____________时收敛较快,$q$ 接近____________时收敛较慢。

2. 试判断下面方程组的系数阵对 Jacobi 迭代法,Gauss-Seidel 迭代法的收敛性。

(1) $\begin{bmatrix} 1 & 2 & -2 \\ 1 & 1 & 1 \\ 2 & 2 & 1 \end{bmatrix}$ (2) $\begin{bmatrix} 1 & 0.4 & 0.4 \\ 0.4 & 1 & 0.8 \\ 0.4 & 0.8 & 1 \end{bmatrix}$

(3) $\begin{bmatrix} 1 & 0 & 1 \\ -1 & 1 & 0 \\ 1 & 2 & -3 \end{bmatrix}$ (4) $\begin{bmatrix} 2 & -1 & 0 & 0 \\ -1 & 2 & -1 & 0 \\ 0 & -1 & 2 & -1 \\ 0 & 0 & -1 & 2 \end{bmatrix}$

3. 用 Jacobi 迭代法和 Gauss-Seidel 迭代法求解方程组。

(1) $\begin{bmatrix} 20 & 2 & 3 \\ 1 & 8 & 1 \\ 2 & -3 & 15 \end{bmatrix}\begin{bmatrix} x_1 \\ x_2 \\ x_3 \end{bmatrix}=\begin{bmatrix} 24 \\ 12 \\ 30 \end{bmatrix}$ (2) $\begin{bmatrix} 11 & -3 & -2 \\ -1 & 5 & -3 \\ -2 & -12 & 19 \end{bmatrix}\begin{bmatrix} x_1 \\ x_2 \\ x_3 \end{bmatrix}=\begin{bmatrix} 3 \\ 6 \\ -7 \end{bmatrix}$

各分量第三位稳定即可停止迭代。

4. 证明下列方程组的雅可比迭代与高斯-塞德尔迭代均收敛,并取 $x=(0,0,0,0)^T$ 求精度为 $10^{-3}$ 的迭代值。

$$\begin{bmatrix} 10 & -1 & 2 & 0 \\ -1 & 11 & -1 & 3 \\ 2 & -1 & 10 & -1 \\ 0 & 3 & -1 & 8 \end{bmatrix}\begin{bmatrix} x_1 \\ x_2 \\ x_3 \\ x_4 \end{bmatrix}=\begin{bmatrix} 6 \\ 25 \\ -11 \\ 15 \end{bmatrix}$$

5. 设方程组为

$$\begin{bmatrix} 3 & 2 & 0 \\ 2 & 3 & -1 \\ 0 & -1 & 2 \end{bmatrix}\begin{bmatrix} x_1 \\ x_2 \\ x_3 \end{bmatrix}=\begin{bmatrix} 4.5 \\ 5 \\ 0.5 \end{bmatrix}$$

(1)写出用 SOR 方法求解的分量计算式;

(2)求出最佳松弛因子 $\omega_{\mathrm{opt}}=2/(1+\sqrt{1-\rho^2(B_j)})$;并用 $\omega_{\mathrm{opt}}$ 计算两步,取 $x^{(0)}=(0,0,0)^T$。

# 第4章 方阵特征值和特征向量计算

## 4.1 引例:队员选拔问题

一年一度的全国大学生数学建模赛,学校都要选取优秀的队员。现在假设有20名队员准备参加比赛,但是只有18个名额,所以需要根据队员的能力和水平选出优秀的队员。选择队员主要考虑条件依次为学科成绩、智力水平、动手能力、写作能力、外语水平、协作能力以及其他特长。表4.1列出了这20名队员的基本条件。

表4.1 队员素质评价表

| 队员 | 学科成绩 | 智力水平 | 动手能力 | 写作能力 | 外语水平 | 协作能力 | 其他特长 |
|---|---|---|---|---|---|---|---|
| A | 8.6 | 9.0 | 8.2 | 8.0 | 7.9 | 9.5 | 6.0 |
| B | 8.2 | 8.8 | 8.1 | 6.5 | 7.7 | 9.1 | 2.0 |
| C | 8.0 | 8.6 | 8.5 | 8.5 | 9.2 | 9.6 | 8.0 |
| D | 8.6 | 8.9 | 8.3 | 9.6 | 9.7 | 9.7 | 8.0 |
| E | 8.8 | 8.4 | 8.5 | 7.7 | 8.6 | 9.2 | 9.0 |
| F | 9.2 | 9.2 | 8.2 | 7.9 | 9.0 | 9.0 | 6.0 |
| G | 9.2 | 9.6 | 9.0 | 7.2 | 9.1 | 9.2 | 9.0 |
| H | 7.0 | 8.0 | 9.8 | 6.2 | 8.7 | 9.7 | 6.0 |
| I | 7.7 | 8.2 | 8.4 | 6.5 | 9.6 | 9.3 | 5.0 |
| J | 8.3 | 8.1 | 8.6 | 6.9 | 8.5 | 9.4 | 4.0 |
| K | 9.0 | 8.2 | 8.0 | 7.8 | 9.0 | 9.5 | 5.0 |
| L | 9.6 | 9.1 | 8.1 | 9.9 | 8.7 | 9.7 | 6.0 |
| M | 9.5 | 9.6 | 8.3 | 8.1 | 9.0 | 9.3 | 7.0 |
| N | 8.6 | 8.3 | 8.2 | 8.1 | 9.0 | 9.0 | 5.0 |
| O | 9.1 | 8.7 | 8.8 | 8.4 | 8.8 | 9.4 | 5.0 |
| P | 9.3 | 8.4 | 8.6 | 8.8 | 8.6 | 9.5 | 6.0 |
| Q | 8.4 | 8.0 | 9.4 | 9.2 | 8.4 | 9.1 | 7.0 |
| R | 8.7 | 8.3 | 9.2 | 9.1 | 8.7 | 9.2 | 8.0 |
| S | 7.8 | 8.1 | 9.6 | 7.6 | 9.0 | 9.6 | 9.0 |
| T | 9.0 | 8.8 | 9.5 | 7.9 | 7.7 | 9.0 | 6.0 |

假设所以队员接受了相同的竞赛培训,不考虑表4.1之外的其他因素,如何选取优秀的18名队员?这实际上是一个特征值问题,如果将表4.1中的数据按顺序输入一个$8 \times 20$的矩阵中,将数据标准化后通过计算最大的特征值以及相应的特征向量,便可以找出最优秀的18名队员(见第4.5节)。

除了评估问题之外,特征值问题也常用于涉及振动、弹性力学和其他振荡系统的工程问题。设 $A$ 是 $n\times n$ 矩阵,如果数 $\lambda$ 和 $n$ 维非零向量 $x$ 满足 $Ax=\lambda x$,则称 $\lambda$ 为矩阵 $A$ 的一个特征值,$x$ 称为与 $\lambda$ 相对应的特征向量,一般记为 $(A-\lambda I)x=O$。

本章将讨论几种常用的计算矩阵特征值及特征向量的数值方法,并只限于 $A$ 是实矩阵的情况。至于复矩阵的特征值求解非常复杂,有兴趣的同学可以查阅相关的文献资料。

# 4.2 乘幂法

### 4.2.1 求解按模最大特征值的乘幂法

乘幂法是一种迭代法,主要用于求解按模最大的特征值,稍作修改后也可以用于求解按模最小的特征值。另外,乘幂法还可以在计算特征值的同时得到相应的特征向量。

设 $A$ 具有 $n$ 个线性无关的特征向量 $x_1,x_2,\cdots,x_n$,其相应的特征值 $\lambda_1,\lambda_2,\cdots,\lambda_n$ 满足:

$$|\lambda_1|>|\lambda_2|\geqslant|\lambda_3|\geqslant\cdots\geqslant|\lambda_n| \tag{4.1}$$

现任取一非零向量 $u_0$,作迭代

$$u_k=Au_{k-1},k=1,2,\cdots \tag{4.2}$$

得向量序列 $\{u_k\},k=0,1,2,\cdots$。

因 $x_1,x_2,\cdots,x_n$ 线性无关,故 $n$ 维向量 $u_0$ 必可由它们线性表示:

$$u_0=\alpha_1x_1+\alpha_2x_2+\cdots+\alpha_nx_n$$

则有

$$\begin{aligned}u_k&=Au_{k-1}=A^2u_{k-2}=\cdots=A^ku_0=\alpha_1A^kx_1+\alpha_2A^kx_2+\cdots+\alpha_nA^kx_n\\&=\alpha_1\lambda_1^kx_1+\alpha_2\lambda_2^kx_2+\cdots+\alpha_n\lambda_n^kx_n=\lambda_1^k\left[\alpha_1x_1+\alpha_2\left(\frac{\lambda_2}{\lambda_1}\right)^kx_2+\cdots+\alpha_n\left(\frac{\lambda_n}{\lambda_1}\right)^kx_n\right]\end{aligned} \tag{4.3}$$

有 $\left|\frac{\lambda_2}{\lambda_1}\right|<1,\cdots,\left|\frac{\lambda_n}{\lambda_1}\right|<1$,又设 $\alpha_1\neq0$,$u_k\approx\lambda_1^k\alpha_1x_1$ 不是零向量,当 $k$ 充分大时,式(4.3)中除第一项 $\lambda_1^k\alpha_1x_1$ 外全都接近于零,$u_{k+1}\approx\lambda_1^{k+1}\alpha x_1=\lambda_1u_k$,即 $Au_k=\lambda_1u_k$,所以 $u_k$ 可近似地作为 $\lambda_1$ 对应的特征向量。

实际计算时,为防止 $u_k$ 的模过大或过小,以致产生计算机运算的上下溢出,通常每次迭代都对 $u_k$ 进行归一化,使 $\|u_k\|_\infty=1$,因此以上幂法公式改进为:

$$\begin{cases}y_{k-1}=\dfrac{u_{k-1}}{\|u_{k-1}\|_\infty},\\u_k=Ay_{k-1}\end{cases}\quad k=1,2,\cdots \tag{4.4}$$

由迭代公式知:

$$u_k=\frac{Au_{k-1}}{\|u_{k-1}\|_\infty}=\frac{\dfrac{A^2u_{k-2}}{\|u_{k-2}\|_\infty}}{\left\|\dfrac{Au_{k-2}}{\|u_{k-2}\|_\infty}\right\|_\infty}=\frac{A^2u_{k-2}}{\|Au_{k-2}\|_\infty}=\cdots=\frac{A^ku_0}{\|A^{k-1}u_0\|_\infty} \tag{4.5}$$

对比式(4.3)和式(4.5),可知式(4.5)中的 $u_k$ 仍收敛于 $A$ 的对应于 $\lambda_1$ 的特征向量。

当 $k$ 相当大时,$u_k$ 和 $u_{k-1},y_{k-1}$ 都可视为 $\lambda_1$ 对应的特征向量。

由

$$u_k=Ay_{k-1}=\lambda_1y_{k-1} \tag{4.6}$$

有
$$\lambda_1 = \frac{a_k}{\tilde{a}_{k-1}} \tag{4.7}$$
其中 $\tilde{a}_{k-1}$ 取 $y_{k-1}$ 中绝对值最大的分量，$a_k$ 取 $u_k$ 中绝对值最大的分量。

编制程序可采用如下算法：

对 $A_{n\times n}$ 任取非零向量 $u_0$，对 $k = 1,2,\cdots$ 执行以下各步骤：

① $|a_r| = \max\limits_{1\leqslant i\leqslant n}|a_i|$，其中 $a_i$ 是 $u_{k-1} = (a_1,a_2,\cdots,a_n)^T$ 的各分量；

② $y_{k-1} = \dfrac{u_{k-1}}{|a_r|}$；

③ $u_k = Ay_{k-1}$；

④ $t_k = \dfrac{a_k}{\tilde{a}_{k-1}}$，其中 $\tilde{a}_{k-1}$ 是 $y_{k-1}$ 绝对值最大的分量，$a_k$ 是 $u_k$ 绝对值最大的分量；

⑤ $|t_k - t_{k-1}| < \varepsilon$，令 $\lambda_1 = t_k$，$x_1 = y_{k-1}$，退出运算；否则返回 1 重做以上步骤。

**例 4.1**　求矩阵
$$A = \begin{pmatrix} -4 & 14 & 0 \\ -5 & 13 & 0 \\ -1 & 0 & 2 \end{pmatrix}$$
按模最大的特征值 $\lambda_1$ 和相应的特征向量。

**解**　求解结果见表 4.2。

表 4.2

| $k$ | $u_k^T$ | $y_k^T$ | $t_k$ |
|---|---|---|---|
| 0 | 1.000　1.000　1.000 | 1.000 0　1.000 0　1.000 0 | |
| 1 | 10.00 0　8.000　1.000 | 0.100 0　0.800 0　0.100 0 | 10 |
| 2 | 7.200　5.400　−0.800 | 1.000 0　0.750 0　−0.111 1 | 7.200 |
| 3 | 6.500　4.750　−1.222 | 1.000 0　0.730 8　−0.188 0 | 6.500 |
| 4 | 6.231　4.500　−1.376 | 1.000 0　0.722 2　1.000 0 | 6.231 |
| ⋮ | ⋮　⋮　⋮ | ⋮　⋮　⋮ | ⋮ |
| 17 | 6.000　4.286　−1.500 | 1.000 0　0.714 2　−0.250 0 | 6.000 |
| 18 | 6.000　4.286　−1.500 | | 6.000 |

所以 $\lambda_1 \approx 5.008$ . $x_1 \approx (1.000\,0, 0.714\,2, -0.250\,0)^T$，而精确解为 $\lambda_1 = 6$，$x_1 = (1.000\,0, 0.714\,286, -0.250\,0)^T$。

### *4.2.2　乘幂法的其他复杂情况

以上推导过程中，我们作了一些假设，当这些假设不成立时，乘幂法会出现一些复杂情况，以下简单说明。

情况 1：假设 $A$ 具有完全的特征向量系，即 $A$ 具有 $n$ 个线性无关的特征向量。当 $A$ 不具有 $n$ 个线性无关的特征向量时，幂法不适用，但事前往往无法判断这一点。因此在运用幂法时，发现不收敛或收敛很慢情况，要考虑此种可能。

情况2：假设式(4.3)中 $\alpha_1 \neq 0$。这在选择 $u_0$ 时，也无法判断，但这往往不影响幂法的成功使用。因为若选 $u_0$，使 $\alpha_1 = 0$，由于舍入误差的影响，在迭代某一步会产生 $u_k$，它在 $x_1$ 方向上的分量不为零，以后的迭代仍会收敛。

情况3：假设 $|\lambda_1| > |\lambda_2| \geqslant |\lambda_3| \geqslant \cdots \geqslant |\lambda_n|$。若不具此条件，可能出现的情况有：

① $\lambda_1 = \lambda_2 = \cdots = \lambda_r$，$|\lambda_1| > |\lambda_{r+1}| \geqslant |\lambda_{r+2}| \geqslant \cdots \geqslant |\lambda_n|$；

② $\lambda_1 = -\lambda_2$；

③ $\lambda_1$ 和 $\lambda_2$ 为共轭复数，$\lambda_1 = \bar{\lambda}_2$。

对情况1，归一化幂法(4.4)仍适用，但选择不同的 $u_0$ 得到的特征向量 $u_k$ 是不同的。情况2和3比较复杂，式(4.4)得到的序列不收敛，但可从序列中看出规律，推算出 $\lambda_1$，$\lambda_2$，详见参考书目[1]。

在正常情况下，幂法编程很简单，但由于以上例外情况的存在，一个完善的幂法程序就很难实现了。

### 4.2.3　求解按模最小特征值的乘幂法

由 $Ax_i = \lambda_i x_i$，易推得 $A^{-1}x_i = \dfrac{1}{\lambda_i}x_i$。

若有 $|\lambda_1| \geqslant |\lambda_2| \geqslant \cdots \geqslant |\lambda_{n-1}| > |\lambda_n|$，则 $\dfrac{1}{\lambda_n}$ 是 $A^{-1}$ 的按模最大的特征值，我们只要求出 $A^{-1}$ 的按模最大的特征值，也就求出了 $A$ 的按模最小的特征值。为了避免求逆阵，我们用解方程组的方法构造如下算法：

对任意初始向量 $u_0 \neq 0$ 和 $k = 1,2,\cdots$，作：

$$\begin{cases} y_{k-1} = \dfrac{u_{k-1}}{\| u_{k-1} \|_\infty} \\ \text{从 } Au_k = y_{k-1} \text{ 解出 } u_k \end{cases} \tag{4.8}$$

或写出如下实用算法：

对 $A$ 进行 $LU$ 分解，求出 $L$，$U$；

对任意非零向量 $u_0$，$k = 1,2,\cdots$，执行：

① $|a_r| = \max\limits_{1\leqslant i\leqslant n} |a_i|$，其中 $a_i$ 是 $u_{k-1} = (a_1, a_2, \cdots, a_n)^T$ 的各分量；

② $y_{k-1} = \dfrac{u_{k-1}}{|a_r|}$；

③解 $\begin{cases} Lx_{k-1} = y_{k-1} \\ Uu_k = x_{k-1} \end{cases}$，得到 $u_k$；

④ $t_k = \dfrac{a_k}{\tilde{a}_{k-1}}$，其中 $\tilde{a}_{k-1}$ 是 $y_{k-1}$ 绝对值最大的分量，$a_k$ 是 $u_k$ 绝对值最大的分量；

⑤当 $|t_k - t_{k-1}| < \varepsilon$ 时，令 $\lambda_n = t_k$，$x_n = y_{k-1}$，退出运算；否则返回步骤①重做。

**例4.2**　求例4.1中矩阵 $A$ 的按模最小特征值及相应特征向量。

**解**　计算结果见表4.3。

表 4.3

| $k$ | $y_{k-1}^T$ | $t_k$ |
|---|---|---|
| 1 | −0.117647058823529　0.117647058823529　1.000000000000000 | 2.117647058823529 |
| 2 | −0.428571428571429　−0.142857142857143　1.000000000000000 | 2.428571428571429 |
| 3 | −0.495049504950495　−0.217821782178218　1.000000000000000 | 2.495049504950496 |
| ⋮ | ⋮　⋮　⋮ | ⋮ |
| 25 | −0.000140787738722　−0.000070393868574　1.000000000000000 | 2.000140787738722 |
| 26 | −0.000093862898620　−0.000046931449048　1.000000000000000 | 2.000093862898621 |
| 27 | −0.000062577224048　−0.000031288611937　1.000000000000000 | 2.000062577224048 |

取
$$\lambda_3 \approx t_{27} = 2.000\ 062\ 577\ 224\ 048$$
$$x_3 \approx y_{27} = (-0.000\ 062\ 577\ 224\ 048 \quad -0.000\ 031\ 288\ 611\ 937 \quad 1.000\ 000\ 000\ 000\ 000)^T$$

精确解为 $\lambda_3 = 2.000\ 000\ 000\ 000\ 000$ , $x_3 = (0,0,1.000\ 000\ 000\ 000\ 000)^T$。

# 4.3 Jacobi 方法

Jacobi 方法用于求实对称矩阵的全部特征值和对应的特征向量。下面要用到线性代数中关于实对称矩阵的特征值和特征向量的如下结论：

① $A_{n\times n}$ 实对称，则 $A$ 的特征值全为实数，它们对应的特征向量线性无关且具有两两正交的特征向量。

②相似矩阵具有相同的特征值。

③ $A_{n\times n}$ 实对称，则存在正交阵 $U$ ，使 $U^TAU = D$ ，$D$ 是一个对角阵。这时，$D$ 的对角元 $\lambda_1$，$\lambda_2$，…，$\lambda_n$ 就是 $A$ 的特征值，$U$ 的第 $i$ 列向量就是 $\lambda_i$ 对应的特征向量。

Jacobi 方法就是基于如上原理，用一系列的正交相似变换逐步消去 $A$ 的非对角元，使 $A$ 对角化，从而求得 $A$ 的全部特征值。

## 4.3.1　平面旋转矩阵

在平面解析几何中二次曲线的标准化和线性代数的二次型标准化中，我们已经学习过二阶旋转矩阵：

$$U = \begin{pmatrix} \cos\theta & -\sin\theta \\ \sin\theta & \cos\theta \end{pmatrix}$$

不难验证它是正交矩阵。

对二阶对称矩阵　$A = \begin{pmatrix} a_{11} & a_{12} \\ a_{12} & a_{22} \end{pmatrix}$

$$U^TAU = \begin{pmatrix} \cos\theta & \sin\theta \\ -\sin\theta & \cos\theta \end{pmatrix}\begin{pmatrix} a_{11} & a_{12} \\ a_{12} & a_{22} \end{pmatrix}\begin{pmatrix} \cos\theta & -\sin\theta \\ \sin\theta & \cos\theta \end{pmatrix}$$

$$= \begin{pmatrix} a_{11}\cos^2\theta + a_{22}\sin^2\theta + a_{12}\sin 2\theta & \dfrac{(a_{22}-a_{11})\sin 2\theta}{2} + a_{12}\cos 2\theta \\ \dfrac{(a_{22}-a_{11})\sin 2\theta}{2} + a_{12}\cos 2\theta & a_{11}\sin^2\theta + a_{22}\cos^2\theta - a_{12}\sin 2\theta \end{pmatrix}$$

只要选取 $\theta$ 满足
$$\frac{(a_{22}-a_{11})\sin 2\theta}{2} + a_{12}\cos 2\theta = 0$$
就能使上述矩阵变为对角阵，从而求得 $A$ 的特征值。

此时，应取 $\theta$，使：
$$\tan 2\theta = \frac{-2a_{12}}{a_{22}-a_{11}} = \frac{2a_{12}}{a_{11}-a_{22}}$$

$A$ 的特征值为
$$\begin{cases} \lambda_1 = a_{11}\cos^2\theta + a_{22}\sin^2\theta + a_{12}\sin 2\theta \\ \lambda_2 = a_{11}\sin^2\theta + a_{22}\cos^2\theta - a_{12}\sin 2\theta \end{cases}$$

对应的特征向量为
$$\begin{cases} u_1 = (\cos\theta \quad \sin\theta)^T \\ u_2 = (-\sin\theta \quad \cos\theta)^T \end{cases}$$

对二阶对称矩阵，只有一对非对角元素，所以只需要一次旋转变换就能求得特征值。当 $n \geqslant 3$ 时，情况要复杂一些，但仍可作类似的讨论：

$A$ 是 $n$ 阶对称矩阵，其中非对角元 $a_{pq} \neq 0 (p \neq q)$，我们想把它变为零元素，有变换矩阵：

$$U_{pq}(\theta) = \begin{pmatrix} 1 & & & & & & \\ & \ddots & & & & & \\ & & \cos\theta & \cdots & -\sin\theta & & \\ & & \vdots & \ddots & \vdots & & \\ & & \sin\theta & \cdots & \cos\theta & & \\ & & & & & \ddots & \\ & & & & & & 1 \end{pmatrix}$$

容易验证：$U_{pq}^T(\theta)U_{pq}(\theta) = I_n$，可知 $U_{pq}(\theta)$ 是正交矩阵。

记
$$B = U_{pq}^T(\theta) A U_{pq}(\theta) = (b_{ij})_{n\times n},$$
与二阶情况类似，只要适当选择 $\theta$，的确可将 $A$ 中的 $a_{pq}$ 化为零元素，此时：

$$\begin{cases} b_{pj} = a_{pj}\cos\theta + a_{qj}\sin\theta & j \neq p,q \\ b_{qj} = -a_{pj}\sin\theta + a_{qj}\cos\theta & j \neq p,q \\ b_{ip} = a_{ip}\cos\theta + a_{iq}\sin\theta & j \neq p,q \\ b_{iq} = -a_{iq}\sin\theta + a_{iq}\cos\theta & j \neq p,q \\ b_{ij} = a_{ij} & i,j \neq p,q \end{cases} \tag{4.9}$$

$$\begin{cases} b_{pp} = a_{pp}\cos^2\theta + a_{qq}\sin^2\theta + 2a_{pq}\sin\theta\cos\theta \\ b_{qq} = a_{pp}\sin^2\theta + a_{qq}\cos^2\theta - 2a_{pq}\sin\theta\cos\theta \\ b_{pq} = \dfrac{(a_{qq}-a_{pp})\sin 2\theta}{2} + a_{pq}\cos 2\theta \end{cases} \tag{4.10}$$

显然只要选择 $\theta$，使 $b_{pq} = 0$，即 $\dfrac{(a_{qq}-a_{pp})\sin 2\theta}{2} + a_{pq}\cos 2\theta = 0$。

也即
$$\tan 2\theta = \frac{2a_{pq}}{a_{pp}-a_{qq}} \tag{4.11}$$

为避免分母为零，同时避免求反三角函数后又求 $\sin\theta$ 和 $\cos\theta$ 产生误差，常采用以下公式直接确定 $\sin\theta$ 和 $\cos\theta$ 。

$$\begin{cases} \lambda = -a_{pq} \\ \mu = \dfrac{a_{pq} - a_{qq}}{2} \\ \omega = \dfrac{\operatorname{sgn}(\mu) \times \lambda}{\sqrt{\lambda^2 + \mu^2}}, (\mu \neq 0); \omega = 1, (\mu = 0) \end{cases} \tag{4.12}$$

$$\begin{cases} \sin\theta = \dfrac{\omega}{\sqrt{2(1 + \sqrt{1 - \omega^2})}} \\ \cos\theta = \sqrt{1 - \sin^2\theta} \end{cases} \tag{4.13}$$

这样通过一次旋转变换，将某一对非对角元 $a_{ij}, a_{ji}$ 化为零，但不能认为将所有的非对角元都作一次旋转变换就可以化 $A$ 为对角阵。这是因为在某次旋转变换，以往被化为零的非对角元又可能非零。三阶以上的矩阵 $A$ 化为对角阵一般不能通过有限次旋转变换实现，而是一个"此伏彼起"的无限过程。下面对这个过程的收敛性进行讨论：

**定理 4.1**　如前 $B = U^TAU$，则 $\sum\limits_{i,j=1}^{n} b_{ij}^2 = \sum\limits_{i,j=1}^{n} a_{ij}^2$。

证明略。

**定理 4.2**　如前 $B = U^TAU$，则 $\sum\limits_{i=1}^{n} b_{ii}^2 = \sum\limits_{i=1}^{n} a_{ii}^2 + 2a_{pq}^2$。

**证**　由式(4.10)和式(4.11)直接计算可证。

**定理 4.3**　如前 $B = U^TAU$，则 $\sum\limits_{\substack{i,j=1 \\ i\neq j}}^{n} b_{ij}^2 = \sum\limits_{\substack{i,j=1 \\ i\neq j}}^{n} a_{ij}^2 - 2a_{pq}^2$。

**证**　由定理 4.1 和定理 4.2 直接推导可证。

定理 4.3 说明，每次旋转变换使非对角元的平方和减少 $2a_{pq}^2$。

### *4.3.2　古典Jacobi 方法*

以下给出古典 Jacobi 方法算法过程：

①在 $A$ 中找出绝对值最大的非对角元 $a_{pq}$，若 $|a_{pq}| < \varepsilon$，$\varepsilon$ 为已给出的误差限，则 $A$ 已近似于对角阵，退出计算。输出特征值 $\lambda_i = a_{ii}, i = 1,2,\cdots,n$，反之则进行步骤②。

②用公式(4.13)，(4.14)确定 $\sin\theta$ 和 $\cos\theta$；

③用公式(4.10)，(4.11)计算 $b_{ij} i,j = 1,2,\cdots,n$，确定出矩阵 $B$；

④令 $A = B$，返回步骤①。

这样通过若干次的旋转变换，就能将 $A$ 化为相似的对角阵，求得足够精度的特征值 $\lambda_i$，$i = 1,2,\cdots,n$。

**定理 4.4**　古典 Jacobi 方法是收敛的。

**证**　如前，设 $B = U^TAU$，由定理 4.3 知：

$$\sum_{\substack{i,j=1 \\ i\neq j}}^{n} b_{ij}^2 = \sum_{\substack{i,j=1 \\ i\neq j}}^{n} a_{ij}^2 - 2a_{pq}^2$$

根据古典 Jacobi 方法中 $a_{pq}$ 的确定原则有：$|a_{pq}| = \max\limits_{i \neq j} |a_{ij}|$。

所以有

$$\sum_{\substack{i,j=1 \\ i \neq j}}^{n} a_{ij}^2 \leqslant n(n-1) a_{pq}^2, \text{即 } a_{pq}^2 \geqslant \frac{1}{n(n-1)} \sum_{\substack{i,j=1 \\ i \neq j}}^{n} a_{ij}^2$$

所以

$$\sum_{\substack{i,j=1 \\ i \neq j}}^{n} b_{ij}^2 \leqslant \left[1 - \frac{2}{n(n-1)}\right] \sum_{\substack{i,j=1 \\ i \neq j}}^{n} a_{ij}^2$$

即每作一次旋转变换，非对角元平方和减小 $1 - \dfrac{2}{n(n-1)}$ 倍。

作 $k$ 次变换，则减小 $\left[1 - \dfrac{2}{n(n-1)}\right]^k$ 倍，当 $k \to \infty$ 时，必有 $\sum\limits_{\substack{i,j=1 \\ i \neq j}}^{n} b_{ij}^2 \to 0$。

### 4.3.3 过关Jacobi 方法

古典 Jacobi 方法每次选取矩阵中绝对值最大的非对角元素作为消去对象，需在所有非对角元中进行比较选取，这种比较选取的工作相当耗费机时。过关 Jacobi 方法是一种改进方案。

取一串正数，比如常取：

$$V_0 = \Big(\sum_{\substack{i,j=1 \\ i \neq j}}^{n} a_{ij}^2\Big)^{\frac{1}{2}}, V_k = \frac{V_{k-1}}{n} \quad k = 1,2,\cdots,r \tag{4.14}$$

作为每次比较的阈值，也称为“关”。按顺序检查矩阵的非对角元，凡绝对值小于 $V_k$ 的就让其过“关”，不作处理；凡绝对值大于等于 $V_k$ 的就利用旋转变换使之为零。当所有非对角元绝对值都小于 $V_k$ 时，将 $V_k$ 除以 $n$ 作为新的“关”，重复以上计算，直到需要的精度，即所有非对角元绝对值小于某一个 $V_k \leqslant \varepsilon$。这时也得到一个近似对角阵，其主对角元素就是所求特征值的近似值。

Jacobi 方法收敛较慢，尤其是对高阶矩阵收敛更慢。它常用于求阶数不高的实对称矩阵的特征值和对应的特征向量。

**例 4.3** 用古典 Jacobi 方法求矩阵 $A$ 的全部特征值，只列出计算中每步的结果。

$$A = \begin{pmatrix} 1 & 0.5 & 0.5 \\ 0.5 & 2 & 0.5 \\ 0.5 & 0.5 & 3 \end{pmatrix}$$

**解** 列出下面过程，到第五步得到所有对角元的绝对值都小于 0.000 1 的结果。

$$A = \begin{pmatrix} 1 & 0.5 & 0.5 \\ 0.5 & 2 & 0.5 \\ 0.5 & 0.5 & 3 \end{pmatrix} \xrightarrow{\text{化 } a_{12} \text{ 为 } 0} \begin{pmatrix} 0.7929 & 0 & 0.2706 \\ 0 & 2.2071 & 0.6533 \\ 0.2706 & 0.6533 & 3.0000 \end{pmatrix}$$

$$\xrightarrow{\text{化 } a_{23} \text{ 为 } 0} \begin{pmatrix} 0.7929 & -0.1327 & 0.2358 \\ -0.1327 & 1.8394 & 0 \\ 0.2358 & 0 & 3.3677 \end{pmatrix}$$

$$\xrightarrow{\text{化 } a_{13} \text{ 为 } 0} \begin{pmatrix} 0.7715 & -0.1322 & 0 \\ -0.1322 & 1.8394 & -0.0120 \\ 0 & -0.0120 & 3.3891 \end{pmatrix}$$

$$\xrightarrow{\text{化 } a_{12} \text{ 为 } 0}\begin{pmatrix} 0.7554 & 0 & -0.0150 \\ 0 & 1.8555 & -0.0119 \\ -0.0150 & -0.0119 & 3.3891 \end{pmatrix}$$

$$\xrightarrow{\text{化 } a_{12} \text{ 为 } 0}\begin{pmatrix} 0.7554 & 0 & 0 \\ 0 & 1.8554 & 0 \\ 0 & 0 & 3.3892 \end{pmatrix}$$

容易看出,以上结果是一个“此伏彼起”的过程,但总的趋势是非对角元化为零。本题的结果是:

$$\begin{cases} \lambda_1 = 0.7554 \\ \lambda_2 = 1.8554 \\ \lambda_3 = 3.3892 \end{cases}$$

Jacobi 方法可同时求得矩阵的特征向量,由 $A_k = U_k^T U_{k-1}^T \cdots U_1^T A U_1 U_2 \cdots U_k$ ,其中 $k$ 是进行旋转的总次数。

记　$P_k = U_1 U_2 \cdots U_k = (P_{ij})_{n\times n}$

则　$A_k = P_k^T A P_k \approx \Lambda$

$\Lambda$ 是近似对角阵,它的对角元即特征值近似值。令 $P_0 = I, P_m = P_{m-1}U_m, m = 1,2,\cdots,k$ 每步的算式为:

$$\begin{cases} P_{ip}^{(m)} = P_{ip}^{(m-1)}\cos\theta + P_{iq}^{(m-1)}\sin\theta \\ P_{iq}^{(m)} = -P_{ip}^{(m-1)}\sin\theta + P_{iq}^{(m-1)}\cos\theta, i = 1,2,\cdots,n \\ P_{ij}^{(m)} = P_{ij}^{(m-1)}(j \neq p,q) \end{cases} \tag{4.15}$$

只要将以上算式加入算法的循环中,就可以在求出特征值的同时求出 $P_m$ , $P_m$ 的第 $j$ 列就是 $\lambda_j$ 的特征向量。

当然也可以在求出特征值后用反幂法求特征向量。

## 4.4　QR 方法

*QR* 算法是求一般矩阵全部特征值的方法,它的构造思想和收敛证明比较复杂,本书只能就实矩阵情况作介绍。

### *4.4.1　Householder 变换*

**定义 4.1**　设 $v$ 是 $n$ 维向量,且 $v^Tv = 1$ ,称 $H = I - 2v^Tv$ 为 Householder(豪斯豪德尔)矩阵容易看出 $H$ 是对称阵;还可以证明 $H$ 是正交阵,因为

$$HH^T = HH = (I - 2vv^T)(I - 2vv^T)$$
$$= I - 4vv^T + 4v(v^Tv)v^T = I$$

**定理 4.5**　设 $x = w + u$ ,其中 $u = cv$ ( $c$ 为不为 0 的常数), $w^Tv = 0$ , $H = I - 2v^Tv$ ,则 $Hx = w - u$。读者可在习题中证明此定理.

定理 4.5 的几何意义如下:将任一 $n$ 维非零向量分解为 $u$ 和 $w$ 的和, $w$ 和 $u$ 垂直,在 $u$ 上取单位长向量 $v$。用 $Q$ 表示与 $v$ 垂直的所有向量的集合, $Q$ 是 $n-1$ 维子空间,用 $v$ 构造

Householder 矩阵 $H$，$Hx$ 恰好是 $x$ 关于"镜面" $Q$ 的像，$n=3$ 时，如图 4.1 所示。

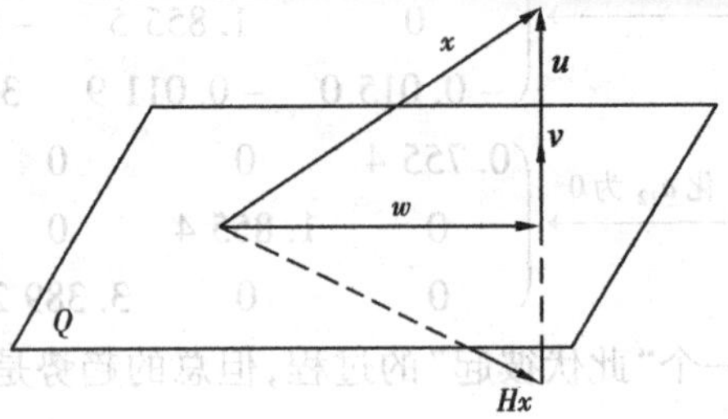


图 4.1

以上分析告诉我们 $H$ 作为线性变换是一种镜像变换，它不改变 $x$ 的长度，但只要适当选择"镜面" $Q$（实际上是选择 $Q$ 的法向量 $v$），总可以使 $Hx$ 调整到任何方向。

如 $x$ 是任一 $n$ 维非零向量，$y$ 为任一 $n$ 维单位长向量，要使 $Hx$ 平行于 $y$，可按下列方式选择 $Q$ 的法向量 $v$（$\| v_2 = 1 \|$），从而构造出 $H$ 矩阵。

令
$$|a| = \| x \|_2,\ \rho = \| x - ay \|_2,\ v = \frac{x - ay}{\rho}, \tag{4.16}$$

显然 $v$ 是 $n$ 维单位长向量。取
$$H = I - 2vv^T, \tag{4.17}$$

这时
$$Hx = (I - 2vv^T)x = x - \frac{2}{\rho}v(x - ay)^T x = x - \frac{2}{\rho}v(a^2 - ay^T x)$$

注意
$$\rho^2 = (x - ay)^T(x - ay) = 2(a^2 - ay^T x)$$

所以
$$Hx = x - \rho v = ay$$

就达到了我们的目的.

以上计算过程中有 $a$ 的符号确定问题。为避免减法运算（防止有效数位损失），当 $y^T x \neq 0$ 时，取 $a = -\operatorname{sgn}(y^T x)\| x \|_2$；当 $y^T x = 0$ 时，取 $a = \| x \|_2$。

在用 $QR$ 算法求矩阵特征值时，Householder 矩阵有两个作用，一是对 $A$ 作正交相似变换，把 $A$ 化为相似的拟上三角矩阵；二是对矩阵作正交三角分解。

### 4.4.2 拟上三角矩阵

拟上三角矩阵也称上 Hessenberg 矩阵，其形式为：

$$\begin{pmatrix} * & * & \cdots & * \\ * & * & \cdots & * \\ & \ddots & \ddots & \vdots \\ & & * & * \end{pmatrix}$$

设 $A = (a_{ij}^{(1)})$ 是 $n \times n$ 实矩阵，取 $x = (0, a_{21}^{(1)}, \cdots, a_{n1}^{(1)})^T$，$y = (0,1,0,\cdots,0)^T$。

记 $a_1 = a$，按式(4.17)，式(4.18)形成 Householder 阵 $H_1$

$$H_1 = \begin{pmatrix} 1 & 0 & \cdots & 0 \\ 0 & * & \cdots & * \\ \vdots & \vdots & & \vdots \\ 0 & * & \cdots & * \end{pmatrix}$$

$H_1A$ 的第一列为

$$H_1\begin{pmatrix} a_{11}^{(1)} \\ a_{21}^{(1)} \\ \vdots \\ a_{n1}^{(1)} \end{pmatrix} = H_1x + H_1\begin{pmatrix} a_{11}^{(1)} \\ 0 \\ \vdots \\ 0 \end{pmatrix} = a_1y + \begin{pmatrix} a_{11}^{(1)} \\ 0 \\ \vdots \\ 0 \end{pmatrix} = \begin{pmatrix} a_{11}^{(1)} \\ a_1 \\ \vdots \\ 0 \end{pmatrix}$$

又因为用 $H_1$ 右乘一个矩阵不改变后者的第一列，于是

$$A_2 = H_1AH_1 = \begin{pmatrix} a_{11}^{(1)} & a_{12}^{(2)} & \cdots & a_{1n}^{(2)} \\ a_1 & a_{22}^{(2)} & \cdots & a_{2n}^{(2)} \\ 0 & a_{32}^{(2)} & \cdots & a_{3n}^{(2)} \\ \vdots & \vdots & & \vdots \\ 0 & a_{n2}^{(2)} & \cdots & a_{nn}^{(2)} \end{pmatrix}$$

又取 $x = (0,0,a_{32}^{(2)},\cdots,a_{n2}^{(2)})^T, y = (0,0,1,0,\cdots,0)^T$。

记 $a_2 = a$，形成 $H_2$。

$$H_2 = \begin{pmatrix} 1 & 0 & 0 & \cdots & 0 \\ 0 & 1 & 0 & \cdots & 0 \\ 0 & 0 & * & \cdots & * \\ \vdots & \vdots & \vdots & & \vdots \\ 0 & 0 & * & \cdots & * \end{pmatrix}$$

$H_2A_2$ 的第一列同 $A_2$ 第一列，而 $H_2A_2$ 第二列变为

$$H_2x + H_2\begin{pmatrix} a_{12}^{(2)} \\ a_{22}^{(2)} \\ 0 \\ \vdots \\ 0 \end{pmatrix} = a_2y + \begin{pmatrix} a_{12}^{(2)} \\ a_{22}^{(2)} \\ 0 \\ \vdots \\ 0 \end{pmatrix} = \begin{pmatrix} a_{12}^{(2)} \\ a_{22}^{(2)} \\ a_2 \\ \vdots \\ 0 \end{pmatrix}$$

而用 $H_2$ 右乘一个矩阵不改变它的第一、二列，所以

$$A_3 = H_2A_2H_2 = \begin{pmatrix} * & * & * & \cdots & * \\ a_1 & * & * & \cdots & * \\ 0 & a_2 & * & \cdots & * \\ 0 & 0 & * & \cdots & * \\ \vdots & \vdots & \vdots & & \vdots \\ 0 & 0 & * & \cdots & * \end{pmatrix}$$

由此下去，作 $n-2$ 次变换后，$A$ 变化为相似的拟上三角矩阵 $A_{n-1}$。

$$A_{n-1}=H_{n-2}H_{n-3}\cdots H_2H_1AH_1H_2\cdots H_{n-3}H_{n-2}=\begin{pmatrix} * & * & * & * & \cdots & * \\ a_1 & * & * & * & \cdots & * \\ & a_2 & * & * & \cdots & * \\ & & a_3 & * & \cdots & * \\ & & & \ddots & \ddots & \vdots \\ & & & & a_{n-1} & * \end{pmatrix}$$

如果 $A$ 是对称矩阵,则 $A_{n-1}$ 仍是对称矩阵,因此 $A_{n-1}$ 将是对称三对角矩阵

$$A_{n-1}=\begin{pmatrix} * & a_1 & & & & \\ a_1 & * & a_2 & & & \\ & a_2 & * & a_3 & & \\ & & \ddots & \ddots & \ddots & \\ & & & \ddots & \ddots & a_{n-1} \\ & & & & a_{n-1} & * \end{pmatrix}$$

$A_{n-1}$ 和 $A$ 相似,它们具有相同的特征值。

### 4.4.3 矩阵的正交三角分解

设 $A^{(1)}=A=(a_{ij}^{(1)})$ 是 $n\times n$ 实矩阵,取 $x=(a_{11}^{(1)},a_{21}^{(1)},\cdots,a_{n1}^{(1)})^T,y=(1,0,\cdots,0)^T$,并记 $a_1=a$,由式(4.17),式(4.18)构造 $H_1$,则

$$A^{(2)}=H_1A^{(1)}=\begin{pmatrix} a_1 & a_{12}^{(2)} & \cdots & a_{1n}^{(2)} \\ 0 & a_{22}^{(2)} & \cdots & a_{2n}^{(2)} \\ \vdots & \vdots & & \vdots \\ 0 & a_{n2}^{(2)} & \cdots & a_{nn}^{(2)} \end{pmatrix}$$

又取 $x=(0,a_{22}^{(2)},\cdots,a_{n2}^{(2)})^T,y=(0,1,\cdots,0)^T$,记 $a_2=a$,构造 $H_2$,则

$$A^{(3)}=H_2A^{(2)}=\begin{pmatrix} a_1 & a_{12}^{(2)} & a_{13}^{(2)} & \cdots & a_{1n}^{(2)} \\ 0 & a_2 & a_{23}^{(3)} & \cdots & a_{2n}^{(3)} \\ 0 & 0 & a_{33}^{(3)} & \cdots & a_{3n}^{(3)} \\ \vdots & \vdots & \vdots & & \vdots \\ 0 & 0 & a_{n3}^{(3)} & \cdots & a_{nn}^{(3)} \end{pmatrix}$$

作 $n-1$ 次变换后,$A$ 被化为上三角阵 $A^{(n)}$

$$A^{(n)}=H_{n-1}H_{n-2}\cdots H_1A=\begin{pmatrix} a_1 & * & * & \cdots & * \\ & a_2 & * & \cdots & * \\ & & \ddots & \ddots & \vdots \\ & & & \ddots & * \\ 0 & & & & a_n \end{pmatrix}$$

令 $Q=H_1H_2\cdots H_{n-1}$,记 $R=A^{(n)}$,有 $A=QR$。

因 $Q$ 是正交阵的乘积,它也是正交阵,$R$ 是上三角矩阵,这种分解称为 $A$ 的正交三角分

解，简称 $QR$ 分解。

### 4.4.4　基本 QR 方法

令 $A_1 = A$，对 $A_1$ 作 $QR$ 分解：　　$A_1 = Q_1R_1$

上式右端逆序相乘，有：　　$A_2 = R_1Q_1$

又对 $A_2$ 作 $QR$ 分解，有：　　$A_2 = Q_2R_2$

$A_3 = R_2Q_2$

这样可得到一个矩阵序列 $\{A_s\}$，它由

$$\begin{cases} A_1 = A \\ A_s = Q_sR_s \quad s = 1,2,\cdots \\ A_{s+1} = R_sQ_s \end{cases} \tag{4.18}$$

产生。容易证明 $A_{s+1}$ 与 $A_s$ 相似，因而具有相同特征值。在一定条件下，$\{A_s\}$"基本收敛"于上三角阵（或对角分块上三角阵），即其对角元（或对角分块）有确定的极限，但上三角的其余部分则不一定有极限。如果基本收敛于上三角阵，则主对角元就是 $A$ 的实特征值；如基本收敛于对角分块上三角阵，则这些对角分块对应的特征值是复数，也是 $A$ 的复特征值。

**例 4.4**　用基本 $QR$ 方法求矩阵

$$A = \begin{pmatrix} 1 & -1 & 2 \\ -2 & 0 & 5 \\ 6 & -3 & 6 \end{pmatrix}$$

的全部特征值。

**解**

$$A_1 = \begin{pmatrix} 1 & -1 & 2 \\ -2 & 0 & 5 \\ 6 & -3 & 6 \end{pmatrix} = QR = \begin{pmatrix} -0.9370 & 0.3424 & -0.0685 \\ -0.3123 & -0.0906 & -0.2741 \\ -0.1562 & -0.2354 & 0.9593 \end{pmatrix}\begin{pmatrix} -6.4031 & -2.9673 & -1.7179 \\ -0 & -2.2793 & -1.7121 \\ -0 & 0 & 0.3426 \end{pmatrix}$$

$$A_2 = RQ = \begin{pmatrix} 7.1951 & 0.9108 & -0.3959 \\ 0.9793 & 2.4762 & -1.0177 \\ -0.0535 & -0.0807 & 0.3286 \end{pmatrix} \Rightarrow \cdots \Rightarrow A_{10} = \begin{pmatrix} 7.3827 & -0.0586 & -0.5232 \\ 0.0001 & 2.3261 & -0.8502 \\ 0.0000 & 0.0000 & 0.2912 \end{pmatrix}$$

所以　$\lambda_1 \approx 7.3827$，　$\lambda_2 \approx 2.3261$，　$\lambda_3 \approx 0.2912$。

当 $A$ 是一般实矩阵时，$\{A_s\}$ 收敛较慢，因此在实用的 $QR$ 方法中，通常先将 $A$ 化为相似的拟上三角阵，再求特征值以加快收敛。为更进一步加速收敛，常结合采用幂法中介绍过的原点平移技术，为避免复数运算，还常加上双重步技术。一个完整的 $QR$ 方法程序是很复杂的。

$QR$ 方法是目前求矩阵全部特征值最有效的方法，它的算法描述和收敛理论都很复杂。本书只作了原理介绍，实用的 $QR$ 方法常结合许多技巧和策略，比以上介绍的原理算法复杂得多，有兴趣的读者可进一步参阅有关专著。

# 4.5 队员选拔问题的求解

根据表 4.1 的数据及相关的假设，我们给出队员选择的过程。

构造矩阵：

$$X^T = \begin{pmatrix} 8.6 & 8.2 & 8.0 & 8.6 & 8.8 & 9.2 & 9.2 & 7.0 & 7.7 & 8.3 & 9.0 & 9.6 & 9.5 & 8.6 & 9.1 & 9.3 & 8.4 & 8.7 & 7.8 & 9.0 \\ 9.0 & 8.8 & 8.6 & 8.9 & 8.4 & 9.2 & 9.6 & 8.0 & 8.2 & 8.1 & 8.2 & 9.1 & 9.6 & 8.3 & 8.7 & 8.4 & 8.0 & 8.3 & 8.1 & 8.8 \\ 8.2 & 8.1 & 8.5 & 8.3 & 8.5 & 8.2 & 9.0 & 9.8 & 8.4 & 8.6 & 8.0 & 8.1 & 8.3 & 8.2 & 8.8 & 8.6 & 9.4 & 9.2 & 9.6 & 9.5 \\ 8.0 & 6.5 & 8.5 & 9.6 & 7.7 & 7.9 & 7.2 & 6.2 & 6.5 & 6.9 & 7.8 & 9.9 & 8.1 & 8.1 & 8.4 & 8.8 & 9.2 & 9.1 & 7.6 & 7.9 \\ 7.9 & 7.7 & 9.2 & 9.7 & 8.6 & 9.0 & 9.1 & 8.7 & 9.6 & 8.5 & 9.0 & 8.7 & 9.0 & 9.0 & 8.8 & 8.6 & 8.4 & 8.7 & 9.0 & 7.7 \\ 9.5 & 9.1 & 9.6 & 9.7 & 9.2 & 9.0 & 9.2 & 9.7 & 9.3 & 9.4 & 9.5 & 9.7 & 9.3 & 9.0 & 9.4 & 9.5 & 9.1 & 9.2 & 9.6 & 9.0 \\ 6.0 & 2.0 & 8.0 & 8.0 & 9.0 & 6.0 & 9.0 & 6.0 & 5.0 & 4.0 & 5.0 & 6.0 & 7.0 & 5.0 & 5.0 & 6.0 & 7.0 & 8.0 & 9.0 & 6.0 \end{pmatrix}$$

由 $\bar{x}_j = \dfrac{1}{m}\sum_{i=1}^{n} x_{ij}, j = 1,2,\cdots,n$ 求得 $X$ 的每一列的均值：

$$\bar{X} = (8.6300, 8.6150, 8.6650, 7.9950, 8.7450, 9.3500, 6.3500)$$

由 $s_j = \sqrt{\dfrac{1}{m-1}\sum_{i=1}^{n}(x_{ij} - x_j)}, j = 1,2,\cdots,n$ 计算 $X$ 每一列的方差：

$$S = (0.6602, 0.48998, 0.5594, 1.0206, 0.5346, 0.2439, 1.818144)$$

根据公式 $z_{ij} = \dfrac{x_{ij} - x_j}{s_j}, i = 1,2,\cdots,m, j = 1,2,\cdots,n$，计算得到矩阵 $Z$。

$$Z = \begin{pmatrix} -0.0454 & 0.7704 & -0.8313 & 0.0049 & -1.5807 & 0.6151 & -0.1929 \\ -0.6513 & 0.3702 & -1.0100 & -1.4649 & -1.9548 & -1.0251 & -2.3975 \\ -0.9542 & -0.0300 & -0.2950 & 0.4948 & 0.8512 & 1.0251 & 0.9094 \\ -0.0454 & 0.5703 & -0.6525 & 1.5727 & 1.7865 & 1.4352 & 0.9094 \\ 0.2575 & -0.4302 & -0.2950 & -0.2891 & -0.2712 & -0.6151 & 1.4605 \\ 0.8633 & 1.1706 & -0.8313 & -0.0931 & 0.4770 & -1.4352 & -0.1929 \\ 0.8633 & 1.9709 & 0.5989 & -0.7790 & 0.6641 & -0.6151 & 1.4605 \\ -2.4689 & -1.2306 & 2.0290 & -1.7588 & -0.0842 & 1.4352 & -0.1929 \\ -1.4086 & -0.8304 & -0.4737 & -1.4649 & 1.5994 & -0.2050 & -0.7440 \\ -0.4998 & -1.0305 & -0.1162 & -1.0729 & -0.4583 & 0.2050 & -1.2952 \\ 0.5604 & -0.8304 & -1.1888 & -0.1911 & 0.4770 & 0.6151 & -0.7440 \\ 1.4692 & 0.9705 & -1.0100 & 1.8666 & -0.0842 & 1.4352 & -0.1929 \\ 1.3177 & 1.9709 & -0.6525 & 0.1029 & 0.4770 & -0.2050 & 0.3582 \\ -0.0454 & -0.6303 & -0.8313 & 0.1029 & 0.4770 & -1.4352 & -0.7440 \\ 0.7119 & 0.1701 & 0.2413 & 0.3968 & 0.1029 & 0.2050 & -0.7440 \\ 1.0148 & -0.4302 & -0.1162 & 0.7888 & -0.2712 & 0.6151 & -0.1929 \\ -0.3484 & -1.2306 & 1.3139 & 1.1807 & -0.6454 & -1.0251 & 0.3582 \\ 0.1060 & -0.6303 & 0.9564 & 1.0827 & -0.0842 & -0.6151 & 0.9094 \\ -1.2572 & -1.0305 & 1.6715 & -0.3870 & 0.4770 & 1.0251 & 1.4605 \\ 0.5604 & 0.3702 & 1.4927 & -0.0931 & -1.9548 & -1.4352 & -0.1929 \end{pmatrix}$$

利用 $R = \frac{1}{m-1}Z^TZ$，计算得到相关矩阵：

$$R = \begin{pmatrix} 1.0000 & 0.6414 & -0.4264 & 0.5533 & -0.0726 & -0.2354 & 0.0743 \\ 0.6414 & 1.0000 & -0.3727 & 0.1776 & 0.0111 & -0.1231 & 0.1390 \\ -0.4260 & -0.3727 & 1.0000 & -0.1451 & -0.1634 & 0.0019 & 0.3809 \\ 0.5533 & 0.1776 & -0.1451 & 1.0000 & 0.1432 & 0.1808 & 0.3591 \\ -0.0726 & 0.0111 & -0.1634 & 0.1432 & 1.0000 & 0.3290 & 0.3953 \\ -0.2354 & -0.1231 & 0.0019 & 0.1808 & 0.3290 & 1.0000 & 0.1844 \\ 0.0743 & 0.1390 & 0.3809 & 0.3591 & 0.3953 & 0.1844 & 1.0000 \end{pmatrix}$$

利用乘幂法求得矩阵 $R$ 的最大特征值为 2.2354，对应的特征向量为：

$$V = (0.6086, 0.5161, -0.3916, 0.4284, 0.0913, -0.0633, 0.1182)^T$$

计算 $F = ZV$ 得到向量：

$$F^T = \begin{pmatrix} 0.4915 & -0.8343 & 0.1484 & 1.3757 & 0.1132 & 1.5286 & 1.2466 & -3.8070 & -1.6568 & -1.4581 \\ 0.2128 & 2.4689 & 2.2176 & 0.0631 & 0.5050 & 0.6925 & -0.8075 & -0.0327 & -1.9560 & -0.2027 \end{pmatrix}$$

并按照 F 分量大小排序，得到 H 和 I 两名队员被淘汰。

## 4.6 Matlab 求解矩阵特征值

将本章中典型的矩阵特征值运用 Matlab 进行计算，计算过程如下：

**例 4.6** 求矩阵

$$A = \begin{pmatrix} 1 & -1 & 2 \\ -2 & 0 & 5 \\ 6 & -3 & 6 \end{pmatrix}$$

按模最大的特征值 $\lambda_1$ 和相应的特征向量。

**解** 编制求解函数 eig_power(A) 如下：

```
function [V,D] = eig_power(A)
%eig_power.m
%用幂法求 A 的按模最大特征值和对就的特征向量
%V 为特征向量
%D 为特征值

%最大迭代次数
Maxtime = 100;
%迭代精度
Eps = 1E-5;
n = length(A);
V = ones(n,1);
k = 0;% 初始迭代次数
m0 = 0;
while k < = Maxtime
```

```
    v = A * V;
    [vmax,i] = max(abs(v));
    m = v(i);
    V = v/m;
    if abs(m - m0) < Eps
        break;
    end
    m0 = m;
    k = k + 1;
end
D = m;
```

运行求解程序,先创建矩阵:

```
>> A = [1  -1 2; -2 0 5 ;6 -3 6]
A =
    1    -1    2
   -2     0    5
    6    -3    6
```

利用函数求解

```
>> [V,D] = eig_power(A)

V =
    0.2778
    0.8889
    1.0000
D =
    5.0000
```

上述结果中,D 为按模最大的特征值,V 为对应的特征向量。

**例 4.7** 求例 4.6 中矩阵 A 的按模最小特征值及相应的特征向量.

**解** 编制按模求解的程序 pow_inv. m 如下:

```
% pow_inv. m
% 利用反幂法计算按模最小的特征值为特征向量
% 示例题目为例 4.7
% D 为按模最小特征值
% V 为按模最小特征向量
clc;
A = [1  -1 2; -2 0 5 ;6  -3 6]
disp('迭代过程值');
disp('V =');
n = length(A);
u = ones(n,1);
```

```
%初始迭代步长值
k =0;
m0 =0;
%最大迭代次数
Maxtime =50;
%迭代精度
Eps =1E -5;
invA = inv(A);
while k < =Maxtime
    v = invA * u;
    [vmax,i] =max(abs(v));
    m =v(i);
    u =v/m;
    disp(u');
    if(abs(m -m0)) <Eps
        break;
    end
    m0 =m;
    k =k +1;
end
%特征值
D =1/m
%特征向量
V =u'
```

运行上述程序得到如下结果：

```
>>pow_inv

A =
     1   -1   2
    -2    0   5
     6   -3   6
迭代过程值
V =
    0.3704   1.0000    0.0370
    0.5823   1.0000   -0.0924
    0.4768   1.0000    0.0352
    0.5089   1.0000   -0.0153
    0.4971   1.0000    0.0054
    0.5010   1.0000   -0.0019
    0.4997   1.0000    0.0007
```

```
0.5001   1.0000   -0.0002
0.5000   1.0000    0.0001
0.5000   1.0000   -0.0000
0.5000   1.0000    0.0000
0.5000   1.0000   -0.0000
0.5000   1.0000    0.0000
0.5000   1.0000   -0.0000
D =
   -1.0000
V =
    0.5000    1.0000    -0.0000
```

反幂法求得的按模最小特征值为 $\min(\lambda(A)) = -1.0000$，相应的特征向量为：$v = (0.5000, 1.0000, -0.0000)^T$。

**例 4.8** 用基本 QR 方法求矩阵：

$$A = \begin{pmatrix} 1 & -1 & 2 \\ -2 & 0 & 5 \\ 6 & -3 & 6 \end{pmatrix}$$

的全部特征值。

**解** 求解可依下列步骤进行。

①构造矩阵

```
>>A=[1 -1 2;-2 0 5;6 -3 6]
A =
     1   -1   2
    -2    0   5
     6   -3   6
```

将矩阵 A 变换为相似的拟上三角矩阵(即为上 Hessenberg 矩阵)

```
>>H=hess(A)
H =
    1.0000    2.2136   -0.3162
    6.3246    4.8000   -1.4000
         0    6.6000    1.2000
```

②对 H 矩阵作 QR 分解：

```
>>[Q,R]=qr(H)
Q =
   -0.1562    0.2101   -0.9651
   -0.9877   -0.0332    0.1526
         0    0.9771    0.2127
R =
   -6.4031   -5.0868    1.4322
```

```
        0    6.7546    1.1526
        0         0    0.3468
```

作 50 次迭代计算(具体迭代次数可依具体实验矩阵进行)

```
>> for i = 1:50
       B = R * Q;
       [Q,R] = qr(B);
   end
>> R * Q

ans =
    5.0000    7.4864    0.5929
   -0.0000    3.0000    4.9600
        0    0.0000   -1.0000
```

由以上结果可得到迭代计算的特征值为 $\lambda(A) = (5.0000, 3.0000, -1.0000)^T$，可见基本 QR 法的迭代精度还是很高的。

下面将 Matlab 关于方阵特征值为特征向量函数列出如下：

(1)行列式的值 det

det(A)

A 必须为数值方阵,返回值为 A 的行列式。

(2)求方阵特征多项式 poly

P = poly(A)

返回值为 A 的特征多项式系数向量,输入方阵 A 必须为方阵。对于该命令另加 roots(P)即可得到方阵 A 的特征值。

(3)方阵特征值和特征向量 eig

[V,D] = eig(A)

[V,D] = eig(A,'nobalance')

D = eig(A)

A 为输入方阵,V 为矩阵,它的各列是 A 的特征向量,D 为与 V 的同列向量相对应的特征值。使用"nobalance"选项可提高小元素的作用,通常在 A 中含有小到跟截断误差相当的元素时才加入该选项。当然 A 也可为符号矩阵。

(4)矩阵的正交三角分解 qr

[Q,R] = qr(A)

Q 为正交方阵,阶数为与 A 的行数和列数中较小者,满足 $QQ^T = E$,R 为与 A 同维的上三角阵,QR = A。

[Q,R,P] = qr(A)

此时 Q 为正交阵,R 为上三角阵,它的对角线元素绝对值递减排列,P 为换位阵,满足AP = QR。

[Q,R] = qr(A,0)

生成一种"经济"的分解,如果 A 是 $m \times n$ 阶,并且 $m > n$,则仅计算出 Q 的前 n 列。

[Q,R,P] = qr(A,0)

生成一种“经济”的分解,其中 P 是一个置换矩阵,使得 QR = A(,E),选择列置换向量使得 abs(diag(R))递减.

# 本章小结

本章对矩阵的特征值和特征向量的相关知识进行了介绍,并讨论了不同情况下的矩阵特征值,阐述并分析了它们算法过程和收敛性性质。

**知识点汇总表**

<table>
<tr><th>算　法</th><th>适用范围</th></tr>
<tr><td rowspan="3">幂法</td><td>用于求解实矩阵按模最大的特征值和归一化的特征向量</td></tr>
<tr><td>算法过程:<br>1. 选取归一化的初始向量 $x_0$ ;<br>2. 对 $x_i$ 左乘矩阵 $A$,记为 $y_i = Ax_i$ ;<br>3. 记 $y_i$ 中绝对值最大的元素为 $C_{i+1}$;<br>4. 将 $y_i$ 进行归一化处理,记为 $x_{i+1} = \frac{y_i}{C_{i+1}}$;<br>5. 当 $|C_{i+1} - C_i| < \varepsilon$ 时,返回 $C_{i+1}$ 和 $x_{i+1}$ 作为按模最大的特征值,否则转步骤 2。</td></tr>
<tr><td>备注:<br>幂法的变形—反幂法可以用于求解按模最小的特征值和对应的归一化的特征向量。</td></tr>
<tr><td rowspan="3">Jacobi 方法</td><td>用于求解实对称矩阵的所有特征值和特征向量</td></tr>
<tr><td>算法过程:<br>1. 在 $A$ 中找出绝对值最大的非对角元 $a_{pq}$,若 $|a_{pq}| < \varepsilon$, $\varepsilon$ 为已给出的误差限,则 $A$ 已近似于对角阵,退出计算。输出特征值 $\lambda_i = a_{ii} \quad i = 1,2,\cdots,n$,反之则进行步骤 2。<br>2. 用公式(4.13),(4.14)确定 $\sin\theta$ 和 $\cos\theta$。<br>3. 用公式(4.10),(4.11)计算 $b_{ij} \quad i,j = 1,2,\cdots,n$,确定出矩阵 $B$。<br>4. 令 $A = B$,返回步骤 1。<br>这样通过若干次的旋转变换,就能将 $A$ 化为相似的对角阵,求得足够精度的特征值 $\lambda_i \ i = 1,2,\cdots,n$。</td></tr>
<tr><td>备注:<br>Jacobi 方法由于循环次数较多,比较适合于求解阶数比较低的矩阵的特征值。</td></tr>
<tr><td rowspan="2">QR 方法</td><td>用于求一般矩阵全部特征值的方法</td></tr>
<tr><td>算法过程:<br>1. 令 $A_1 = A$,对 $A_1$ 作 $QR$ 分解:$A_1 = Q_1R_1$;等式右端逆序相乘,有:$A_2 = R_1Q_1$;对 $A_2$ 作 $QR$ 分解,有:$A_2 = Q_2R_2$, $A_3 = R_2Q_2$。<br>2. 得到一个矩阵序列 $\{A_s\}$,构成如下:<br>$\begin{cases} A_1 = A \\ A_s = Q_sR_s \quad s = 1,2,\cdots \\ A_{s+1} = R_sQ_s \end{cases}$<br>3. 如果 $\{A_s\}$“基本收敛”于上三角阵(对角分块上三角阵),则主对角元就是 $A$ 的实特征值(复特征值)。</td></tr>
</table>

# 习题四

1. 填空题

(1) 幂法主要用于求一般矩阵的____________ 特征值，Jacobi 旋转法用于求对称矩阵的____________特征值。

(2) 古典的 Jacobi 法是选择____________的一对____________元素将其消为零。

(3) $QR$ 方法用于求____________矩阵的全部特征值，反幂法加上原点平移用于一个近似特征值的____________和求出对应的____________。

2. 用幂法求矩阵

$$A = \begin{pmatrix} 7 & 8 & -2 \\ 8 & 4 & -1 \\ -2 & -1 & 8 \end{pmatrix}$$

按模最大的特征值和对应的特征向量，取初始向量为 $(0,0,0)^T$ 精确到小数点后四位。

3. 设 $x = (x_1, x_2, \cdots, x_n)^T$ 是矩阵 A 属于特征值 $\lambda$ 的特征向量。若 $\| x \|_\infty = | x_i |$，试证明特征值的估计式 $| \lambda - a_{ii} | \leqslant \sum\limits_{\substack{j=1 \\ (j \neq i)}}^{n} | a_{ij} |$ 。

4. $A = \begin{pmatrix} 6 & 2 & 1 \\ 2 & 3 & 1 \\ 1 & 1 & 1 \end{pmatrix}$

用反幂法加原点平移求最接近 6 的特征值与相应的特征向量，迭代 3 次。迭代初值取 $y^{(0)} = (1,1,1)^T$。

5. 试用 Householder 变换化 A 为对称三对角阵。

$$A = \begin{bmatrix} 2 & 0 & 1 \\ 0 & 2 & -1 \\ 1 & -1 & 1 \end{bmatrix}$$

6. 设 $A \in R^{n \times n}$ 非奇异，$A$ 的正交分解为 $A = QR$，作逆序相乘 $A_1 = RQ$，试证明：

(1) 若 $A$ 对称，则 $A_1$ 也对陈；

(2) 若 $A$ 是上 Hessenberg 矩阵，则 $A_1$ 也是上 Hessenberg 矩阵。

7. 试用 Jacobi 方法求下列矩阵的特征值。

(1) $A = \begin{pmatrix} 1 & 2 & 0 \\ 2 & -1 & 1 \\ 0 & 1 & 3 \end{pmatrix}$　　　(2) $A = \begin{pmatrix} 2 & -1 & 0 \\ -1 & -2 & -1 \\ 0 & -1 & 2 \end{pmatrix}$

8. 用基本 $QR$ 方法求矩阵的全部特征值。

$$A = \begin{pmatrix} 5 & -3 & 2 \\ 6 & -4 & 4 \\ 4 & -4 & 5 \end{pmatrix}$$

# 第 5 章　非线性方程与非线性方程组

## 5.1　引例：飞机定价

飞机价格作为市场调节的杠杆，是非常重要的一个因素，对研发出来的一种新型客机，如何定价是一个关键问题。

飞机的定价主要考虑以下因素：飞机的制造成本，公司的生产能力，飞机的销售数量与价格，竞争对手的行为与市场占有率等。先假设考虑只有一种型号的飞机，其价格表示为 $p$。

价格决定销售总量，根据历史数据预测分析得：

$$N(p) = -78p^2 + 655p + 125$$

其中，$N(p)$ 表示价格为 $p$ 的全球销售总量。设该公司的市场占有率 $h$ 是一个常数，该公司的销售量：$x = h \times N(p)$。根据以上假设，可得到如下模型：

$$\max R(p) = \max_{p>0} \{px - C(x)\}$$

化简目标函数有：

$$R(p) = (p - 1.5)(-78p^2 + 655p + 125)h - 50 - 8h^{\frac{3}{4}}(-78p^2 + 655p + 125)^{\frac{3}{4}}$$

令 $R'(p) = 0$，$h = 0.5$，则有：

$$(-39p^2 + 327.5p + 62.5) + (p - 1.5)(-78p + 327.5) -$$

$$3.567(-78p^2 + 655p + 125)^{-\frac{1}{4}}(-156p + 655) = 0$$

这是一个非线性方程。在工程应用和科学计算中，常常会遇到类似的非线性方程

$$f(x) = 0 \tag{5.1}$$

的求根问题，$f(x)$ 可以是二次以上的多项式 $f(x) = a_0 + a_1x + a_2x^2 + \cdots + a_nx^n$，也可以是其他函数，如 $f(x) = xe^x - 1$。方程 $f(x) = 0$ 的根也称为函数 $f(x)$ 的零点. 若 $f(x)$ 可表示为

$$f(x) = (x - \alpha)^m g(x), \quad 且\ g(\alpha) \neq 0 \tag{5.2}$$

则称 $\alpha$ 为 $f(x) = 0$ 的 $m$ 重根。当 $m = 1$ 时称为单根，当 $m > 1$ 时称为方程的 $m$ 重根。

此时有

$$f(\alpha) = f'(\alpha) = \cdots = f^{(m-1)}(\alpha) = 0, \quad f^{(m)}(\alpha) \neq 0 \tag{5.3}$$

## 5.2　对分法

**定理** 5.1（零点定理）　若 $f(x)$ 在 $[a,b]$ 上连续，且 $f(a)f(b) < 0$，则至少存在一点 $\alpha \in (a,b)$，使 $f(\alpha) = 0$。

二分法是方程求根中最常用且最简单的方法。其基本思想是：先利用零点定理确定根的

存在区间，然后将含根 $\alpha$ 的区间对分，通过判别对分点函数值的符号，将有根区间缩小一半。重复以上过程，将根的存在区间缩到充分小，从而求出满足精度要求的根的近似值。具体做法是计算区间 $[a,b]$ 的中点函数值 $f\left(\frac{a+b}{2}\right)$。

①若 $\left|f\left(\frac{a+b}{2}\right)\right| < \varepsilon$，$\varepsilon$ 是预先给定的误差精度，则 $\frac{a+b}{2}$ 为所求根的近似值。

②若 $\left|f\left(\frac{a+b}{2}\right)\right| \geqslant \varepsilon$，则

当 $f\left(\frac{a+b}{2}\right)f(a) < 0$，取 $a_1 = a,\ b_1 = \frac{a+b}{2}$；

当 $f\left(\frac{a+b}{2}\right)f(a) > 0$，取 $a_1 = \frac{a+b}{2},\ b_1 = b$。

此时的 $(a_1,b_1)$ 必是根的存在区间，继续此过程就得到一个包含根 $\alpha$ 的区间套，满足

① $[a,b] \supset [a_1,b_1] \supset [a_2,b_2] \supset \cdots \supset [a_n,b_n] \supset \cdots$

② $f(a_k)f(b_k) < 0,\quad \alpha \in [a_k,b_k],\quad k = 1,2,\cdots,n,\cdots$

③ $b_k - a_k = \frac{1}{2^k}(b-a),\ k = 1,2,\cdots,n,\cdots$

当 $n$ 充分大时就有

$$\alpha \approx \frac{1}{2}(a_n + b_n)$$

误差估计式为

$$\left|\alpha - \frac{a_n + b_n}{2}\right| \leqslant \frac{b-a}{2^{n+1}} \tag{5.4}$$

**例 5.1**　判别方程 $x^3 - 3x + 1 = 0$ 的实根存在区间，要求区间长度不大于 1，并求出最小正根的近似值，精度 $\varepsilon = 10^{-3}$。

**解**　由表 5.1 可知，根的存在区间为 $(-2,-1)$，$(0,1)$，$(1,2)$。

表 5.1

| $x$ | $-2$ | $-1$ | 0 | 1 | 2 |
|---|---|---|---|---|---|
| $f(x)$ | $-1$ | 3 | 1 | $-1$ | 3 |

由表 5.2 可知，最小正根的近似值为

$$\alpha \approx \frac{0.347167968 + 0.34741209}{2} = 0.347290038 \approx 0.347$$

表 5.2

| $k$ | $\alpha_k$ | $b_k$ | $x_k$ | $f(x_k)$ |
|---|---|---|---|---|
| 1 | 0 | 1 | 0.5 | −3.750000 |
| 2 | 0 | 0.5 | 0.25 | 0.265625 |
| 3 | 0.25 | 0.5 | 0.375 | −0.072266 |
| 4 | 0.25 | 0.75 | 0.312 5 | 0.093018 |

续表

| $k$ | $a_k$ | $b_k$ | $x_k$ | $f(x_k)$ |
|---|---|---|---|---|
| 5 | 0.3125 | 0.375 | 0.34375 | 0.009369 |
| 6 | 0.34375 | 0.375 | 0.359375 | -0.031712 |
| 7 | 0.34375 | 0.359375 | 0.3515625 | -0.011236 |
| 8 | 0.34375 | 0.3515625 | 0.34765625 | -0.000949 |
| 9 | 0.34375 | 0.34765625 | 0.345703125 | 0.004206 |
| 10 | 0.345703125 | 0.34765625 | 0.346679687 | 0.001627 |
| 11 | 0.346679687 | 0.34765625 | 0.347167968 | 0.000339 |
| 12 | 0.347167968 | 0.34765625 | 0.347412109 | -0.000305 |
| 13 | 0.347167968 | 0.347412109 | 0.347290038 | 0.000017 |

对分法的优点是方法和计算都简单,且对函数 $f(x)$ 的性质要求不高,只需连续即可。其缺点是收敛速度不快,也不能求偶数的重根。实用中常用对分法来判别根的存在区间,如区间较大,可用二分法适当收缩区间,并选择初值 $x_0$ 为该区间中点;再用收敛速度快的迭代法,迭代计算求根。

从对分法的原理引出逐步扫描法,即选取适当的步长 $h$ 对区间 $[a,b]$ 从左到右逐步扫描,检查小区间 $[a+kh, a+(k+1)h]$, $k=0,1,2,\cdots$ 的两端函数值符号,从而判断根的存在区间。$h$ 选择应适当,$h$ 过大可能漏掉根,$h$ 过小将会增加计算的工作量。

## 5.3 迭代法

前一节介绍的对分法是在规定了上下界的区间中求根。重复运用这个方法通常能够得到根的足够近似的估计值,但收敛速度较慢,本节介绍一个基本公式,该公式仅仅需要 $x$ 的一个初始值或者两个不一定需要界定根的初始值。

### 5.3.1 迭代法的一般形式

设方程 $f(x)=0$ 可以转化为等价的形式

$$x = g(x) \tag{5.5}$$

从某个初值 $x_0$ 出发,令

$$x_{k+1} = g(x_k), k = 0,1,2,\cdots \tag{5.6}$$

得到序列 $\{x_k\}$。当 $g(x)$ 连续,且序列 $\{x_k\}$ 收敛于 $\alpha$ 时,有

$$\lim_{k\to\infty} x_{k+1} = \lim_{k\to\infty} g(x_k) = g(\lim_{k\to\infty} x_k)$$

即

$$\alpha = g(\alpha)$$

即 $\alpha$ 是方程 $f(x)=0$ 的根。

称式(5.6)为迭代格式,函数 $g(x)$ 为迭代函数,构造迭代格式的方法称为迭代法。

**例** 5.2 采用不同的迭代方法,求方程 $x^3+4x^2-10=0$ 在 $(1,2)$ 内的近似根。

**解**　设 $f(x) = x^3 + 4x^2 - 10$ 在 $[1,2]$ 上连续，且 $f(1) = -5 < 0$；$f(2) = 14 > 0$，由零点定理，方程在 $(1,2)$ 内至少存在一根。现分别构造以下的迭代格式：

① $x_{k+1} = g_1(x_k) = x_k - x_k^3 - 4x_k^2 + 10$

② $x_{k+1} = g_2(x_k) = \left(\dfrac{10}{x_k} - 4x_k\right)^{\frac{1}{2}}$

③ $x_{k+1} = g_3(x_k) = \dfrac{1}{2}(10 - x_k^3)^{\frac{1}{2}}$

④ $x_{k+1} = g_4(x_k) = \left(\dfrac{10}{4 + x_k}\right)^{\frac{1}{2}}$

⑤ $x_{k+1} = g_5(x_k) = x_k - \dfrac{x_k^3 + 4x_k^2 - 10}{3x_k^2 + 8x_k}$

取初始近似值 $x_0 = 1.5$，迭代计算的结果分别为：

| | | |
|---|---|---|
| ①迭代 4 次后 | $x_4 = 1.03 \times 10^8$ | 看来不收敛； |
| ②迭代 3 次后 | $x_3 = \sqrt{-8.65}$ | 无意义，不收敛； |
| ③迭代 25 次后 | $x_{25} = 1.36523001$ | 收敛，但较慢； |
| ④迭代 9 次后 | $x_9 = 1.36523001$ | 收效，速度较快； |
| ⑤迭代 3 次后 | $x_3 = 1.36523001$ | 收敛，速度很快。 |
| 若直接采用二分法则有 | $x_{27} = 1.36523001$， | 收敛也是相当慢的。 |

从上例的结果可知，迭代格式的构造不同，则迭代序列的收敛情况将会有很大的差异。可能会出现发散或无意义的情形，即使是收敛的，收敛的速度也有快慢之分。为使迭代序列收敛并速度较快，迭代格式的选取是相当重要的。

迭代法可分为单点迭代法和多点迭代法，式(5.6)是单点迭代法，即计算第 $k+1$ 个近似值 $x_{k+1}$ 时仅用到第 $k$ 个点处的信息。

多点迭代法的一般形式为　$x_{k+1} = g(x_k, x_{k-1}, \cdots, x_{k-p+1})$　(5.7)

即计算 $x_{k+1}$ 时需要用到前面 $p$ 个点处的信息。多点迭代法需要 $p$ 个初始近似值：

$$x_0, x_1, \cdots, x_p \quad p \geqslant 2$$

### 5.3.2　迭代法的收敛性

迭代法的收敛性与初始值无关的情况是很少见的，常只具有局部的收敛性，即当迭代的初始值 $x_0$ 充分接近于根 $\alpha$ 时，迭代法产生的序列 $\{x_k\}$ 才可能收敛于 $\alpha$。但是如何确定迭代法的初值使其充分接近于根 $\alpha$ 是相当困难的工作，它依赖于函数 $f(x)$ 和迭代函数 $g(x)$ 的性质。为了使初始近似值充分接近于根 $\alpha$，常用二分法将根的存在区间尽量缩小，然后再用收敛速度较快的迭代法计算。

**定义 5.1**　如果根 $\alpha$ 的某个邻域 $R$：$|x - \alpha| \leqslant \delta$ 中，对任意的 $x_0 \in R$，迭代过程 $x_{k+1} = g(x_k)$，$k = 0,1,2,\cdots$ 均收敛，则称迭代过程在 $\alpha$ 附近局部收敛。

**定理 5.2**　设 $\alpha = g(\alpha)$ 在某个邻域 $R$ 内 $g'(x)$ 连续，并且 $|g'(x)| \leqslant q < 1$，　$x \in R$，则对任何 $x_0 \in R$，由迭代 $x_{k+1} = g(x_k)$ 决定的序列 $\{x_k\}$ 收敛于 $\alpha$。

证　由 Lagrange 中值定理，存在 $\xi \in R$，使

$$x_k - \alpha = g(x_{k-1}) - g(\alpha) = g'(\xi)(x_{k-1} - \alpha)$$

所以 $$|x_k - \alpha| \leqslant q|x_{k-1} - \alpha| \leqslant \cdots \leqslant q^k|x_0 - \alpha|$$

所以 $$\lim_{k\to\infty} x_k = \alpha$$

**定理 5.3** 条件同定理 5.2,则有

$$|x_k - \alpha| \leqslant \frac{q^k}{1-q}|x_1 - x_0| \tag{5.8}$$

$$|x_k - \alpha| \leqslant \frac{1}{1-q}|x_{k+1} - x_k| \tag{5.9}$$

证明略。

式(5.8)可用来估计迭代次数,称为事前误差估计,但结果偏保守,次数偏大,一般用得不多。

由 $$|\alpha - x_k| \leqslant \frac{q^k}{1-q}|x_1 - x_0| \leqslant \varepsilon$$

取对数可得 $$k \geqslant \frac{\ln \varepsilon - \ln \dfrac{|x_1 - x_0|}{1-q}}{\ln q}$$

式 (5.9)可用在程序中置退出迭代的条件,称为事后误差估计。即当 $|x_k - x_{k-1}| < \varepsilon$ 时,认为 $|\alpha - x_k| < \varepsilon$ ,编程计算时常用。

定理 5.2 常称为局部收敛定理,验证它需要事先知道根 $\alpha$ ,这是不现实的,为此发展出以下定理:

**定理 5.4** 已知方程 $x = g(x)$ ,且

①对任意的 $x \in [a,b]$ ,有 $g(x) \in [a,b]$ ,

②对任意的 $x \in [a,b]$ ,有 $|g'(x)| \leqslant q < 1$,

则对任意的 $x_0 \in [a,b]$ ,迭代 $x_{k+1} = g(x_k)$ 生成的序列 $\{x_k\}$ 收敛于 $x = g(x)$ 的根 $\alpha$ ,且有

$$|x_k - \alpha| \leqslant \frac{q^k}{1-q}|x_1 - x_0|$$

$$|x_k - \alpha| \leqslant \frac{1}{1-q}|x_{k+1} - x_k|$$

证明与定理 5.2、定理 5.3 类似,不再重复。

此定理也称为区间收敛定理,它是数学中著名的不动点原理一维形式.

从上还可看出,迭代收敛速度与 $q$ 的值有关。当 $q \ll 1$ 时,收敛较快;当 $q$ 接近于 1 时,收敛较慢。

应当指出,使用迭代法前最好先确定所使用的迭代格式是否收敛,当 $g'(x)$ 较难求或较繁时,可试算看是否收敛。也可用以上不严格的标准作粗略判断。

**例 5.3** 用定理 5.4 考查例 5.2 中迭代格式③和④在[1,1.5]上的收敛性。

**解** 对迭代格式③,其迭代函数为 $g_3(x) = \frac{1}{2}(10 - x^3)^{\frac{1}{2}}$ ,可以看出它在[1,1.5]上是单调减函数,且 $g_3(1) = 1.5, g_3(1.5) = 1.2870$ ,所以有 $g_3(x) \in [1.2870,1.5] \subset [1,1.5]$ ;又 $|g'_3(x)| = \frac{3}{4}\frac{x^2}{\sqrt{10 - x^3}}$ 在 $x \in [1,1.5]$ 上是单调增函数,且

$$q_3 = |g'_3(1.5)| = 0.6556 < 1$$

所以迭代格式③在[1,1.5]上满足定理5.4的条件,故迭代格式③收敛。

对迭代格式④,其迭代函数 $g_4(x) = \left(\frac{10}{4+x}\right)^{\frac{1}{2}}$,可以看出它在[1,1.5]上是单调减函数,且 $g_4(1) = 1.4142, g_4(1.5) = 1.3484$,所以有 $g_4(x) \in [1.3484, 1.4142] \subset [1, 1.5]$;又 $|g'_4(x)| = \left|\frac{-5}{\sqrt{10}(4+x)^{\frac{3}{2}}}\right|$ 在 $x \in [1, 1.5]$ 上是单调减函数,且

$$q_4 = |g'_4(1)| = \frac{5}{\sqrt{10} \cdot 5^{\frac{3}{2}}} = 0.1414 < 1$$

所以,迭代格式④在 [1,1.5]上满足定理5.4的条件,故迭代格式④收敛。

由本例可看出,要严格验证定理5.4的条件还是有些困难的,如用粗略判断方式:

取 $x_0 = 1.3$,有 $q_3 = |g'_3(x_0)| = 0.4538 < 1, q_4 = |g'_4(x_0)| = 0.1296 < 1$,即可初步判断两种迭代格式均收敛。

由于 $q_4 < q_3$,故迭代格式④比迭代格式③收敛的速度快。

### 5.3.3　迭代法收敛速度

收敛速度是用来衡量迭代方法好坏的重要标志,常用收敛的阶来刻画。

**定义 5.2**　记迭代格式(5.6)的第 $k$ 次迭代误差为

$$\varepsilon_k = \alpha - x_k$$

并假设迭代格式是收敛的,若存在实数 $p \geq 1$ 使得

$$\lim_{k\to\infty} \frac{|\varepsilon_{k+1}|}{|\varepsilon_k|^p} = C > 0$$

则称迭代格式(5.6)是 $p$ 阶收敛的,$C$ 称为渐近误差常数。

当 $p = 1$,且 $C<1$ 时,称迭代格式为线性收敛;

当 $p = 2$ 时,称迭代格式为二阶收敛;

当 $1 < p < 2$ 时,称迭代格式为超线性收敛。

收敛阶可以这样理解,即迭代后的误差与迭代前的误差的 $p$ 次方是同阶无穷小,它们的比值是渐近误差常数。高阶的方法比低阶方法收敛快得多,当两方法同阶时,则渐近误差常数小的收敛快。

**定理 5.5**　对迭代格式 $x_{k+1} = g(x_k)$,若 $g^{(p)}(x)$ 在根 $\alpha$ 的邻域内连续,并且

$$g'(\alpha) = g''(\alpha) = \cdots = g^{(p-1)}(\alpha) = 0,$$

则该迭代格式在根 $\alpha$ 的邻域内至少是 $p$ 阶收敛的(这里 $p$ 是正整数);若还有 $g^{(p)}(\alpha) \neq 0$,则该迭代格式在根 $\alpha$ 的邻域内是 $p$ 阶收敛的。

例5.2中的迭代法①—④都是从 $f(x) = 0$ 通过移项、四则运算和开方运算等构造而得,即使收敛一般也只是线性收敛,收敛速度不会很快,使用并不普遍。

# 5.4 Newton 迭代法

## 5.4.1 Newton 迭代法

1) Newton 迭代法的构造思想

对函数 $f(x)$ 进行线性化处理，将函数 $f(x)$ 在近似值 $x_k$ 处进行一阶的 Taylor 展开，(假设 $f(x)$ 二阶可导)有

$$0 = f(x) = f(x_k) + f'(x_k)(x - x_k) + \frac{f''(\xi)}{2!}(x - x_k)^2$$

略去高阶无穷小项，有

$$f(x_k) + f'(x_k)(x - x_k) \approx 0$$

$$x \approx x_k - \frac{f(x_k)}{f'(x_k)} \quad (f'(x_k) \neq 0)$$

故有迭代格式

$$x_{k+1} = x_k - \frac{f(x_k)}{f'(x_k)} \tag{5.10}$$

如图 5.1 所示，Newton 法的几何意义是：用点 $(x_k, f(x_k))$ 处的切线与 $x$ 轴交点处的横坐标作为 $x_{k+1}$。

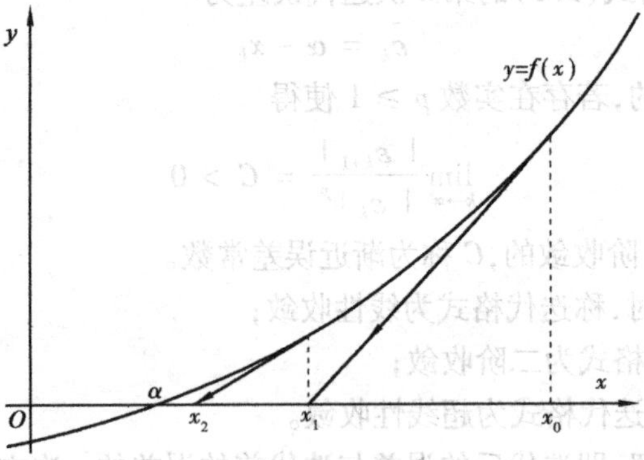


图 5.1

2) Newton 法的收敛速度

Newton 法迭代函数为 $g(x) = x - \dfrac{f(x)}{f'(x)}$

由于 $$g'(x) = 1 - \frac{[f'(x)]^2 - f(x)f''(x)}{[f'(x)]^2} = -\frac{f(x)f''(x)}{[f'(x)]^2}$$

$$g'(\alpha) = -\frac{f(\alpha)f''(\alpha)}{[f'(\alpha)]^2} = 0 \quad (f'(\alpha) \neq 0)$$

当 $f'(\alpha) \neq 0$ 时，Newton 法至少是二阶收敛的。

还可以证明 $$\lim_{k \to \infty} \frac{\varepsilon_{k+1}}{\varepsilon_k^2} = -\frac{f''(\alpha)}{2f'(\alpha)}$$

Newton 法一般只具有局部收敛性，但我们有

**定理 5.6**（Newton 法的区间收敛性）　设 $f(x)$ 在有根区间 $[a,b]$ 上二阶导数存在，且满足：

①$f(a)f(b)<0$；

②$f'(x)\neq 0,\quad \forall x\in[a,b]$；

③$f''(x)$，　$\forall x\in[a,b]$ 不变号；

④初值 $x_0\in[a,b]$，且 $f''(x_0)f(x_0)>0$；

则 Newton 法产生的迭代序列 $\{x_k\}$ 收敛于 $f(x)=0$ 在 $[a,b]$ 内的唯一根 $\alpha$。

例 5.2 中迭代格式⑤就是 Newton 迭代格式。

3）算法（Newton 迭代法）

输入初值 $x_0$，精度 $\varepsilon>0$，最大迭代次数 $N$。

①对 $k=1,2,\cdots,N$，做到第 6 步；

②计算 $f'(x_0)$；

③若 $f'(x_0)=0$，停止计算；

④ $x\leftarrow x_0-\dfrac{f(x_0)}{f'(x_0)}$；

⑤若 $|x-x_0|<\varepsilon$ 或 $|f(x)|<\varepsilon$，则输出 $x,f(x),k$，停机；

⑥ $x_0\leftarrow x$；

⑦若 $k>N$，输出超过最大迭代次数的信息，停机。

**例 5.4**　用 Newton 法求 $x\sin x=0.5$ 在 0.7 附近的根，计算结果保留 6 位有效数字。

**解**

$$f(x)=x\sin x-0.5,\quad f'(x)=\sin x+x\cos x, x_0=0.7$$

$$x_{k+1}=x_k-\frac{f(x_k)}{f'(x_k)}=x_k-\frac{x_k\sin x_k-0.5}{\sin x_k+x_k\cos x_k},\quad k=0,1,2,\cdots$$

计算结果见表 5.3。

**表 5.3**

| $k$ | $x_k$ |
|---|---|
| 0 | 0.7000000 |
| 1 | 0.7415796 |
| 2 | 0.7408412 |
| 3 | 0.7408410 |
| 4 | 0.7408410 |

$k=4$ 时，$x^*\approx 0.740841$，可见 Newton 法确实收敛很快。

$$f(x)=x\sin x-0.5,\quad f'(x)=\sin x+x\cos x,\quad f'(x_0)=1.179607,\quad x_0=0.7,$$

$$x_{k+1}=x_k-\frac{f(x_k)}{f'(x_0)}=x_k-\frac{x_k\sin x_k-0.5}{1.179607},\quad k=0,1,2,\cdots$$

### *5.4.2　割线法*

Newton 迭代法需要求函数的导函数，需要人工干预，不利于计算机自动实现，有时求导函数还有一定困难,为此发展出如下的割线法。

在 Newton 迭代公式(5.10)中,用差商

$$\frac{f(x_k)-f(x_{k-1})}{x_k-x_{k-1}}$$

近似代替微商 $f'(x_k)$,有迭代格式

$$x_{k+1}=x_k-\frac{x_k-x_{k-1}}{f(x_k)-f(x_{k-1})}f(x_k)\quad k=1,2,3,\cdots \tag{5.11}$$

迭代格式(5.14)称为割线法,其几何意义如图 5.2 所示,用连接点 $(x_{k-1},f(x_{k-1}))$,$(x_k,f(x_k))$ 的割线(或其延长线)与 $x$ 轴交点的横坐标作为 $x_{k+1}$。割线法也称为弦截法,它是前面提到的多点迭代法,具有超线性收敛性,需要两个初始解才能启动。可以证明在一定条件下,割线法的收敛阶 $p$ 是黄金分割数 1.618。

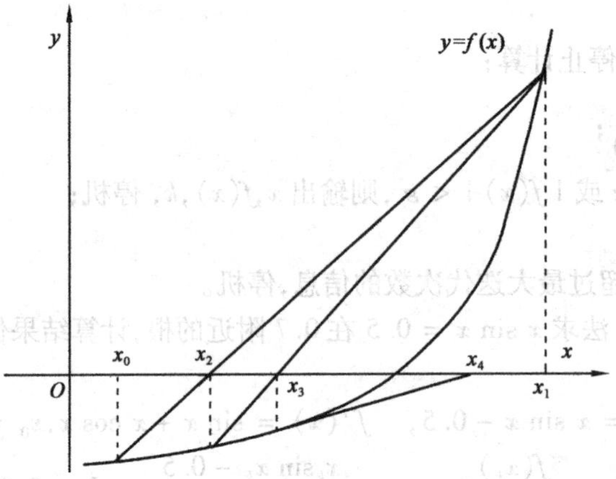


图 5.2

**例 5.5** 用割线法求 $x\sin x=0.5$ 在 0.7 附近的根,取 $x_0=0.5,x_1=1$,计算结果保留 6 位有效数字。

**解**

$$f(x)=x\sin x-0.5,\quad x_0=0.5,x_1=1.0,$$

迭代公式为
$$x_{k+1}=x_k-\frac{x_k-x_{k-1}}{f(x_k)-f(x_{k-1})}f(x_k)\quad k=1,2,3,\cdots$$

计算结果见表 5.4。

**表 5.4**

| $k$ | $x_k$ | $x_{k+1}$ |
|---|---|---|
| 0 | 0.5 | 1.0 |
| 1 | 1.0 | 0.7162723 |
| 2 | 0.7162723 | 0.7389835 |
| 3 | 0.7389835 | 0.7408598 |
| 4 | 0.7408598 | 0.7408409 |
| 5 | 0.7408409 | 0.7408410 |

$k=5$ 时，$x^* \approx 0.740841$，可见割线法收敛也是很快的。

在应用中，当序列接近收敛时，由于 $x_{k-1}$ 与 $x_k$，$f(x_{k-1})$ 与 $f(x_k)$ 都是相近的数，它们作减法运算时将会损失有效数位，使计算产生很大的误差，所以实用中常令

$$\Delta x_k = -\frac{x_k - x_{k-1}}{f(x_k) - f(x_{k-1})} f(x_k)$$

此时迭代格式(5.11)可改写为

$$x_{k+1} = x_k + \Delta x_k \tag{5.12}$$

随着迭代过程的进行，$|\Delta x_k| = |x_{k+1} - x_k|$ 的值将不断地减少，当 $|\Delta x_k|$ 的值在增加时，停止计算。也即割线法的精度是固定的，预先设定的精度太高时一般不能达到。但割线法不需计算导数，是一个很大的优点。所以割线法也是一种应用相当广泛的非线性方程的求根方法。

## 5.5　非线性方程组的求根

设有方程组

$$\begin{cases} f_1(x_1, x_2, \cdots, x_n) = 0 \\ f_2(x_1, x_2, \cdots, x_n) = 0 \\ \vdots \\ f_n(x_1, x_2, \cdots, x_n) = 0 \end{cases} \tag{5.13}$$

只要 $f_i(x_1, x_2, \cdots, x_n), i = 1, 2, \cdots, n$ 中有一个是非线性函数，就称式(5.16)是一个非线性方程组。

若令　　$x = (x_1, x_2, \cdots, x_n)^{\mathrm{T}}, \quad f = (f_1, f_2, \cdots, f_n)^{\mathrm{T}}$

则式(5.13)可写成向量形式

$$f(x) = 0 \tag{5.14}$$

例如方程组

$$\begin{cases} x + 2y - 3 = 0 \\ 2x^2 + y^2 - 5 = 0 \end{cases}$$

其解的几何意义是 $xy$ 平面上直线 $x + 2y - 3 = 0$ 与椭圆 $2x^2 + y^2 - 5 = 0$ 的交点坐标。

### *5.5.1　不动点迭代法

将方程组(5.13)转化为等价的方程组

$$\begin{cases} x_1 = g_1(x_1, x_2, \cdots, x_n) \\ x_2 = g_2(x_1, x_2, \cdots, x_n) \\ \quad\vdots \\ x_n = g_n(x_1, x_2, \cdots, x_n) \end{cases} \tag{5.15}$$

写成向量形式为

$$x = g(x) \tag{5.16}$$

其中，$g = (g_1, g_2, \cdots, g_n)^{\mathrm{T}}$。

1) Jacobi 迭代法

构造迭代格式：

$$\begin{cases}x_1^{(k+1)} = g_1(x_1^{(k)}, x_2^{(k)}, \cdots, x_n^{(k)}) \\ x_2^{(k+1)} = g_2(x_1^{(k)}, x_2^{(k)}, \cdots, x_n^{(k)}) \\ \quad\vdots \\ x_n^{(k+1)} = g_n(x_1^{(k)}, x_2^{(k)}, \cdots, x_n^{(k)})\end{cases} \tag{5.17}$$

向量形式为
$$x^{(k+1)} = g(x^{(k)}) \tag{5.18}$$

选取初始迭代向量 $x^{(0)} = (x_1^{(0)}, x_2^{(0)}, \cdots, x_n^{(0)})^{\mathrm{T}}$，按式(5.17)或式(5.18)所示的迭代格式计算，产生向量序列 $\{x^{(k)}\}$。若向量序列 $\{x^{(k)}\}$ 收敛，且迭代函数 $g_i(i = 1,2,\cdots,n)$ 连续，则向量序列 $\{x^{(k)}\}$ 收敛于方程组(5.13)的解。称矩阵

$$G(x) = \begin{pmatrix} \dfrac{\partial g_1}{\partial x_1} & \dfrac{\partial g_1}{\partial x_2} & \cdots & \dfrac{\partial g_1}{\partial x_n} \\ \dfrac{\partial g_2}{\partial x_1} & \dfrac{\partial g_2}{\partial x_2} & \cdots & \dfrac{\partial g_2}{\partial x_n} \\ \vdots & \vdots & & \vdots \\ \dfrac{\partial g_n}{\partial x_1} & \dfrac{\partial g_n}{\partial x_2} & \cdots & \dfrac{\partial g_n}{\partial x_n} \end{pmatrix}$$

为迭代函数 $g(x)$ 的 Jacobi 矩阵。

**定理 5.7** 设

① $\alpha$ 为 $x = g(x)$ 的解；

② $g_i(x)$，$(i = 1,2,\cdots,n)$ 在 $\alpha$ 附近具有连续的偏导数；

③ $\| G(\alpha) \| < 1$；

则对任意初始向量 $x^{(0)}$，由 $x^{(k+1)} = g(x^{(k)})$ 产生的序列 $\{x^{(k)}\}$ 收敛于 $\alpha$。

2) Gauss—Seidel 迭代法

在迭代格式(5.15)中，用已经计算出的最新分量 $x_j^{(k+1)}$ $(j = 1,2,\cdots,i-1)$ 代替 $x_j^{(k)}$ $(j = 1,2,\cdots,i-1)$ 就得到 Gauss—Seidel 迭代法。第 $i$ 个分量的计算公式为：

$$x_i^{(k+1)} = g_i(x_1^{(k+1)}, \cdots, x_{i-1}^{(k+1)}, x_i^{(k)}, \cdots, x_n^{(k)}) \quad i = 1,2,\cdots,n \tag{5.19}$$

**例 5.6** 分别用 Jacobi 迭代法和 Gauss—Seidel 迭代法，求解方程组：

$$\begin{cases} 3x_1 - \cos(x_2 x_3) - \dfrac{1}{2} = 0 \\ x_1^2 - 81(x_2 + 0.1)^2 + \sin x_3 + 1.06 = 0 \\ e^{-x_1 x_2} + 20x_3 + \dfrac{10\pi - 3}{3} = 0 \end{cases}$$

**解** Jacobi 迭代法的迭代格式为

$$\begin{cases} x_1^{(k+1)} = \dfrac{1}{3}\cos(x_2^{(k)} x_3^{(k)}) + \dfrac{1}{6} \\ x_2^{(k+1)} = \dfrac{1}{9}\sqrt{(x_1^{(k)})^2 + \sin x_3^{(k)} + 1.06} - 0.1 \\ x_3^{(k+1)} = \dfrac{1}{20}(-e^{-x_1^{(k)} x_2^{(k)}}) - \dfrac{10\pi - 3}{60} \end{cases}$$

取初值 $x^{(0)} = (0.1, 0.1, -0.1)^T$，计算结果见表 5.5。

表 5.5

| $k$ | $x_1^{(k)}$ | $x_2^{(k)}$ | $x_3^{(k)}$ | $\|x^{(k+1)} - x^{(k)}\|_\infty$ |
|---|---|---|---|---|
| 0 | 0.1 | 0.1 | -0.1 | |
| 1 | 0.49998333 | 0.00944115 | -0.52310127 | 0.423 |
| 2 | 0.49999593 | 0.00002557 | -0.52336331 | $9.4\times10^{-3}$ |
| 3 | 0.50000000 | 0.00001234 | -0.52359814 | $2.3\times10^{-4}$ |
| 4 | 0.50000000 | 0.00000003 | -0.52359847 | $1.2\times10^{-5}$ |
| 5 | 0.50000000 | 0.00000002 | -0.52359877 | $3.1\times10^{-7}$ |

Gauss—Seidel 迭代的迭代格式为

$$\begin{cases} x_1^{(k+1)} = \dfrac{1}{3}\cos\left(x_2^{(k)} x_3^{(k)}\right) + \dfrac{1}{6} \\ x_2^{(k+1)} = \dfrac{1}{9}\sqrt{\left(x_1^{(k+1)}\right)^2 + \sin x_3^{(k)} + 1.06} - 0.1 \\ x_3^{(k+1)} = -\dfrac{1}{20}e^{-x_1^{(k+1)} x_2^{(k+1)}} - \dfrac{10\pi - 3}{60} \end{cases}$$

计算结果见表 5.6。

表 5.6

| $k$ | $x_1^{(k)}$ | $x_2^{(k)}$ | $x_3^{(k)}$ | $\|x^{(k+1)} - x^{(k)}\|_\infty$ |
|---|---|---|---|---|
| 0 | 0.1 | 0.1 | -0.1 | |
| 1 | 0.49998333 | 0.02222979 | -0.52304613 | 0.423 |
| 2 | 0.49997747 | 0.00002815 | -0.52359807 | $2.2\times10^{-2}$ |
| 3 | 0.50000000 | 0.00000004 | -0.52359877 | $2.8\times10^{-5}$ |
| 4 | 0.50000000 | 0.00000000 | -0.52359878 | $3.8\times10^{-8}$ |

精确解为：　$\alpha = \left(0.5, 0, -\dfrac{\pi}{6}\right)^T = (0.5, 0, -0.5235987757)^T$

一般情况下，以上方法的收敛条件是难以满足的，初始解也不易确定，因此它们在使用上受到很大限制。

### *5.5.2 Newton 法

对非线性方程组(5.16)，函数 $f = (f_1, f_2, \cdots, f_n)^T$ 构成的 Jacobi 矩阵记为 $J(x)$，即

$$J(x)=\begin{pmatrix}\frac{\partial f_1}{\partial x_1} & \frac{\partial f_1}{\partial x_2} & \cdots & \frac{\partial f_1}{\partial x_n}\\ \frac{\partial f_2}{\partial x_1} & \frac{\partial f_2}{\partial x_2} & \cdots & \frac{\partial f_2}{\partial x_n}\\ \vdots & \vdots & & \vdots\\ \frac{\partial f_n}{\partial x_1} & \frac{\partial f_n}{\partial x_2} & \cdots & \frac{\partial f_n}{\partial x_n}\end{pmatrix}$$

将$f_i(x)$在$x^{(k)}$处进行 Taylor 展开有

$$f_i(x)=f_i(x^{(k)})+\sum_{j=1}^{n}(x_j-x_j^{(k)})\frac{\partial f_i(x^{(k)})}{\partial x_j}+o(\|x-x^{(k)}\|)\quad i=1,2,\cdots,n$$

略去无穷小量,并写成向量形式有

$$f(x^{(k)})+J(x^{(k)})(x-x^{(k)})\approx 0$$

若$\det(J(x^{(k)}))\neq 0$,则有

$$x^{(k+1)}=x^{(k)}-[J(x^{(k)})]^{-1}f(x^{(k)})\quad k=0,1,2,\cdots \tag{5.20}$$

式(5.23)称为 Newton 公式。

**定理 5.8** 设非线性方程组(5.13)满足以下条件:

①函数$f_i(x)$, $i=1,2,\cdots,n$在解$\alpha$附近连续可微,

②Jacobi 矩阵$J(\alpha)$非奇异,即$\det(J(\alpha))\neq 0$,

则当初值$x^{(0)}$充分接近于$\alpha$时,Newton 迭代格式(5.20)产生的序列收敛于$\alpha$,且具有二阶的收敛性。

**例 5.7** 用 Newton 法求解例 5.8 的非线性方程组。

**解** 方程组的 Jacobi 矩阵为:

$$J(x)=\begin{pmatrix}3 & x_3\sin(x_2x_3) & x_2\sin(x_2x_3)\\ 2x_1 & -162(x_2+0.1) & \cos x_3\\ -x_2e^{-x_1x_2} & -x_1e^{-x_1x_2} & 20\end{pmatrix}$$

仍取初值$x^{(0)}=(0.1,0.1,-0.1)^{\mathrm{T}}$,计算结果见表 5.7。

表 5.7

| $k$ | $x_1^{(k)}$ | $x_2^{(k)}$ | $x_3^{(k)}$ | $\|x^{(k+1)}-x^{(k)}\|_\infty$ |
|---|---|---|---|---|
| 0 | 0.1 | 0.1 | -0.1 | |
| 1 | 0.4998697 | 0.0194668 | -0.5215205 | 0.42 |
| 2 | 0.5000142 | 0.0015886 | -0.5235570 | 0.018 |
| 3 | 0.5000001 | 0.0000124 | -0.5235984 | $1.6\times10^{-3}$ |
| 4 | 0.5000000 | 0.0000000 | -0.5235988 | $1.2\times10^{-5}$ |
| 5 | 0.5000000 | 0.0000000 | -0.5235988 | $7.8\times10^{-10}$ |

# 5.6　Matlab 求解非线性方程

将本章中典型的非线性方程运用 Matlab 进行计算,计算过程如下:

**例 5.8**　判别方程 $x^3-3x+1=0$ 的实根存在区间,要求区间长度不大于 1,并求出最小正根的近似值,精度 $\varepsilon=10^{-3}$。

**解**　先用画图的方法来粗略估计其根的范围。

```
>>ezplot('x^3 - 3 * x + 1');% 亦可用 fplot 命令
>>grid on;
```

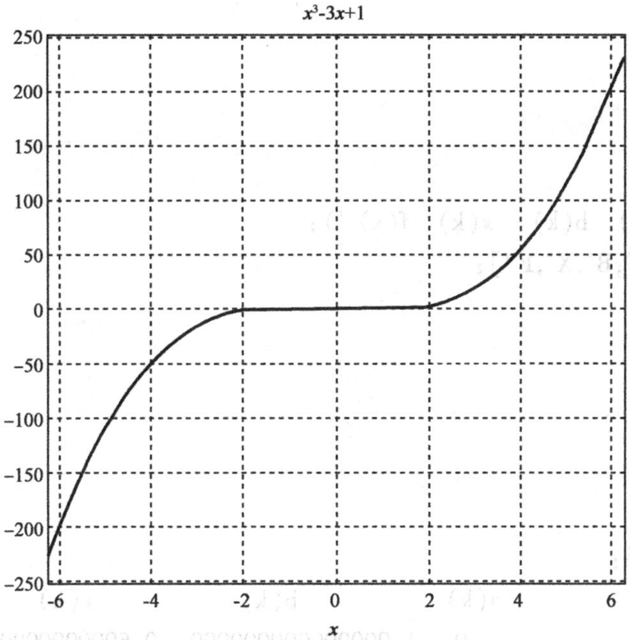


图 5.3

通过放大图的方法观察图可知其根分布区间大概分布在(-2,-1),(0,1)和(1,2)中。编写二分法求解最小正根的近似值程序如下:

```
format long;
f = inline('x^3 - 3 * x + 1');
a = 0;
b = 1;
Eps = 1E - 5;
for k = 1:50
A(k) = a;
B(k) = b;
ya = feval(f,a);
yb = feval(f,b);
temp = (a + b)/2;
```

```
X(k) = temp;
yt = feval(f,temp);
F(k) = yt;
if abs(yt) < Eps
break;
end
if    yt * ya < 0
      a = a;
b = temp;
elseif yt * yb < 0
a = temp;
b = b;
end
end;
disp('k      a(k)   b(k)    x(k)    f(x) ');
H = [[1:k]',A',B',X',F'];
disp(H);
disp('x = ');
disp(X(k));
disp('y = ');
disp(yt);
format short
```

以下为运行结果：

| k | a(k) | b(k) | x(k) |
|---|---|---|---|
| 1 | 0 | 1.000000000000000 | 0.500000000000000 |
| 2 | 0 | 0.500000000000000 | 0.250000000000000 |
| 3 | 0.250000000000000 | 0.500000000000000 | 0.375000000000000 |
| 4 | 0.250000000000000 | 0.375000000000000 | 0.312500000000000 |
| 5 | 0.312500000000000 | 0.375000000000000 | 0.343750000000000 |
| 6 | 0.343750000000000 | 0.375000000000000 | 0.359375000000000 |
| 7 | 0.343750000000000 | 0.359375000000000 | 0.351562500000000 |
| 8 | 0.343750000000000 | 0.351562500000000 | 0.347656250000000 |
| 9 | 0.343750000000000 | 0.347656250000000 | 0.345703125000000 |
| 10 | 0.345703125000000 | 0.347656250000000 | 0.346679687500000 |
| 11 | 0.346679687500000 | 0.347656250000000 | 0.347167968750000 |
| 12 | 0.347167968750000 | 0.347656250000000 | 0.347412109375000 |
| 13 | 0.347167968750000 | 0.347412109375000 | 0.347290039062500 |
| 14 | 0.347290039062500 | 0.347412109375000 | 0.347351074218750 |
| 15 | 0.347290039062500 | 0.347351074218750 | 0.347320556640625 |

```
16   0.347290039062500     0.347320556640625  0.347305297851563
17   0.347290039062500     0.347305297851563  0.347297668457031

f(x)
  -0.375000000000000
   0.265625000000000
  -0.072265625000000
   0.093017578125000
   0.009368896484375
  -0.031711578369141
  -0.011235713958740
  -0.000949323177338
   0.004205830395222
   0.001627261750400
   0.000338720972650
  -0.000305363224470
   0.000016663349015
  -0.000144353819678
  -0.000063846205734
  -0.000023591670949
  -0.000003464221613
x =
   0.347297668457031
y =
  -3.464221613125318e-006
```

**例 5.9**　用 Newton 法求 $x\sin x = 0.5$ 在 0.7 附近的根,计算结果保留 6 位有效数字。

**解**　构造符号函数:

```
>>x = sym('x')
>>f = sym('x * sin(x) -0.5')
求符号函数导数
>>df = diff(f,x)
构造 Newton 迭代公式
>>FX = x - f/df
%以下为输入结果
x =
x
f =
x * sin(x) -0.5
df =
```

```
sin(x) +x * cos(x)
FX =
x - (x * sin(x) - .5)/(sin(x) + x * cos(x))
```

进入迭代计算,计算前 10 次迭代值:

```
format long;
Fx = inline(FX);
x0 = 0.7;
for i  = 1:10
    disp(x0);
   x0 = feval(Fx,x0);
end
7x0
format short;
```

输出 x 的中间结果为:

```
   0.700000000000000
   0.741579619191183
   0.740841172608556
   0.740840955095510
   0.740840955095491
   0.740840955095491
   0.740840955095491
   0.740840955095491
   0.740840955095491
   0.740840955095491
x0 =
   0.740840955095491
```

**例 5.10** 用割线法求 $x\sin x = 0.5$ 在 0.7 附近的根,取 $x_0 = 0.5$,$x_1 = 1$,计算结果保留 6 位有效数字。

**解** 编制如下求解程序清单:

```
i = 1;% 初始迭代步长
x1(i) = 0.5;% 初始值为 0.5 和 1.0
x2(i) = 1;
f = inline('x * sin(x) - 0.5')% 按迭代公式构造内联函数
x = x2(i);
% 进行 10 次迭代
while i < 10
      x = x2(i) - (x2(i) - x1(i))/(feval(f,x2(i)) - feval(f,x1(i))) * feval(f,x2(i));
      i = i + 1;
x1(i) = x2(i-1);
```

```
x2(i) = x;
end
disp('x(k) =');
disp(vpa(x1,7));
disp('x(k+1) =');
disp(vpa(x2,7));
```

程序运行结果如下：

```
f =
    Inline function:
    f(x)  = x * sin(x) - 0.5
x(k) =
[ 0.5000000,1.0, 0.7162723, 0.7389835, 0.7408598, 0.7408409, 0.7408410,
0.7408410, 0.7408410, (NaN)]
x(k+1) =
[1.0, 0.7162723, 0.7389835, 0.7408598, 0.7408409, 0.7408410, 0.7408410,
0.7408410,(NaN),(NaN)]
```

将 Matlab 非线性方程求根的命令列出如下：

(1)代数方程组的求根 roots

r = roots(P)

P 为代数方程的系数向量,从高次到低次排列。该命令只能求出一个一元多项式的根,返回所有复数和实数根。

(2)求零点 fzero

x = fzero(F,x0,option)

F 为函数和字符表达式、内联函数或 M 文件的函数形式,x0 为零点的大概位置,option 为可选项,可参阅其他资料得到详细说明,使用该命令前,配合 plot、ezplot 和 fplot 先画出函数图形,再猜测 x0 的大概值。

(3)求方程组数值解的命令 fsolve

x = fsolve('fun',x0,options)

fun 为 M 函数文件名,一般可用@代替单引号进行标识,x0 是向量或矩阵,它是探索方程的起点,输出为与 x0 同维的向量或矩阵,是方程组的数值解。对于更详细的设置 option,可用 help fsolve 获得详细说明。

(4)非线性方程组的解析解 solve

solve('eqn1','eqn2',…,'eqnN')

对 N 个方程采用默认变量求解

solve('eqn1',eqn2',…,'eqnN','var1,var2,..,varN')

对 N 个方程的 var1,var2,…,varN 变量求解

S = solve('eqn1',eqn2',…,'eqnN','var1','var2',…,'varN')

对 N 个方程的 var1,var2,…,varN 变量求解

[x1,x2,…,xn] = solve('eqn1',eqn2',…,'eqnN','var1','var2',…,'varN')

将求解分别赋给变量 x1,x2,…,xN。

# 本章小结

本章主要介绍了非线性方程的求解方法：二分法、迭代法、Newton 法及其改进形式。并讨论了迭代法的收敛性条件。

**知识点汇总表**

| 类型 | 算法 | 问题描述 | 特　点 | 求解公式 |
|---|---|---|---|---|
| 非线性方程 | 对分算法 | $f(x) \in C[a,b]$，且 $f(a)f(b) < 0$，确定一个区间序列 $[a_n,b_n] \subset [a_{n-1},b_{n-1}] \subset \cdots \subset [a,b]$，且 $f(a_n)f(b_n) < 0$，以逼近方程的根。<br>特点：<br>1. 算法简单，收敛速度慢；<br>2. 无需选取初值；<br>3. 只能用于求实根且不适合求多重实根。 | 1. 每次计算区间的中心点；<br>2. 判断区间中心点的函数值与区间端点函数值是否异号；<br>3. 选择异号的两点作为新的区间计算。 | 求解公式：<br>$x \leftarrow \frac{a+b}{2}$<br>$x_e \leftarrow \frac{b-a}{2}$<br>若 $x_e < \varepsilon$ 或者 $\lvert f(x) \rvert < \varepsilon$，输出 $x$，并停止计算；<br>若 $f(a)f(x) < 0$，则 $b \leftarrow x$，否则 $a \leftarrow x$。 |
| | 迭代法 | 问题描述：<br>写出待求解方程 $f(x) = 0$ 的等价形式 $x = \varphi(x)$，并以收敛数列 $x_n = \varphi(x_{n-1})$ 作为方程的近似根。<br>特点：<br>1. 迭代函数构造合适，可以加快收敛速度；<br>2. 迭代函数不易构造。 | 特点：<br>1. 迭代函数在 $[a,b]$ 区间上满足 $\lvert \varphi'(x) \rvert < 1$；<br>2. 选择迭代初值；<br>3. 迭代求解。 | 求解公式：<br>$x_0 \in [a,b]$；<br>$x_n = \varphi(x_{n-1})$；<br>$n = 1,2,\cdots$ |
| | 牛顿法 | 问题描述：<br>非线性方程线性化的近似方法，用一个一次函数逼近复杂函数 $f(x) = 0$。 | 1. 初值的选取对收敛性有影响；<br>2. 需要求函数的导数；<br>3. 在单根附近至少二阶收敛，在重根附近线性收敛。 | $x_0 \in [a,b]$<br>$x_n = x_{n-1} - \frac{f(x_{n-1})}{f'(x_n)}$<br>$n = 1,2,\cdots$ |
| | 割线法 | 问题描述：<br>牛顿法的近似方法，使用差商代替牛顿法中的微商。 | 特点：<br>1. 初值对收敛性有影响；<br>2. 收敛阶一般为 1.618。 | $x_0 \in [a,b]$<br>$x_n = x_{n-1} - \frac{f(x_{n-1})}{\frac{f(x_n) - f(x_{n-1})}{x_n - x_{n-1}}}$<br>$n = 1,2,\cdots$ |

续表

| 类型 | 算法 | 问题描述 | 特　点 | 求解公式 |
|---|---|---|---|---|
| 非线性方程 | 不动点迭代法 | 问题描述<br>将待求解线性方程组改写成等价形式：$x = g(x)$，以迭代的形式求解方程组的近似解。<br>1. 迭代格式合适，可以加快收敛速度；<br>2. 不容易构造出收敛的迭代格式；<br>3. 迭代收敛的充要条件是 $\parallel G(\alpha) \parallel < 1$。 | 特点：<br>1. 迭代格式比较简单，编写程序容易；<br>2. 收敛条件是难以满足的；<br>3. 初始解不易确定。 | $x^{(k+1)} = g(x^{(k)})$；<br>$G(x) = \begin{pmatrix} \frac{\partial g_1}{\partial x_1} & \frac{\partial g_1}{\partial x_2} & \cdots & \frac{\partial g_1}{\partial x_n} \\ \frac{\partial g_2}{\partial x_1} & \frac{\partial g_2}{\partial x_2} & \cdots & \frac{\partial g_2}{\partial x_n} \\ \vdots & \vdots & & \vdots \\ \frac{\partial g_n}{\partial x_1} & \frac{\partial g_n}{\partial x_2} & \cdots & \frac{\partial g_n}{\partial x_n} \end{pmatrix}$<br>$\parallel G(\alpha) \parallel < 1$ |
| | Newton 法 | 非线性方程组线性化的近似方法，用一个一次向量函数逼近复杂函数 $f(x) = 0$。 | 特点：<br>1. 初值的选取对收敛性有影响；<br>2. 需要求函数的导数；<br>3. 在单根附近具有二阶收敛。 | 当初值 $x^{(0)}$ 充分接近于 $\alpha$ 时<br>$x^{(k+1)} = x^{(k)} - [J(x^{(k)})]^{-1} f(x^{(k)})$<br>$k = 0,1,2,\cdots$ |

# 习题五

1. 填空题

(1) 用二分法求方程 $x^3 + x - 1 = 0$ 在 $[0,1]$ 内的根，迭代一次后，根的存在区间为__________，迭代两次后根的存在区间为__________；

(2) 设 $f(x)$ 可微，则求方程 $x = f(x)$ 根的 Newton 迭代格式为__________；

(3) $\varphi(x) = x + C(x^2 - 5)$，若要使迭代格式 $x_{k+1} = \varphi(x_k)$ 局部收敛到 $\alpha = \sqrt{5}$，则 $C$ 取值范围为__________；

(4) 用迭代格式 $x_{k+1} = x_k - \lambda_k f(x_k)$ 求解方程 $f(x) = x^3 - x^2 - x - 1 = 0$ 的根，要使迭代序列 $\{x_k\}$ 是二阶收敛，则 $\lambda_k =$__________；

(5) 迭代格式 $x_{k+1} = \dfrac{2}{3}x_k + \dfrac{1}{x_k^2}$ 收敛于根 $\alpha =$__________，此迭代格式是__________阶收敛的。

2. 用二分法搜索方程 $6x^3 - 4x - 1 = 0$ 的实根分布情况，初始搜索区间为 $(-2,2)$，并求出 $(0,1)$ 中的根，精确到 0.05。

3. 函数 $f(x) = \sin \pi x$ 在 $x$ 为整数时都有零点，试证明当 $-1 < a < 0, 2 < b < 3$ 时，二分法收敛于：

(1) 0，如果 $a + b < 2$；

(2)2,如果 $a+b>2$;

(3)1,如果 $a+b=2$。

4. 设方程 $f(x)=0$ 有根,且 $0<m\leqslant f'(x)\leqslant M$。试证明由迭代格式 $x_{k+1}=x_k-\lambda f(x_k)(k=0,1,2,\cdots)$ 产生的迭代序列 $\{x_k\}_{k=0}^{\infty}$ 对任意的初值 $x_0\in(-\infty,+\infty)$,当 $0<\lambda<\dfrac{2}{M}$ 时,均收敛于方程的根。

5. 用迭代法求 $x^3-x^2+1=0$ 在 $x=1.5$ 附近有根,将方程写成以下三种不同的等价形式:

(1) $x=1+\dfrac{1}{x^2}$;　(2) $x=\sqrt[3]{1+x^2}$;　(3) $x=\sqrt{\dfrac{1}{x-1}}$

试判断以上三种格式迭代函数的收敛性,并选出一种较好的格式进行求解,精确到4位有效数字。

6. 研究求 $\sqrt{a}$ 的 Newton 迭代公式 $x_{k+1}=\dfrac{1}{2}\left(x_k+\dfrac{a}{x_k}\right)$,证明:对一切 $k=1,2,\cdots$ 来说,$x_k>\sqrt{a}$,且序列 $x_1,x_2,\cdots$ 是严格递减的。

7. 对方程 $x^3-x-1=0$,分别用

(1)二分法,区间为[1.0,1.5];(2)割线法 ($x_0=1.0,x_1=1.5$);(3)Newton 法 ($x_0=1.0$),求其根。精度 $\varepsilon=10^{-4}$。

8. 应用 Newton 迭代法于方程 $f(x)=x^n-a$, $f(x)=1-\dfrac{a}{x^n}$,分别导出求 $\sqrt[n]{a}$ 的迭代公式,并求

$$\lim_{k\to\infty}\frac{\sqrt[n]{a}-x_{k+1}}{(\sqrt[n]{a}-x_k)^2}$$

9. 证明迭代公式

$$x_{k+1}=\frac{x_k(x_k^2+3a)}{3x_k^2+a}$$

是计算 $\sqrt{a}$ 的三阶方法。假定 $x_0$ 充分接近根 $x^*$,求 $\lim\limits_{k\to\infty}\dfrac{\sqrt{a}-x_{k+1}}{(\sqrt{a}-x_k)^3}$。

10. 求解方程组

$$\begin{cases}x^2-10x+y^2+8=0\\xy^2+x-10y+8=0\end{cases}$$

给定初始值 $x^{(0)}=(0,0)^T$,用 Newton 迭代法求解。

# 第 6 章　插值法

## 6.1　引例:国土面积的计算

如果已知一个国家的地图，为了计算它的国土面积，首先要对地图作如下测量：以自西向东为 $x$ 轴，由南向北方向为 $y$ 轴，选择方便的原点，并将从最西边界点到最东边界点在 $x$ 轴上的区间适当分为若干段，在每个分点的 $y$ 轴方向测出南边界点和北边界点的 $y$ 坐标 $y_1$ 和 $y_2$，这样就得到表 6.1 的数据(单位：mm)。

根据地图的比例知道 18 mm 相当于 40 km，试由测量数据计算该国国土的近似面积，并与它的精确值 41 288 $km^2$ 比较。

**表 6.1　某国国土地图边界测量值**　　　　(单位：mm)

| | | | | | | | | | |
|---|---|---|---|---|---|---|---|---|---|
| $x$ | 7.0 | 10.5 | 13.0 | 17.5 | 34.0 | 40.5 | 44.5 | 48.0 | 56.0 |
| $y$ | 44 | 45 | 47 | 50 | 50 | 38 | 30 | 30 | 34 |
| $y$ | 44 | 59 | 70 | 72 | 93 | 100 | 110 | 110 | 110 |
| $x$ | 61.0 | 68.5 | 76.5 | 80.5 | 91.0 | 96.0 | 101.0 | 104.0 | 106.5 |
| $y$ | 36 | 34 | 41 | 45 | 46 | 43 | 37 | 33 | 28 |
| $y$ | 117 | 118 | 116 | 118 | 118 | 121 | 124 | 121 | 121 |
| $x$ | 111.5 | 118.0 | 123.5 | 136.5 | 142.0 | 146.0 | 150.0 | 157.0 | 158.0 |
| $y$ | 32 | 65 | 55 | 54 | 52 | 50 | 66 | 66 | 68 |
| $y$ | 121 | 122 | 116 | 83 | 81 | 82 | 86 | 85 | 68 |

假设测量的地图和数据均准确，由最西边界点与最东边界点分为上下两条连续的边界曲线，边界内的所有土地均为该国国土。而且从最西边界点到最东边界点，变量 $x \in [a,b]$，划分 $[a,b]$ 为 $n$ 个小段 $[x_{i-1},x_i]$，并由此将国土分为 $n$ 小块，设每小块均为 $X$ 型区域。即作垂直于 $x$ 轴的直线穿过该区域，直线与边界曲线最多只有两个交点。我们利用表中数据，插值得到上边界曲线和下边界曲线，曲线所围的面积即为国土面积(地图上的国土面积)，如图 6.1 所示，最后可根据比例缩放关系求出近似的国土面积。

类似于国土的上边界曲线和下边界曲线，在工程应用中，对于某些函数 $y = f(x)$ 常常不能得到一个具体的解析表达式。它可能是通过实验、测量或者中间计算而得到的一组数据 $(x_i,f(x_i))$，$i = 0,1,2,\cdots,n$，或者虽然有函数 $y = f(x)$ 的解析表达式，但其关系式相当复杂，不便于计算和使用。因此需要用一个比较简单的函数 $y = y(x)$ 来近似代替数据 $(x_i,f(x_i))$，

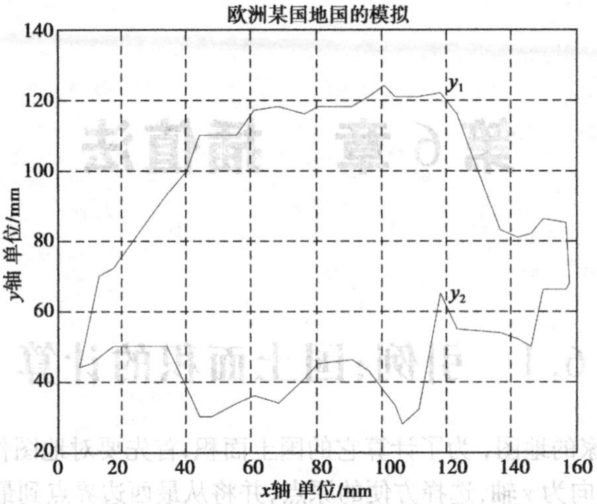


图 6.1

$i = 0,1,2,\cdots,n$，或近似代替函数 $y = f(x)$，使

$$y(x_i) = f(x_i) \quad i = 0,1,2,\cdots,n$$

称 $y = y(x)$ 为函数 $y = f(x)$ 在点 $x_0, x_1, \cdots, x_n$ 处的插值函数。

**定义 6.1** 设 $f(x)$ 在 $[a,b]$ 上有定义，相异的点 $x_i$ $(i = 0,1,2,\cdots,n)$ 都在 $[a,b]$ 上，不妨设

$$a \leqslant x_0 < x_1 < \cdots < x_n \leqslant b$$

又设 $f(x_i)$ 为 $f(x)$ 在这些点上的准确值，若存在一个多项式 $y(x)$，使

$$y(x_i) = f(x_i) \quad i = 0,1,2,\cdots,n \tag{6.1}$$

则称 $y(x)$ 为函数 $f(x)$ 的插值多项式，称 $[a,b]$ 称为插值区间，条件(6.1)称为插值条件。其几何意义如图 6.2 所示。

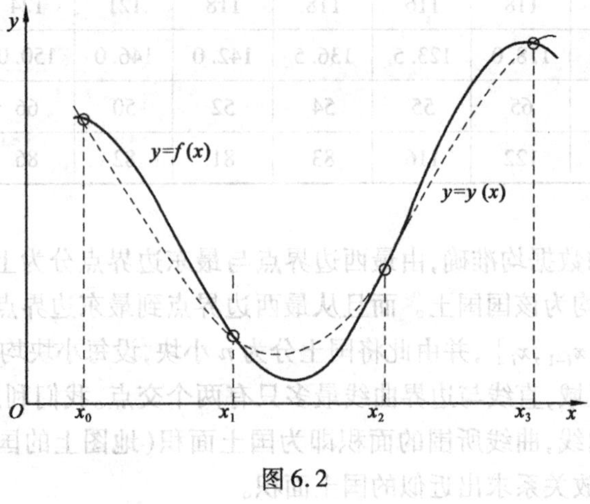


图 6.2

求插值多项式 $y(x)$，即是使曲线 $y = y(x)$ 与 $y = f(x)$ 在平面上有 $n+1$ 个交点 $(x_i, f(x_i))$，$i = 0,1,2,\cdots,n$。为保证插值多项式的唯一性，限制 $y(x)$ 为次数不超过 $n$ 次的多项式，记 $M_n$ 为次数不超过 $n$ 次的多项式集合。

**定理 6.1** 设 $y(x) \in M_n$，则满足插值条件(6.1)的插值多项式存在且唯一。

**证**　令　　$$y(x) = a_0 + a_1 x + a_2 x^2 + \cdots + a_n x^n$$

由插值条件(6.1)，有线性方程组

$$\begin{cases} a_0 + a_1 x_0 + a_2 x_0^2 + \cdots + a_n x_0^n = f(x_0) \\ a_0 + a_1 x_1 + a_2 x_1^2 + \cdots + a_n x_1^n = f(x_1) \\ \quad \vdots \qquad \vdots \qquad\qquad \vdots \\ a_0 + a_1 x_n + a_2 x_n^2 + \cdots + a_n x_n^n = f(x_n) \end{cases} \tag{6.2}$$

方程组(6.2)有 $n+1$ 个待定参数 $a_0, a_1, \cdots, a_n$，其系数行列式为 Vandermonde 行列式

$$\begin{vmatrix} 1 & x_0 & x_0^2 & \cdots & x_0^n \\ 1 & x_1 & x_1^2 & \cdots & x_1^n \\ \vdots & \vdots & \vdots & & \vdots \\ 1 & x_n & x_n^2 & \cdots & x_n^n \end{vmatrix} = \prod_{0 \leqslant i < j \leqslant n} (x_j - x_i) \neq 0$$

由 Cramer 法则，方程组(6.2)存在一组唯一的解。

可以利用求解方程组(6.2)来构造插值多项式，称为待定参数法，但更多的是使用以下的插值方法。

## 6.2　Lagrange 插值法

### *6.2.1　线性插值*

设有数据 $(x_0, f(x_0))$，$(x_1, f(x_1))$，解方程组

$$\begin{cases} a_0 + a_1 x_0 = f(x_0) \\ a_0 + a_1 x_1 = f(x_1) \end{cases}$$

得

$$\begin{cases} a_0 = \dfrac{x_0 f(x_1) - x_1 f(x_0)}{x_0 - x_1} \\ a_1 = \dfrac{f(x_1) - f(x_0)}{x_1 - x_0} \end{cases}$$

此时的插值多项式为

$$y_1(x) = a_0 + a_1 x = \frac{x - x_1}{x_0 - x_1} f(x_0) + \frac{x - x_0}{x_1 - x_0} f(x_1)$$

记 $l_0(x) = \dfrac{x - x_1}{x_0 - x_1}$，$l_1(x) = \dfrac{x - x_0}{x_1 - x_0}$，称 $l_0(x)$，$l_1(x)$ 为 Lagrange 插值基函数，则

$$y_1(x) = l_0(x) f(x_0) + l_1(x) f(x_1) \tag{6.3}$$

其几何意义如图 6.3 所示，即用通过点 $(x_0, f(x_0))$，$(x_1, f(x_1))$ 的直线段近似代替 $[x_0, x_1]$ 之间的曲线段。

**例 6.1**　已知 $\sqrt{4} = 2$，$\sqrt{9} = 3$，求 $\sqrt{7}$ 的近似值。

**解**　插值条件为　　$$y(4) = 2 ,\ y(9) = 3$$

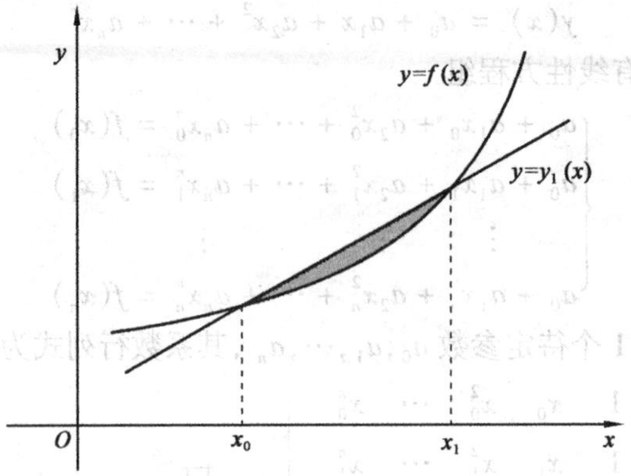


图 6.3

故 $$y_1(x) = \frac{x-9}{4-9}\times 2 + \frac{x-4}{9-4}\times 3 = -\frac{2}{5}(x-9) + \frac{3}{5}(x-4)$$

$$\sqrt{7} \approx y_1(7) = -\frac{2}{5}(7-9) + \frac{3}{5}(7-4) = \frac{13}{5} = 2.6$$

准确值 $\sqrt{7} = 2.6457513$

### 6.2.2 二次插值

已知数据 $(x_i, f(x_i))$，$i = 0,1,2$，现求一个二次多项式 $y_2(x)$ 使其满足

$$y_2(x_i) = f(x_i) \quad i = 0,1,2$$

由式(6.3)，令

$$y_2(x) = l_0(x)f(x_0) + l_1(x)f(x_1) + l_2(x)f(x_2)$$

其中 $l_j(x)$，$j = 0,1,2$ 均为二次多项式，且满足

$$l_j(x_i) = \delta_{ji} = \begin{cases} 1 & j = i \\ 0 & j \neq i \end{cases}$$

现用待定参数法来确定 $l_0(x), l_1(x), l_2(x)$，由于 $l_0(x)$ 为二次函数，且 $l_0(x_1) = l_0(x_2) = 0$，故可令

$$l_0(x) = \lambda(x-x_1)(x-x_2)$$

由 $l_0(x_0) = 1$ 有 $$\lambda(x_0-x_1)(x_0-x_2) = 1$$

$$\lambda = \frac{1}{(x_0-x_1)(x_0-x_2)}$$

所以 $$l_0(x) = \frac{(x-x_1)(x-x_2)}{(x_0-x_1)(x_0-x_2)} = \prod_{i=1}^{2}\frac{x-x_i}{x_0-x_i}$$

同理可得 $$l_1(x) = \frac{(x-x_0)(x-x_2)}{(x_1-x_0)(x_1-x_2)} = \prod_{\substack{i=0\\i\neq 1}}^{2}\frac{x-x_i}{x_1-x_i} \tag{6.4}$$

$$l_2(x) = \frac{(x-x_0)(x-x_1)}{(x_2-x_0)(x_2-x_1)} = \prod_{i=0}^{1}\frac{x-x_i}{x_2-x_i}$$

称 $l_0(x), l_1(x), l_2(x)$ 为 Lagrange 插值基函数，二次插值多项式为

$$y_2(x) = \sum_{j=0}^{2} l_j(x)f(x_j) = \sum_{j=0}^{2}\left(\prod_{\substack{i=0\\ i\neq j}}^{2}\frac{x-x_i}{x_j-x_i}\right)f(x_j) \tag{6.5}$$

其几何意义如图 6.4 所示，即用通过 3 个点 $(x_0,f(x_0))$，$(x_1,f(x_1))$，$(x_2,f(x_2))$ 的抛物线段来近似代替区间$[x_0, x_2]$上的曲线段。

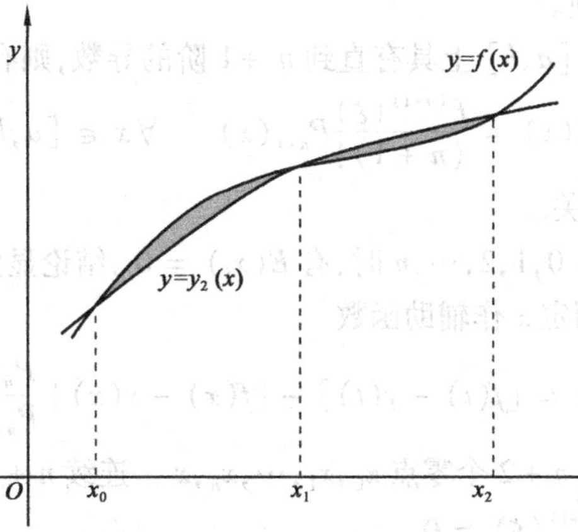


图 6.4

**例 6.2**　已知 $\sqrt{4}=2$，$\sqrt{9}=3$，$\sqrt{16}=4$，求 $\sqrt{7}$ 的近似值。

**解**　插值条件为　$y(4)=2, y(9)=3, y(16)=4$

$$\sqrt{7}\approx y_2(7) = \frac{(7-9)(7-16)}{(4-9)(4-16)}\times 2 + \frac{(7-4)(7-16)}{(9-4)(9-16)}\times 3 + \frac{(7-4)(7-9)}{(16-4)(16-9)}\times 4$$

$$= \frac{3}{5}+\frac{81}{35}-\frac{2}{7} = 2.6285714$$

### *6.2.3　n 次插值*

利用构造(6.4)的插值基函数的方法，可推导出一般的 $n$ 次插值多项式，引进记号。

$$P_{n+1}(x) = \prod_{i=0}^{n}(x-x_i) = (x-x_0)(x-x_1)\cdots(x-x_n)$$

则有　$$P'_{n+1}(x_j) = \prod_{\substack{i=0\\ i\neq j}}^{n}(x_j-x_i) = (x_j-x_0)\cdots(x_j-x_{j-1})(x_j-x_{j+1})\cdots(x_j-x_n)$$

$n$ 次的 Langrange 插值基函数为

$$l_j(x) = \frac{(x-x_0)(x-x_1)\cdots(x-x_{j-1})(x-x_{j+1})\cdots(x-x_n)}{(x_j-x_0)(x_j-x_1)\cdots(x_j-x_{j-1})(x_j-x_{j+1})\cdots(x_j-x_n)} \tag{6.6}$$

$$= \prod_{\substack{i=0\\ i\neq j}}^{n}\frac{x-x_i}{x_j-x_i} = \frac{P_{n+1}(x)}{(x-x_j)P'_{n+1}(x_j)} \qquad j=0,1,2,\cdots,n$$

$n$ 次插值多项式为

$$y_n(x) = \sum_{j=0}^{n} l_j(x)f(x_j) = \sum_{j=0}^{n}\left(\prod_{\substack{i=0\\ i\neq j}}^{n}\frac{x-x_i}{x_j-x_i}\right)f(x_j) \tag{6.7}$$

称式(6.7)为 $n$ 次 Lagrange 插值多项式，常记为 $L_n(x)$。

### 6.2.4 插值余项

**定义 6.2** 设 $y(x)$ 是在 $[a,b]$ 上满足插值条件的 $f(x)$ 的插值多项式。称

$$E(x) = f(x) - y(x)$$

为插值多项式 $y(x)$ 的余项。

**定理 6.2** 设 $f(x)$ 在 $[a,b]$ 上具有直到 $n+1$ 阶的导数,则有

$$E(x) = \frac{f^{(n+1)}(\xi)}{(n+1)!}P_{n+1}(x) \qquad \forall x \in [a,b]$$

其中 $\xi \in [a,b]$ 且与 $x$ 有关。

**证** 当 $x = x_i$ , $i = 0,1,2,\cdots,n$ 时,有 $E(x_i) = 0$ ,结论显然成立。

当 $x$ 非插值节点时,固定 $x$ 作辅助函数

$$\varphi(t) = [f(t) - y(t)] - [f(x) - y(x)]\frac{P_{n+1}(t)}{P_{n+1}(x)}$$

则 $\varphi(t)$ 是 $t$ 的函数且具有 $n+2$ 个零点 $x_0,x_1,\cdots,x_n,x$ 。连续 $n+1$ 次使用 Rolle 定理,至少存在一点 $\xi \in [a,b]$ ,使 $\varphi^{(n+1)}(\xi) = 0$。

而
$$\varphi^{(n+1)}(t) = f^{(n+1)}(t) - (f(x) - y(x))\frac{(n+1)!}{P_{n+1}(x)}$$

故
$$E(x) = f(x) - y(x) = \frac{f^{(n+1)}(\xi)}{(n+1)!}P_{n+1}(x)$$

从余项公式可以得出以下结论:当插值节点 $n+1$ 增加时,分母呈阶乘增加,一般来说余项会减小。当插值点 $x$ 位于已知节点界定的区间内时,称为内插;$x$ 不在此区间时,称为外推。外推时 $|P_{n+1}(x)| = |(x-x_0)(x-x_1)\cdots(x-x_n)|$ 会比较大,误差比内插时要大得多。因此,非不得已不要外推。

**例 6.3** 设 $f(x) = \ln x$ ,给出如下数据,求 $f(0.6)$ 的近似值。

| $x_i$ | 0.4 | 0.5 | 0.7 | 0.8 |
|---|---|---|---|---|
| $f(x_i)$ | -0.916291 | -0.693147 | -0.356675 | -0.223144 |

**解**
$$l_0(0.6) = \frac{(0.6-0.5)(0.6-0.7)(0.6-0.8)}{(0.4-0.5)(0.4-0.7)(0.4-0.8)} = -\frac{1}{6}$$

同理可计算 $l_1(0.6) = \frac{2}{3}$, $l_2(0.6) = \frac{2}{3}$, $l_3(0.6) = -\frac{1}{8}$

$$L_3(0.6) = \sum_{j=0}^{3} l_j(0.6)f(x_j) = -0.509976$$

准确值
$$\ln 0.6 = -0.5108256$$

余项
$$E(0.60) = \frac{P_4(0.60)}{4!}\cdot\frac{-6}{\xi^4} = -\frac{0.0001}{\xi^4} \qquad \xi \in [0.4,0.8]$$

$$|E(0.60)| < \frac{1}{256} \approx 0.003906$$

Lagrange 插值多项式的一个明显的优点是形式对称,易于编制程序,只需用二重循环就可

完成 $L_n(x)$ 的计算。对大多数插值而言,余项将会随着节点个数增加(即插值多项式次数的提高)而减小。因此,一般可以通过增加插值节点的个数,即提高插值多项式的次数来提高插值精度。

但是在使用 Lagrange 插值多项式时,当增加插值节点 $x_{n+1}$ 时,原来算出的每一个插值基函数 $l_j(x)$, $j=0,1,2,\cdots,n$ ,不能再用,都得重新计算,这就造成计算的浪费。因此在实用中需要构造能充分利用以前计算结果的插值方法。

## 6.3　Newton 插值法

### 6.3.1　差商

1)差商的概念(差商又称为均差)

定义6.3 设函数$f(x)$ 在 $[a,b]$ 上有定义, $x_0,x_1,x_2,\cdots$ 是 $[a,b]$ 上互异节点,其函数值为 $f(x_0),f(x_1),f(x_2),\cdots$。称

$$f[x_0,x_1]=\frac{f(x_0)-f(x_1)}{x_0-x_1}$$

为函数$f(x)$ 在 $x_0,x_1$ 处的一阶差商。称

$$f[x_0,x_1,x_2]=\frac{f[x_0,x_1]-f[x_1,x_2]}{x_0-x_2}$$

为函数$f(x)$ 在 $x_0,x_1,x_2$ 处的二阶差商。一般地,称

$$f[x_0,x_1,\cdots,x_{k-1},x_k]=\frac{f[x_0,x_1,\cdots,x_{k-1}]-f[x_1,x_2,\cdots,x_k]}{x_0-x_k}$$

为函数$f(x)$ 在 $x_0,x_1,\cdots,x_k$ 处的 $k$ 阶差商。

2)差商的性质

①函数 $f(x)$ 的 $k$ 阶差商可由节点处的函数值 $f(x_0),f(x_1),\cdots,f(x_k)$ 的线性组合来表示,且

$$f[x_0,x_1,\cdots,x_{k-1},x_k]=\sum_{i=0}^{k}\frac{f(x_i)}{P'_{k+1}(x_i)}$$

②差商具有对称性:在$f(x)$ 的 $k$ 阶差商中交换节点 $x_i,x_j$ 的位置,差商的值不变。

$$f[x_0,x_1,\cdots,x_i,\cdots,x_j,\cdots,x_k]=f[x_0,x_1,\cdots,x_j,\cdots,x_i,\cdots,x_k]$$

所以,$f(x)$ 的 $k$ 阶差商也可以定义为

$$f[x_0,x_1,\cdots,x_{k-1},x_k]=\frac{f[x_0,x_1,\cdots,x_{k-2},x_k]-f[x_0,x_1,\cdots,x_{k-2},x_{k-1}]}{x_k-x_{k-1}}$$

③若$f(x)$ 的 $k$ 阶差商 $f[x_0,x_1,\cdots,x_{k-1},x]$ 是 $x$ 的 $m$ 次多项式,则 $f(x)$ 的 $k+1$ 阶差商 $f[x_0,x_1,\cdots,x_{k-1},x_k,x]$ 是 $x$ 的 $m-1$ 次多项式。特别的,对 $n$ 次多项式 $f(x)$ 的 $k$ 阶差商,当 $k=n$ 时是常数,当$k>n$时恒为 0。

④差商与导数之间的关系

$$f[x_0,x_1,\cdots,x_k]=\frac{f^{(k)}(\xi_k)}{k!}$$

其中，$\xi_k$ 与节点 $x_0, x_1, \cdots, x_k$ 有关。特别的，由导数的定义有

$$f'(x_0) = \lim_{x \to x_0} \frac{f(x) - f(x_0)}{x - x_0} = \lim_{x \to x_0} f[x, x_0] \quad \underline{\text{记为}} \quad f[x_0, x_0]$$

### 6.3.2 Newton 插值多项式

由差商的定义有

$$f(x) = f(x_0) + f[x, x_0](x - x_0)$$

$$f[x, x_0] = f[x_0, x_1] + f[x, x_0, x_1](x - x_1)$$

$$f[x, x_0, x_1] = f[x_0, x_1, x_2] + f[x, x_0, x_1, x_2](x - x_2)$$

$$\vdots$$

$$f[x, x_0, \cdots, x_{n-1}] = f[x_0, x_1, \cdots, x_{n-1}, x_n] + f[x, x_0, \cdots, x_n](x - x_n)$$

依次将后一个等式带入前一个等式，就有

$$\begin{aligned} f(x) &= f(x_0) + f[x_0, x_1](x - x_0) + f[x_0, x_1, x_2](x - x_0)(x - x_1) + \\ &\cdots + f[x_0, x_1, \cdots, x_{n-1}, x_n](x - x_0)(x - x_1)\cdots(x - x_{n-1}) + \\ &f[x, x_0, \cdots, x_n](x - x_0)(x - x_1)\cdots(x - x_{n-1})(x - x_n) \\ &\underline{\text{记为}} \quad N_n(x) + f[x, x_0, \cdots, x_n]P_{n+1}(x) \end{aligned} \tag{6.8}$$

在式(6.8)中的 $x$ 取为插值节点，有

$$N_n(x_i) = f(x_i) \qquad i = 0, 1, 2, \cdots, n$$

即 $N_n(x)$ 是满足插值条件的 $n$ 次多项式，称为 Newton 插值多项式，其余项

$$E(x) = f(x) - N_n(x) = f[x, x_0, x_1, \cdots, x_n]P_{n+1}(x) \tag{6.9}$$

由插值多项式的唯一性，虽然 Lagrange 插值多项式与 Newton 插值多项式的构造方式不同，但恒有

$$N_n(x) \equiv L_n(x) \tag{6.10}$$

比较式(6.10)两端 $x^n$ 的系数，就有

$$f[x_0, x_1, \cdots, x_n] = \sum_{i=0}^{n} \frac{f(x_i)}{P'_{n+1}(x_i)}$$

这正是差商的性质①得出的结论。

仍由式(6.10)可知，这两个插值多项式的余项也应相同。即

$$E(x) = f[x, x_0, x_1, \cdots, x_n]P_{n+1}(x) = \frac{f^{(n+1)}(\xi)}{(n+1)!}P_{n+1}(x)$$

故有

$$f[x, x_0, x_1, \cdots, x_n] = \frac{f^{(n+1)}(\xi)}{(n+1)!}$$

这也是差商性质④得出的结论。

在利用 Newton 插值多项式进行插值时，常利用下面的差商表来加以计算：

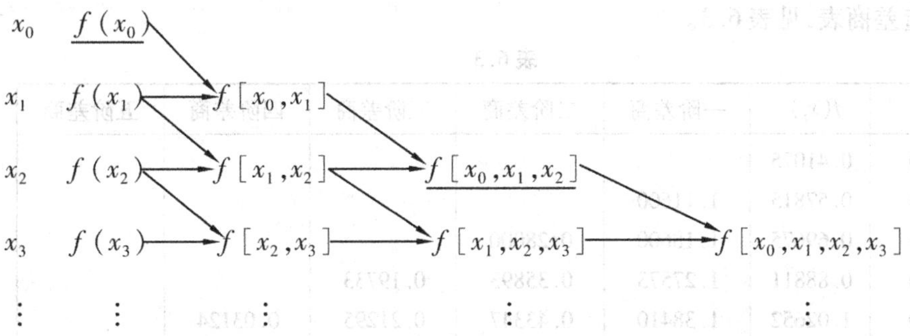


Newton 插值多项式的一个显著优点是它的每一项都是按 $x$ 的指数作升幂排列,这样当需要增加节点提高插值多项式次数时,可以充分利用前面已经计算出的结果。

$$N_k(x) = N_{k-1}(x) + f[x_0,x_1,\cdots,x_k](x-x_0)(x-x_1)\cdots(x-x_{k-1})$$

即 $k$ 次 Newton 差商插值多项式是在 $k-1$ 次 Newton 插值多项式的基础上增加了一项修正项

$$f[x_0,x_1,\cdots,x_k](x-x_0)(x-x_1)\cdots(x-x_{k-1})$$

作补偿或修正,从而提高了插值的精度。

**例 6.4** 已知 $\sin x$ 在 0°,30°,45°,60°,90° 的数表:

| $x$ | 0 | 30 | 45 | 60 | 90 |
|---|---|---|---|---|---|
| $\sin x$ | 0 | 0.50000 | 0.70711 | 0.86603 | 1 |

求 $\sin 10^\circ$,$\sin 40^\circ$ 的近似值。

**解** 构造差商表,见表 6.2。

**表 6.2**

| $x_i$ | $f(x_i)$ | 一阶差商 | 二阶差商 | 三阶差商 | 四阶差商 |
|---|---|---|---|---|---|
| 0 | 0.00000 | | | | |
| 30 | 0.50000 | 0.01667 | | | |
| 45 | 0.70711 | 0.01381 | −0.0000635 | | |
| 60 | 0.86603 | 0.01060 | −0.0001070 | −0.000000726 | |
| 90 | 1.00000 | 0.00447 | −0.0001362 | −0.000000485 | 0.0000000267 |

$N_1(10) = 0 + 0.01667 \times 10 = 0.16667$

$N_2(10) = N_1(10) - 0.0635 \times 10 \times (-20) = 0.17938$

$N_3(10) = N_2(10) - 0.000000726 \times 10 \times (-20) \times (-35) = 0.17430$

$N_4(10) = \cdots = 0.17336$

精确值:$\sin 10^\circ = 0.173648$。类似的,可计算 $N_4(40) = 0.64281$,$\sin 40^\circ = 0.642788$。

**例 6.5** 设有如下数据,求 $f(0.596)$ 的近似值。

| $x_i$ | 0.40 | 0.55 | 0.65 | 0.80 | 0.90 | 1.05 |
|---|---|---|---|---|---|---|
| $f(x_i)$ | 0.41075 | 0.57815 | 0.69675 | 0.88811 | 1.02652 | 1.25382 |

**解** 构造差商表,见表6.3。

表6.3

| $x_i$ | $f(x_i)$ | 一阶差商 | 二阶差商 | 三阶差商 | 四阶差商 | 五阶差商 |
|---|---|---|---|---|---|---|
| 0.40 | 0.41075 | | | | | |
| 0.55 | 0.57815 | 1.11600 | | | | |
| 0.65 | 0.69675 | 1.18600 | 0.28000 | | | |
| 0.80 | 0.88811 | 1.27573 | 0.35893 | 0.19733 | | |
| 0.90 | 1.02652 | 1.38410 | 0.43347 | 0.21295 | 0.03124 | |
| 1.05 | 1.25382 | 1.51533 | 0.52493 | 0.22867 | 0.031429 | 0.00029 |

$$N_1(x)=0.41075+1.116(0.596-0.4)=0.62949$$

$$N_2(x)=N_1(x)+0.28(0.596-0.4)(0.596-0.55)=0.63201$$

$$N_3(x)=N_2(x)+0.19733(0.596-0.4)(0.596-0.55)(0.596-0.65)=0.63191$$

$$N_4(x)=N_3(x)+0.03124(0.596-0.4)(0.596-0.55)(0.596-0.65)(0.596-0.8)=0.63192$$

$$N_5(x)=N_4(x)+0.00029(0.596-0.4)(0.596-0.55)(0.596-0.65)\times(0.596-0.8)(0.596-0.9)=0.63192$$

在实用中,当节点个数比较多时,常从被插值点 $x$ 的附近节点处作低次插值,并逐步增加节点个数,即提高插值多项式的次数,用

$$|N_k(x)-N_{k-1}(x)|=|f[x_0,x_1,\cdots,x_k](x-x_0)(x-x_1)\cdots(x-x_{k-1})|$$

的值来作为判别计算终止的条件,以例6.5的数据为例,可重新排列 $x_i$ 为:

$$x=(0.55,0.65,0.40,0.80,0.90,1.05)^T$$

效果要好一些。

# *6.4 差分插值

前面介绍的牛顿和拉格朗日插值多项式对任意间隔的数据都能进行插值,但在计算机出现之前等间隔插值问题已经广泛应用。比如差商表计算框架就是为了方便等间隔插值方法的实现而开发的,因此这一节我们介绍一种等间隔插值方法——差分插值。

## *6.4.1 差分的概念

**定义6.3** 设节点是等距节点,步长为 $h$,称

$$\Delta f(x)=f(x+h)-f(x)$$

为 $f(x)$ 的一阶向前差分。称

$$\Delta^k f(x)=\Delta^{k-1}f(x+h)-\Delta^{k-1}f(x),\quad k=1,2,\cdots$$

为 $f(x)$ 的 $k$ 阶向前差分。称

$$\nabla f(x)=f(x)-f(x-h)$$

为 $f(x)$ 的一阶向后差分。称

$$\nabla^k f(x)=\nabla^{k-1}f(x)-\nabla^{k-1}f(x-h),\quad k=1,2,\cdots$$

为$f(x)$ 的 $k$ 阶向后差分。称

$$\delta f(x)=f\left(x+\frac{h}{2}\right)-f\left(x-\frac{h}{2}\right)$$

为$f(x)$ 的一阶中心差分。称

$$\delta^k f(x)=\delta^{k-1}f\left(x+\frac{h}{2}\right)-\delta^{k-1}f\left(x-\frac{h}{2}\right)$$

为$f(x)$ 的 $k$ 阶中心差分。

并规定　　$\Delta^0 f(x)=f(x)$，$\nabla^0 f(x)=f(x)$，$\delta^0 f(x)=f(x)$。

### *6.4.2　差分的性质

差分与微分的性质有很多相似之处，这里为叙述方便，仅以向前差分为例。

①差分均可表示成函数值的线性组合，且

$$\Delta^k f(x)=\sum_{i=0}^{k}(-1)^{k-i}\binom{k}{i}f(x+ih)$$

其中，$\binom{k}{i}=\frac{k!}{i!(k-i)!}$。

②常数的差分为0。

③若$f(x)$ 是 $x$ 的 $m$ 次多项式，则$f(x)$ 在点 $x$ 处的 $k$ 阶差分 $\Delta^k f(x)$ 在 $0\leqslant k\leqslant m$ 时是 $x$ 的 $m-k$ 次多项式，当 $k>m$ 时，$\Delta^k f(x)\equiv 0$。

④差分与差商的关系。当节点是等距节点时，即 $x_i=x_0+ih$，有

$$f[x_0,x_1,\cdots,x_i]=\frac{\Delta^i f(x_0)}{i!h^i}$$

⑤ $\nabla^k f(x_i)=\Delta^k f(x_{i-k})$。

### *6.4.3　常用差分插值多项式

1）Newton 向前插值公式

设节点是等距节点，即 $x_i=x_0+ih$，　$i=0,1,2,\cdots,n$。当 $x$ 靠近表头时，用 Newton 向前插值公式。令 $x=x_0+th,t\in[0,n]$，则有

$$\begin{aligned}N_n(x)&=N_n(x_0+th)\\&=f(x_0)+f[x_0,x_1](x-x_0)+f[x_0,x_1,x_2](x-x_0)(x-x_1)+\\&\quad\cdots+f[x_0,x_1,\cdots,x_n](x-x_0)(x-x_1)\cdots(x-x_{n-1})\\&=f(x_0)+\frac{\Delta f(x_0)}{h}th+\frac{\Delta^2 f(x_0)}{2!h^2}t(t-1)h^2+\cdots+\frac{\Delta^n f(x_0)}{n!h^n}t(t-1)\cdots(t-n+1)h^n\\&=\sum_{i=0}^{n}\frac{t(t-1)\cdots(t-i+1)}{i!}\Delta^i f(x_0)\end{aligned}\tag{6.11}$$

余项　$$E_n(x_0+th)=\frac{t(t-1)\cdots(t-n)}{(n+1)!}h^{n+1}f^{(n+1)}(\xi)\tag{6.12}$$

2)Newton 向后插值

当 $x$ 靠近表尾时,用 Newton 向后插值,令 $x = x_n + th, t \in [-n, 0]$,则有

$$\begin{aligned} N_n(x) &= N_n(x_n + th) \\ &= f(x_n) + f[x_n, x_{n-1}](x - x_n) + f[x_n, x_{n-1}, x_{n-2}](x - x_n)(x - x_{n-1}) + \\ &\quad \cdots + f[x_n, x_{n-1}, \cdots, x_0](x - x_n)(x - x_{n-1})\cdots(x - x_1) \\ &= \sum_{i=0}^{n} \frac{t(t+1)\cdots(t+i-1)}{i!} \nabla^i f(x_n) \\ &= \sum_{i=0}^{n} \frac{t(t+1)\cdots(t+i-1)}{i!} \Delta^i f(x_{n-i}) \end{aligned} \tag{6.13}$$

余项

$$E_n(x_n + th) = \frac{t(t-1)\cdots(t-n)}{(n+1)!} h^{n+1} f^{(n+1)}(\xi) \tag{6.14}$$

常用表 6.4 所示的差分表进行插值。

表 6.4

| $x_i$ | $f(x_i)$ | $\Delta f(x_i)$ | $\Delta^2 f(x_i)$ | $\Delta^3 f(x_i)$ | $\Delta^4 f(x_i)$ |
|---|---|---|---|---|---|
| $x_0$ | $f(x_0)$ | | | | |
| | | $\Delta f(x_0)$ | | | |
| $x_1$ | $f(x_1)$ | | $\Delta^2 f(x_0)$ | | |
| | | $\Delta f(x_1)$ | | $\Delta^3 f(x_0)$ | |
| $x_2$ | $f(x_2)$ | | $\Delta^2 f(x_1)$ | | $\Delta^4 f(x_0)$ |
| | | $\Delta f(x_2)$ | | $\Delta^3 f(x_1)$ | |
| $x_3$ | $f(x_3)$ | | $\Delta^2 f(x_2)$ | | |
| | | $\Delta f(x_3)$ | | | |
| $x_4$ | $f(x_4)$ | | | | |

**例 6.6** 已知 $f(x) = \sqrt[3]{x}$ 在 $x_i = 0, 1, 2, \cdots, 6$ 的值,求 $\sqrt[3]{1.3}$, $\sqrt[3]{5.6}$, $\sqrt[3]{3.5}$ 的近似值。

**解** 构造差分表见表 6.5。

表 6.5

| $x$ | $f(x)$ | $\Delta f(x)$ | $\Delta^2 f(x)$ | $\Delta^3 f(x)$ | $\Delta^4 f(x)$ | $\Delta^5 f(x)$ | $\Delta^6 f(x)$ |
|---|---|---|---|---|---|---|---|
| 0 | 0.00000 | | | | | | |
| | | 1.0000 | | | | | |
| 1 | 1.00000 | | −0.74008 | | | | |
| | | 0.25992 | | 0.66248 | | | |
| 2 | 1.25992 | | −0.07759 | | −0.62207 | | |
| | | 0.18232 | | 0.04042 | | 0.59626 | |
| 3 | 1.44225 | | −0.03718 | | −0.02582 | | −0.57789 |
| | | 0.14515 | | 0.01460 | | 0.01836 | |
| 4 | 1.58740 | | −0.02258 | | −0.00745 | | |
| | | 0.12257 | | 0.00715 | | | |
| 5 | 1.70998 | | −0.01543 | | | | |
| | | 0.10714 | | | | | |
| 6 | 1.81712 | | | | | | |

$\sqrt[3]{1.3}$ <u>向前差分</u> $1.0000 + 0.3 \times 0.25992 + \frac{0.3 \times (0.3 - 1)}{2!}(-0.07759) +$

$\frac{0.3 \times (0.3 - 1)(0.3 - 2)}{3!} 0.04042 + \frac{0.3 \times (0.3 - 1)(0.3 - 2)(0.3 - 3)}{4!}(-0.02582) +$

$\frac{0.3 \times (0.3 - 1)(0.3 - 2)(0.3 - 3)(0.3 - 4)}{5!} 0.01836 = 1.09011$

$\sqrt[3]{5.6}$ <u>向后差分</u> $1.81712 - 0.4 \times 0.10714 + \frac{-0.4(-0.4 + 1)}{2!}(-0.01544) +$

$$\frac{-0.4(-0.4+1)(-0.4+2)}{3!}0.00715+\frac{-0.4(-0.4+1)(-0.4+2)(-0.4+3)}{4!}\times$$

$$(-0.00745)+\frac{-0.4(-0.4+1)(-0.4+2)(-0.4+3)(-0.4+4)}{5!}0.01836$$

$$=1.77542$$

准确值：$\sqrt[3]{1.3}=1.0913928$，　$\sqrt[3]{5.6}=1.7758080$。

对$\sqrt[3]{3.5}$可用中心差分插值，请读者自行完成。

差分插值避免了差商插值的除法计算，既减小了计算工作量，又减小了舍入误差的累积。差分插值对构造各类数学用表发挥过巨大作用。

## 6.5 Hermite 插值

在应用中，不少的实际插值问题不仅要求 $y(x)$ 在节点处与 $f(x)$ 具有相同的函数值，而且要求 $y(x)$ 在部分节点处与 $y(x)$ 具有相同的一阶甚至高阶导数值，这类插值统称为 Hermite 插值。Hermite 插值条件的组合很多，研究得较多的是带一阶导数条件的插值。本书就称一阶导数条件的插值为 Hermite 插值。

### 6.5.1 带一阶导数的Hermite 插值

1）Hermite 插值条件

要求 $y(x)$ 在节点处与 $f(x)$ 具有相同的函数值，且要求 $y(x)$ 在部分节点处与 $y(x)$ 具有相同的一阶导数值，此时的插值条件为：

$$\begin{cases} y(x_i)=f(x_i) & i=0,1,2,\cdots,n \\ y'(x_{k_i})=f'(x_{k_i}) & i=0,1,2,\cdots,r \end{cases} \tag{6.15}$$

其中 $x_{k_0},x_{k_1},\cdots,x_{k_r}$ 是节点 $x_0,x_1,\cdots,x_n$ 中的 $r+1$ 个节点，插值条件（6.11）共有 $n+r+2$ 个条件。

**定义 6.4**　若 $y(x)\in M_{n+r+1}$ 且满足插值条件(6.15)，则称 $y(x)$ 是 Hermite 插值多项式。

2）Hermite 插值多项式存在唯一性

**定理 6.3**　Hermite 插值多项式存在且唯一。

设 Hermite 插值多项式 $y(x)$，形如

$$y(x)=\sum_{j=0}^{n}h_i(x)f(x_i)+\sum_{j=0}^{r}\bar{h}_{k_j}f'(x_{k_j}) \tag{6.16}$$

其中，$h_j(x)$，$\bar{h}_{k_j}(x)$ 是次数不超过 $n+r+1$ 次的多项式，称为 Hermite 插值基函数。

引入记号

$$P_{n+1}(x)=(x-x_0)(x-x_1)\cdots(x-x_n)$$

$$P_{r+1}(x)=(x-x_{k_0})(x-x_{k_1})\cdots(x-x_{k_r})$$

令

$$l_{jn}(x)=\frac{P_{n+1}(x)}{(x-x_j)P'_{n+1}(x_j)}\quad j=0,1,2,\cdots,n$$

$$l_{jr}(x)=\frac{P_{r+1}(x)}{(x-x_j)P'_{r+1}(x_j)}\quad j=k_0,k_1,\cdots,k_r$$

Hermite 插值基函数可取为：

$$h_j(x) = \begin{cases} [1-(x-x_j)(l'_{jn}(x_j)+l'_{jr}(x_j))]l_{jn}(x)l_{jr}(x) & j=k_0,k_1,\cdots,k_r \\ l_{jn}(x)\dfrac{P_{r+1}(x)}{P'_{r+1}(x_j)} & j=0,1,2,\cdots,n \text{ 但 } j\neq k_0,k_1,\cdots,k_r \end{cases}$$

$$\bar{h}_j(x) = (x-x_j)l_{jn}(x)l_{jr}(x) \quad j=k_0,k_1,\cdots,k_r$$

3) Hermite 插值多项式的余项

**定理 6.4** 设 $f(x)$ 在 $[a,b]$ 上具有直到 $n+r+2$ 阶导数，则 Hermite 插值多项式的余项为

$$E(x) = \frac{f^{(n+r+2)}(\xi)}{(n+r+2)!}P_{n+1}(x)P_{r+1}(x) \quad \forall x\in[a,b],\ \xi\in[a,b] \tag{6.17}$$

4) 带完全一阶导数的 Hermite 插值

常记 Hermite 插值多项式为 $H(x)$，特别当 $n=r$ 时，Hermite 插值多项式(6.16)就为：

$$H(x) = \sum_{j=0}^{n} h_j(x)f(x_j) + \sum_{j=0}^{n}\bar{h}_j(x)f'(x_j) \tag{6.18}$$

其中
$$h_j(x) = [1-2(x-x_j)l'_j(x_j)]l_j^2(x)$$
$$\bar{h}_j(x) = (x-x_j)l_j^2(x) \quad j=0,1,2,\cdots,n$$

$l_j(x)$ 为 Lagrange 插值基函数。

$$l'_j(x_j) = \sum_{\substack{i=0\\ i\neq j}}^{n}\frac{1}{x_j-x_i}$$

余项为
$$E(x) = \frac{f^{(2n+2)}(\xi)}{(2n+2)!}P_{n+1}^2(x) \tag{6.19}$$

**例 6.7** 给出 ln $x$ 的如下数据，用 Hermite 插值多项式求 ln0.6 的近似值，并估计其误差。

| $x_i$ | 0.40 | 0.50 | 0.70 | 0.80 |
|---|---|---|---|---|
| $f(x_i)=\ln x_i$ | −0.916291 | −0.693147 | −0.356675 | −0.223144 |
| $f'(x_i)=\dfrac{1}{x_i}$ | 2.50 | 2.00 | 1.43 | 1.25 |

**解** 
$$h_0(0.60) = \left[1-2(0.6-0.4)\left(\frac{1}{0.4-0.5}+\frac{1}{0.4-0.7}+\frac{1}{0.4-0.8}\right)\right]\times \left[\frac{(0.6-0.5)(0.6-0.7)(0.6-0.8)}{(0.4-0.5)(0.4-0.7)(0.4-0.8)}\right]^2 = \frac{11}{54}$$

同理
$$h_1(0.60) = \frac{8}{27},\quad h_2(0.60) = \frac{8}{27},\quad h_3(0.60) = \frac{11}{54}$$

$$\bar{h}_0(0.60) = (0.6-0.4)\left[\frac{(0.6-0.5)(0.6-0.7)(0.6-0.8)}{(0.4-0.5)(0.4-0.7)(0.4-0.8)}\right]^2 = \frac{1}{180}$$

同理
$$\bar{h}_1(0.60) = \frac{2}{45},\quad \bar{h}_2(0.60) = -\frac{2}{45},\quad \bar{h}_3(0.60) = -\frac{1}{180}$$

由式(6.18)，有

$$H_7(0.60) = \sum_{j=0}^{3}h_j(0.6)f(x_j) + \sum_{j=0}^{3}\bar{h}_j(0.6)f'(x_j) = -0.510824$$

比较准确值 ln0.60 = −0.510826 和 Lagrange 插值 $L_3(0.6) = -0.509976$，可见比 Lagrange 插值好得多。误差估计

$$E(0.6) = \frac{f^{(8)}(\xi)}{8!}P_4^2(0.6)$$

$$= \frac{1}{8!}\left(-\frac{7!}{\xi^8}\right)[(0.6-0.4)(0.6-0.5)(0.6-0.7)(0.6-0.8)]^2 \quad \xi \in [0.4,0.8]$$

$$|E(0.6)| \leqslant \frac{0.0004^2}{8\times(0.4)^8} = 3.0125\times10^{-5}$$

### 6.5.2 两种常用的三次Hermite 插值

1）两点三次 Hermite 插值

已知 $x_0,x_1$ 的函数值 $y_0,y_1$ 和导数值 $y'_0,y'_1$，求作一个三次多项式 $H_3(x)$，使满足：$H_3(x_0)=y_0, H_3(x_1)=y_1; H'_3(x_0)=y'_0, H'_3(x_1)=y'_1$。

在式(6.18)和式(6.19)中令 $n=1$，得：

$$H_3(x) = \left(1+2\frac{x-x_0}{x_1-x_0}\right)\left(\frac{x-x_1}{x_0-x_1}\right)^2 y_0 + \left(1+2\frac{x-x_1}{x_0-x_1}\right)\left(\frac{x-x_0}{x_1-x_0}\right)^2 y_1 + (x-x_0)\left(\frac{x-x_1}{x_0-x_1}\right)^2 y'_0 + (x-x_1)\left(\frac{x-x_0}{x_1-x_0}\right)^2 y'_1 \quad (6.20)$$

及误差估计式

$$E(x) = \frac{f^{(4)}(\xi)}{4!}(x-x_0)^2(x-x_1)^2 \quad (6.21)$$

2）三点三次 Hermite 插值

已知 $x_0,x_1,x_2$ 的函数值 $y_0,y_1,y_2$ 和中间一点的导数值 $y'_1$，求作一个三次多项式 $H_3(x)$，使满足：$H_3(x_0)=y_0, H_3(x_1)=y_1, H_3(x_2)=y_2, H'_3(x_1)=y'_1$。

由式(6.16)，式(6.17)的推导方法：

$$h_0(x) = \frac{(x-x_1)^2(x-x_2)}{(x_0-x_1)^2(x_0-x_2)}$$

$$h_1(x) = \left[1-(x-x_1)\left(\frac{1}{x_1-x_0}+\frac{1}{x_1-x_2}\right)\right]\frac{(x-x_0)(x-x_2)}{(x_1-x_0)(x_1-x_2)}$$

$$h_2(x) = \frac{(x-x_0)(x-x_1)^2}{(x_2-x_0)(x_2-x_1)^2}$$

$$\bar{h}_1(x) = (x-x_1)\frac{(x-x_0)(x-x_2)}{(x_1-x_0)(x_1-x_2)}$$

得 Hermite 插值多项式：

$$H_3(x) = \frac{(x-x_1)^2(x-x_2)}{(x_0-x_1)^2(x_0-x_2)}y_0 + \left[1-(x-x_1)\left(\frac{1}{x_1-x_0}+\frac{1}{x_1-x_2}\right)\right]\frac{(x-x_0)(x-x_2)}{(x_1-x_0)(x_1-x_2)}y_1 + \frac{(x-x_0)(x-x_1)^2}{(x_2-x_0)(x_2-x_1)^2}y_2 + \frac{(x-x_0)(x-x_1)(x-x_2)}{(x_1-x_0)(x_1-x_2)}y'_1 \quad (6.22)$$

同样可得余值项表达式

$$E(x)=\frac{f^{(4)}(\xi)}{4!}(x-x_0)(x-x_1)^2(x-x_2) \tag{6.23}$$

**例 6.8** 给出 $\sin x$ 的如下数据,用 3 次 Hermite 插值(6.20)和(6.22)求 $\sin 40^\circ$ 的近似值,结果精确到 6 位小数并估计其误差。(精确值 $\sin 40^\circ=0.6427876$)

| $x_i$ | $30^\circ$ | $45^\circ$ | $60^\circ$ |
|---|---|---|---|
| $\sin x_i$ | 0.500000 | 0.707107 | 0.866025 |
| $\cos x_i$ | 0.866025 | 0.707107 | 0.500000 |

**解** ①用两点三次 Hermite 插值计算:

$$H_3(x)=\left(1+2\frac{40-30}{45-30}\right)\left(\frac{40-45}{30-45}\right)^2\times 0.5+\left(1+2\frac{40-45}{30-45}\right)\left(\frac{40-30}{45-30}\right)^2\times 0.707107+$$

$$(40-30)\left(\frac{40-45}{30-45}\right)^2\times 0.866025+(40-45)\left(\frac{40-30}{45-30}\right)^2\times 0.707107$$

$$=0.1296296+0.5237828+0.0167944-0.0274252=0.642782$$

$$E(40^\circ)\leqslant\frac{1}{4}(x-x_0)^2(x-x_1)^2=\frac{1}{4}(2\pi/9-\pi/6)^2(2\pi/9-\pi/4)^2=0.00005799$$

②用三点三次 Hermite 插值计算:

$$H_3(x)=\frac{40-60}{30-60}\left(\frac{40-45}{30-45}\right)^2\times 0.5+\left[1-(40-45)\left(\frac{1}{45-30}+\frac{1}{45-60}\right)\right]\frac{(40-30)(40-60)}{(45-30)(45-60)}$$

$$\times 0.707107+\frac{40-30}{60-30}\left(\frac{40-45}{60-45}\right)^2\times 0.866025+\frac{(40-30)(40-45)(40-60)}{(45-30)(45-60)}\times 0.707107$$

$$=0.0370370+0.6285394+0.0320750-(-0.0548504)=0.642801$$

$$|E(40^\circ)|\leqslant\frac{1}{4}|(x-x_0)(x-x_1)^2(x-x_2)|$$

$$=\frac{1}{4}|(2\pi/9-\pi/6)(2\pi/9-\pi/4)^2(2\pi/9-\pi/3)|=0.000116$$

可见两点或三点的三次 Hermite 插值效果已相当不错。

# 6.6 分段插值

### *6.6.1 Runge 振荡现象*

由 Lagrange 插值多项式的余项公式

$$|E(x)|=\left|\frac{f^{(n+1)}(\xi)}{(n+1)!}P_{n+1}(x)\right|\leqslant\frac{M}{(n+1)!}|P_{n+1}(x)| \tag{6.24}$$

其中,$M=\max\limits_{a\leqslant x\leqslant b}|f^{(n+1)}(x)|$。从式(6.17)看出,当 $M$ 随 $n$ 的增大变化不大时,$|E(x)|$ 将会随 $n$ 的增大而减小。所以在很多时候,可以通过增加插值节点的个数,即提高插值多项式的次数来提高精度。但这并不总是可行的,如下例所示。

**例 6.9** 设有函数

$$f(x) = \frac{1}{1+x^2}$$

该函数在 $(-\infty, +\infty)$ 上具有任意阶的导数，在 $[-5,5]$ 上取等距节点 $x_i = -5 + i\ (i = 0,1,2,\cdots,10)$ 进行 Lagrange 插值，插值效果如图 6.5 所示。

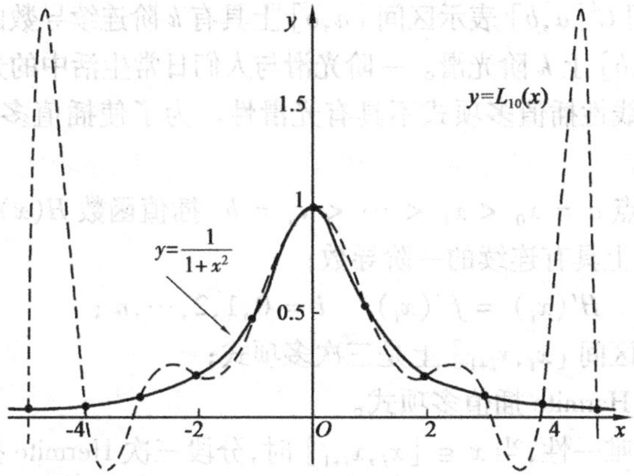


图 6.5

插值多项式在 $(-3.63, 3.63)$）内与 $f(x)$ 有较好的近似，但在该区间之外特别是 $x = \pm 5$ 附近，误差很大，发生了振荡，称为 Runge 振荡现象。而且随着 $n$ 的增大，振荡越厉害。

所以，对该例而言，增加插值节点并没有提高精度，反而使误差更大。为避免 Runge 振荡现象的发生，并不提倡用高次多项式进行插值，而宁可用低次多项式作分段插值。

### *6.6.2 分段线性插值*

**定义 6.5** 设已知点 $a = x_0 < x_1 < \cdots < x_n = b$ 上的函数值 $f(x_0), f(x_1), \cdots, f(x_n)$，若有一折线函数 $y(x)$ 满足：

① $y(x)$ 在 $[a,b]$ 上连续；

② $y(x_i) = f(x_i) \quad i = 0,1,2,\cdots,n$；

③ $y(x)$ 在每个子区间 $[x_i, x_{i+1}]$ 上是线性函数；

则称 $y(x)$ 是 $f(x)$ 的分段线性插值函数.

由插值多项式的唯一性，$y(x)$ 在每个小区间 $[x_i, x_{i+1}]$ 上可表示为

$$y(x) = \frac{x - x_{i+1}}{x_i - x_{i+1}} f(x_i) + \frac{x - x_i}{x_{i+1} - x_i} f(x_{i+1}) \qquad x_i \leqslant x \leqslant x_{i+1} \tag{6.25}$$

**定理 6.5** 设 $f''(x)$ 在 $[a,b]$ 上存在，$y(x)$ 是 $f(x)$ 的分段性插值函数。

令 $h = \max\limits_{0\leqslant i\leqslant n-1}(x_{i+1} - x_i)$，$M = \max\limits_{x\in[a,b]} |f''(x)|$，则有

① $\lim\limits_{h\to 0} y(x) = f(x)$；

② $|E(x)| = |f(x) - y(x)| \leqslant \dfrac{M}{8}h^2$。

**证**

$$|R_i(x)| = \frac{|f''(\xi_i)|}{2}|(x - x_i)(x - x_{i+1})| \leqslant \frac{M}{2}\frac{[(x - x_i) + (x_{i+1} - x)]^2}{4} = \frac{M}{8}h_i^2 \leqslant \frac{M}{8}h^2$$

$$|R_i(x)| \leqslant \frac{M}{8}h^2 \to 0,(h \to 0),$$

所以 $$\lim_{h\to 0} y(x) = f(x)。$$

### 6.6.3 分段三次Hermite 插值

为方便起见,今后用 $C^k[a,b]$ 表示区间 $[a,b]$ 上具有 $k$ 阶连续导数的函数集合。若 $f(x) \in C^k[a,b]$,称 $f(x)$ 在 $[a,b]$ 上 $k$ 阶光滑。一阶光滑与人们日常生活中的光滑概念是一致的。

在节点 $x_i$ 处,分段线性插值多项式不具有光滑性。为了使插值多项式具有光滑性,采用分段三次 Hermite 插值。

**定义 6.6** 设有节点 $a = x_0 < x_1 < \cdots < x_n = b$,插值函数 $H(x)$ 满足:

① $H(x)$ 在 $[a,b]$ 上具有连续的一阶导数;

② $H(x_i) = f(x_i)$, $H'(x_i) = f'(x_i)$ $i = 0,1,2,\cdots,n$;

③ $H(x)$ 在每个小区间 $[x_i,x_{i+1}]$ 上是三次多项式;

则称 $H(x)$ 为分段三次 Hermite 插值多项式。

仍由插值多项式的唯一性,当 $x \in [x_i,x_{i+1}]$ 时,分段三次 Hermite 插值多项式为

$$H(x) = \left(1 - 2\frac{x - x_i}{x_i - x_{i+1}}\right)\left(\frac{x - x_{i+1}}{x_i - x_{i+1}}\right)^2 f(x_i) + \left(1 - 2\frac{x - x_{i+1}}{x_{i+1} - x_i}\right)\left(\frac{x - x_i}{x_{i+1} - x_i}\right)^2 f(x_{i+1}) + (x - x_i)\left(\frac{x - x_{i+1}}{x_i - x_{i+1}}\right)^2 f'(x_i) + (x - x_{i+1})\left(\frac{x - x_i}{x_{i+1} - x_i}\right)^2 f'(x_{i+1})$$

**定理 6.6** 设 $f^{(4)}(x)$ 在 $[a,b]$ 上连续,$H(x)$ 是 $f(x)$ 的分段三次 Hermite 插值多项式。令 $h = \max\limits_{0\leqslant i\leqslant n-1}(x_{i+1} - x_i)$,$M = \max\limits_{x\in[a,b]}|f^{(4)}(x)|$,则:

① $\lim\limits_{h\to 0} H(x) = f(x)$;

② $|E(x)| = |f(x) - H(x)| \leqslant \frac{M}{384}h^4$。

证明略。

**例 6.10** 根据函数 $f(x) = \sqrt{x}$ 的如下数据:

| $x$ | 1 | 4 | 9 | 16 |
|---|---|---|---|---|
| $f(x)$ | 1 | 2 | 3 | 4 |
| $f'(x)$ | $\frac{1}{2}$ | $\frac{1}{4}$ | $\frac{1}{6}$ | $\frac{1}{8}$ |

分别用两点一次插值,带导数的二次插值,两点三次插值计算 $\sqrt{5}$ 的近似值,比较其精度。

**解** 取最接近 $x = 5$ 的两个节点的数据进行插值。

①一次插值。插值条件为

$$y(4) = 2, \quad y(9) = 3$$

$$\sqrt{5} \approx L_1(5) = \frac{5 - 9}{4 - 9} \times 2 + \frac{5 - 4}{9 - 4} \times 3 = 2.2,$$

②二次插值。插值条件为

$$y(4)=2\,,\quad y(9)=3\,,\quad y'(4)=\frac{1}{4}$$

$$\sqrt{5}\approx H_2(5)=\left(1-\frac{5-4}{4-9}\right)\frac{5-9}{4-9}\times 2+\left(\frac{5-4}{9-4}\right)^2\times 3+\frac{(5-4)(5-9)}{4-9}\times\frac{1}{4}=2.24$$

③三次插值。

插值条件为 $\begin{cases}y(4)=2\\ y'(4)=\dfrac{1}{4}\end{cases}$，$\begin{cases}y(9)=3\\ y'(9)=\dfrac{1}{6}\end{cases}$

$$H_3(x)=\left(1-2\times\frac{5-4}{4-9}\right)\left(\frac{5-9}{4-9}\right)^2\times 2+\left(1-2\times\frac{5-9}{9-4}\right)\left(\frac{5-4}{9-4}\right)^2\times 3+$$

$$(5-4)\left(\frac{5-9}{4-9}\right)^2\times\frac{1}{4}+(5-9)\left(\frac{5-4}{9-4}\right)^2\times\frac{1}{6}$$

$$=2.2373$$

准确值$\sqrt{5}=2.236068$。

# 6.7 样条插值

前面介绍的分段线性插值和分段三次 Hermite 插值多项式具有一定实用性，但分段线性插值多项式在节点处不具有光滑性。虽然分段三次 Hermite 插值多项式满足了光滑性，但插值条件要求给出节点处的一阶导数值，这在应用中产生了一定的困难。现希望仅给出节点处函数值的插值条件和边界条件就能构造出具有二阶连续导数的插值函数。这就是本节将介绍的样条插值函数。

样条(Spline)一词来源于绘图技术，在绘图中需要用一根窄的、柔软的条子(称为样条)画出一条经过一组已知点的平滑曲线，如图6.6所示。

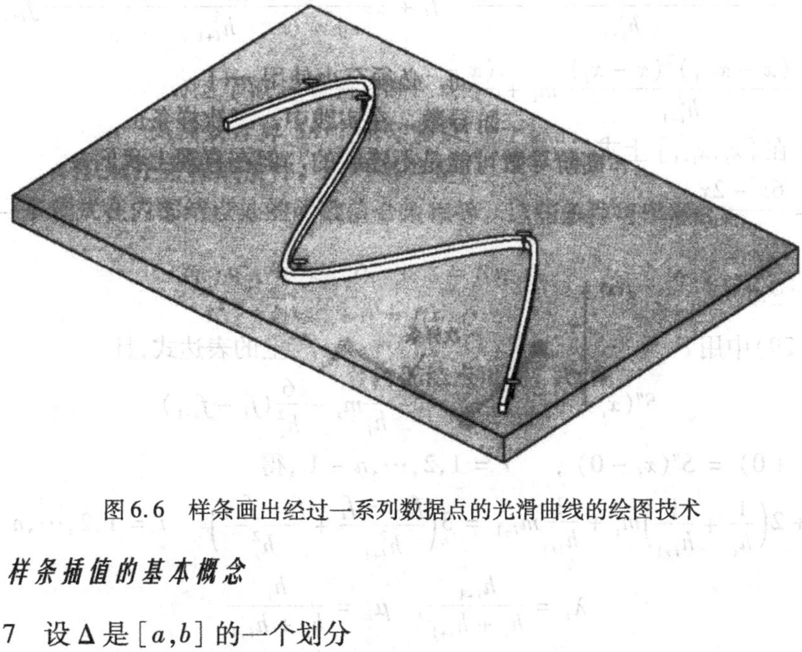

图6.6 样条画出经过一系列数据点的光滑曲线的绘图技术

## 6.7.1 样条插值的基本概念

**定义6.7** 设Δ是$[a,b]$的一个划分

$$\Delta: a = x_0 < x_1 < \cdots < x_n = b$$

若函数 $S(x)$ 满足：

① $S(x) \in C^2[a,b]$；

② $S(x_i) = f(x_i) \quad i = 0,1,2,\cdots,n$； (6.26)

③ $S(x)$ 在每个子区间 $[x_i,x_{i+1}]$（$i = 0,1,2,\cdots,n-1$）上都是次数不超过 3 次的多项式，且至少在一个子区间上为 3 次多项式。

则称 $S(x)$ 为关于划分 $\Delta$ 的一个三次样条函数。实用中，三次样条插值使用最为普遍。

除了式(6.27)的 $n+1$ 个函数值条件外，为了构造唯一的三次样条插值函数，还需补充两个插值条件。常在区间 $[a,b]$ 的端点处各补充一个条件，称为边界条件。常见的有以下三种边界条件：

①第一边界条件 $S'(a) = f'(a)$，$S'(b) = f'(b)$。

②第二边界条件 $S''(a) = f''(a)$，$S''(b) = f''(b)$。

特别当 $S''(a) = 0$，$S''(b) = 0$ 时，称为自然边界条件。

③第三边界条件(周期边界条件)。

当 $f(x)$ 是以 $b-a$ 为周期的周期函数时，$S(x)$ 也必须是以 $b-a$ 为周期的周期函数。相应的边界条件为

$$S^{(k)}(a+0) = S^{(k)}(b-0) \quad k = 0,1,2$$

### 6.7.2 三转角插值法

设 $S(x)$ 在节点 $x_i$，$i = 0,1,\cdots,n$ 处的一阶导数值为

$$S'(x_i) = m_i$$

其中，$m_i$ 是待定参数，在材料力学中解释为细梁在截面 $x_i$ 处的转角。由插值多项式的唯一性，此时的三次样条函数就是分段三次 Hermite 插值多项式。故当 $x \in [x_i,x_{i+1}]$ 时，有

$$S(x) = \frac{(x-x_{i+1})^2[h_{i+1}+2(x-x_i)]}{h_{i+1}^3}f_i + \frac{(x-x_i)^2[h_{i+1}+2(x_{i+1}-x)]}{h_{i+1}^3}f_{i+1} + \frac{(x-x_{i+1})^2(x-x_i)}{h_{i+1}^2}m_i + \frac{(x-x_i)^2(x-x_{i+1})}{h_{i+1}^2}m_{i+1} \tag{6.27}$$

对 $S(x)$ 在 $[x_i,x_{i+1}]$ 上求导，有

$$S''(x) = \frac{6x-2x_i-4x_{i+1}}{h_{i+1}^2}m_i + \frac{6x-4x_i-2x_{i+1}}{h_{i+1}^2}m_{i+1} + \frac{6(x_i+x_{i+1}-2x)}{h_{i+1}^3}(f_{i+1}-f_i) \tag{6.28}$$

$$S''(x_i+0) = -\frac{4}{h_{i+1}}m_i - \frac{2}{h_{i+1}}m_{i+1} + \frac{6}{h_{i+1}^2}(f_{i+1}-f_i) \tag{6.29}$$

在式(6.29)中用 $i-1$ 代替 $i$，得 $S''(x)$ 在 $[x_{i-1},x_i]$ 上的表达式，且

$$S''(x_i-0) = \frac{2}{h_i}m_{i-1} + \frac{4}{h_i}m_i - \frac{6}{h_i^2}(f_i-f_{i-1}) \tag{6.30}$$

由 $S''(x_i+0) = S''(x_i-0)$，$i = 1,2,\cdots,n-1$，得

$$\frac{1}{h_i}m_{i-1} + 2\left(\frac{1}{h_i}+\frac{1}{h_{i+1}}\right)m_i + \frac{1}{h_{i+1}}m_{i+1} = 3\left(\frac{f_{i+1}-f_i}{h_{i+1}^2}+\frac{f_i-f_{i-1}}{h_i^2}\right) \quad i = 1,2,\cdots,n-1$$

记

$$\lambda_i = \frac{h_{i+1}}{h_i+h_{i+1}}, \quad \mu_i = \frac{h_i}{h_i+h_{i+1}}$$

$$g_i = 3(\lambda_i f[x_{i-1},x_i] + \mu_i f[x_i,x_{i+1}]) \quad i = 1,2,\cdots,n-1$$

则有方程组

$$\lambda_i m_{i-1} + 2m_i + \mu_i m_{i+1} = g_i \quad i = 1,2,\cdots,n-1 \tag{6.31}$$

式(6.31)有 $n+1$ 个待定参数 $m_0,m_1,\cdots,m_n$，但方程只有 $n-1$ 个，故需要利用边界条件来增加两个方程。

第一边界条件：$S'(a) = f'(a) = m_0$，　$S'(b) = f'(b) = m_n$，由式(6.31)有方程组

$$\begin{pmatrix} 2 & \mu_1 & & & \\ \lambda_2 & 2 & \mu_2 & & \\ & \ddots & \ddots & \ddots & \\ & & \lambda_{n-2} & 2 & \mu_{n-2} \\ & & & \lambda_{n-1} & 2 \end{pmatrix} \begin{pmatrix} m_1 \\ m_2 \\ \vdots \\ m_{n-2} \\ m_{n-1} \end{pmatrix} = \begin{pmatrix} g_1 - \lambda f'(a) \\ g_2 \\ \vdots \\ g_{n-2} \\ g_{n-1} - \mu_{n-1} f'(b) \end{pmatrix} \tag{6.32}$$

第二边界条件：$S'(a) = f''(a)$，　$S''(b) = f''(b)$，在式(6.30)中取 $i=0$，式(6.30)中取 $i = n$，有

$$\begin{cases} 2m_0 + m_1 = 3f[x_0,x_1] - \dfrac{h_1}{2}f''(a) \\ m_{n-1} + 2m_n = 3f[x_{n-1},x_n] + \dfrac{h_n}{2}f''(b) \end{cases}$$

与式(6.31)联立，得方程组

$$\begin{pmatrix} 2 & 1 & & & \\ \lambda_1 & 2 & \mu_1 & & \\ & \ddots & \ddots & \ddots & \\ & & \lambda_{n-1} & 2 & \mu_{n-1} \\ & & & 1 & 2 \end{pmatrix} \begin{pmatrix} m_1 \\ m_2 \\ \vdots \\ m_{n-1} \\ m_n \end{pmatrix} = \begin{pmatrix} 3f[x_0,x_1] - \dfrac{h_1}{2}f''(a) \\ g_1 \\ \vdots \\ g_{n-1} \\ 3f[x_{n-1},x_n] - \dfrac{h_n}{2}f''(b) \end{pmatrix} \tag{6.33}$$

第三边界条件：由 $m_0 = m_n$，　$m_1 = m_{n+1}$，在式(6.31)中取 $i=1$，$i = n$，有方程

$$\begin{cases} 2m_1 + \mu_1 m_2 + \lambda_1 m_n = g_1 \\ \mu_n m_1 + \lambda_n m_{n-1} + 2m_2 = g_2 \end{cases}$$

其中，$\lambda_n = \dfrac{h_1}{h_1 + h_n}$，　$\mu_n = \dfrac{h_n}{h_1 + h_n}$。得方程组

$$\begin{pmatrix} 2 & \mu_1 & & & \lambda_1 \\ \lambda_2 & 2 & \mu_2 & & \\ & \ddots & \ddots & \ddots & \\ & & \lambda_{n-1} & 2 & \mu_{n-1} \\ \mu_n & & & \lambda_n & 2 \end{pmatrix} \begin{pmatrix} m_1 \\ m_2 \\ \vdots \\ m_{n-1} \\ m_n \end{pmatrix} = \begin{pmatrix} g_1 \\ g_2 \\ \vdots \\ g_{n-1} \\ g_n \end{pmatrix} \tag{6.34}$$

式(6.32)和式(6.33)是三对角方程组，并且具有对角线优势。如第 2 章所述，可很容易地用追赶法求解。式(6.34)是周期性三对角方程组，也具有对角线优势，可用直接法或迭代法求解。解出 $m_i$，　$i = 0,1,2,\cdots,n$ 后，代入式(6.27)即得到分段的三次样条插值函数

$S(x)$，即可用于插值计算。

**例 6.11** 用三转角插值法求自然边界条件下的以下数据的样条函数，并计算 $f(3)$，$f(4.5)$ 的值。

| $x_i$ | 1 | 2 | 4 | 5 |
|---|---|---|---|---|
| $f(x_i)$ | 1 | 3 | 4 | 2 |

**解** 由方程组(6.32)可得

$$\begin{pmatrix} 2 & 1 & 0 & 0 \\ \frac{2}{3} & 2 & \frac{1}{3} & 0 \\ 0 & \frac{1}{3} & 2 & \frac{2}{3} \\ 0 & 0 & 1 & 2 \end{pmatrix}\begin{pmatrix} m_0 \\ m_1 \\ m_2 \\ m_3 \end{pmatrix} = \begin{pmatrix} 6 \\ \frac{9}{2} \\ -\frac{7}{2} \\ -6 \end{pmatrix}$$

解之有 $m_0 = \frac{17}{8},\quad m_1 = \frac{7}{4},\quad m_2 = -\frac{5}{4},\quad m_3 = -\frac{19}{8}$

由式(6.27)得样条插值函数为

$$S(x) = \begin{cases} -\frac{1}{8}x^3 + \frac{3}{8}x^2 + \frac{7}{4}x - 1 & 1 \leqslant x \leqslant 2 \\ -\frac{1}{8}x^3 + \frac{3}{8}x^2 + \frac{7}{4}x - 1 & 2 \leqslant x \leqslant 4 \\ \frac{3}{8}x^3 - \frac{45}{8}x^2 + \frac{103}{4}x - 33 & 4 \leqslant x \leqslant 5 \end{cases}$$

$$f(3) \approx -\frac{1}{8}\times 3^2 + \frac{3}{8}\times 3^2 + \frac{7}{4}\times 3 - 1 = \frac{17}{4} = 4.25$$

$$f(4.5) \approx \frac{3}{8}(4.5)^3 - \frac{45}{8}(4.5)^2 + \frac{103}{4}(4.5) - 33 = 3.1406$$

# 6.8 国土面积计算解答

数值积分的基本思想是将上边界点与下边界点分别利用插值函数求出两条曲线，则曲线所围成的面积即为国土面积（地图上的国土面积），然后再根据比例缩放关系求出国土面积的近似解。在求国土面积时，利用求平面图形面积的数值积分方法——将该面积分成若干个小长方形，分别求出长方形的面积后相加即为该面积的近似解。

设上边函数为 $f_1(x)$，下边界函数为 $f_2(x)$，由定积分定义可知曲线所围成区域面积为

$$\int_a^b f(x)\,\mathrm{d}x = \lim_{n\to\infty}\sum_{i=1}^{n}\left[f_2(\xi_i) - f_1(\xi_i)\right]\Delta x_i$$

式中，$\xi_i \in [x_{i-1}, x_i]$。

根据表 6.1 的测量数据，利用 Matlab 软件对上下边界进行三次样条插值，计算并填充面积得到图 6.7。采用三次多项式插值计算所得等面积为42 414 km$^2$，与准确值41 288 km$^2$ 只相差 2.73%。

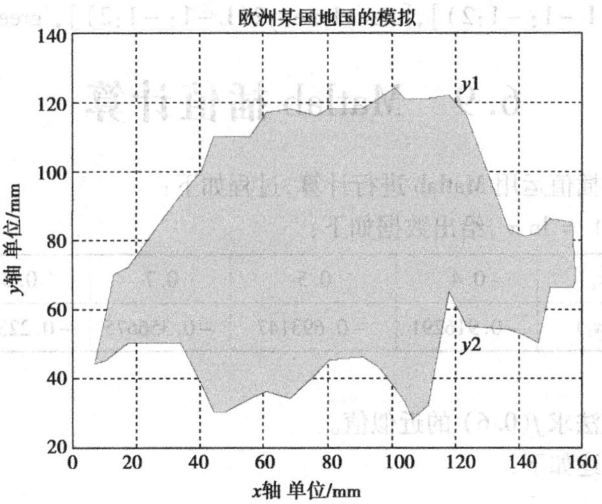


图 6.7

```
%三次多项式插值及面积计算程序:
clear
clc
x = [7.0  10.5  13.0  17.5  34.0  40.5  44.5  48.0  56.0  61.0  68.5  76.5  80.5
91.0  96.0  101.0  104.0  106.5  111.5  118.0  123.5  136.5  142.0  146.0  150.0
157.0 158.0];
y1 = [44 45 47 50 50 38  30 30 34 36  34 41 45 46 43 37 33 28 32 65 55 54 52 50 66 66
68];
y2 = [44 59 70 72 93 100 110 110 110 117 118 116 118 118 121 124  121 121 121 122 116
83 81 82 86 85 68];
%画出初始图
plot(x,[y1;y2])
grid;
title('欧洲某国地图的模拟')
xlabel('x 轴单位/mm')
ylabel('y 轴单位/mm')
text(120,125,'y1')
text(120,50,'y2')
%插值计算并填充面积
newx  =  7:0.1:158;
L  =  length(newx);
newy1  =  interp1(x,y1,newx,'linear');
newy2  =  interp1(x,y2,newx,'linear');
Area  =  sum(newy2 - newy1) * 0.1/18^2 * 1600
hold on
```

fill([newx newx(L-1: -1:2)],[newy1 newy2(L-1: -1:2)],'green')

## 6.9 Matlab 插值计算

将本章中典型的插值运用Matlab进行计算,过程如下:

**例6.12** 设$f(x) = \ln x$,给出数据如下:

| $x_i$ | 0.4 | 0.5 | 0.7 | 0.8 |
|---|---|---|---|---|
| $f(x_i)$ | -0.916291 | -0.693147 | -0.356675 | -0.223144 |

用Lagrange插值法求$f(0.6)$的近似值。

**解** 求解过程描述如下:

```
format long;
%输入初始数据
x0=[0.4 0.5 0.7 0.8];
y0=[ -0.916291  -0.693147  -0.356675  -0.223144];
x=0.6;%插值点
n=length(x0);
s=0;
%进入迭代计算过程
for j=0:(n-1)
    t=1;
    for i=0:(n-1)
        if i~=j
            t=t*(x-x0(i+1))/(x0(j+1)-x0(i+1));
        end
    end
    s=s+t*y0(j+1);
end
s  %显示输出结果
format short;
```

程序运行结果如下:

```
s =
  -0.509975500000000
```

因此,利用Lagrange插值的计算结果为$f(0.6) = -0.50997500000000$。

**例 6.13** 设有如下数据：

| $x_i$ | 0.40 | 0.55 | 0.65 | 0.80 | 0.90 | 1.05 |
|---|---|---|---|---|---|---|
| $f(x_i)$ | 0.41075 | 0.57815 | 0.69675 | 0.88811 | 1.02652 | 1.25382 |

利用 Newton 插值法求 $f(0.596)$ 的近似值。

**解** 求解程序如下：

```
clc;
format long;% 显示 15 位
x0 = [0.40 0.55 0.65 0.80 0.90 1.05];% x 的值
y0 = [0.41075 0.57815 0.69675 0.88811 1.02652 1.25382];% y 的值
x =0.596;% 插值点
n = max(size(x0));
y = y0(1);% 迭代初始值
disp(y);
s =1;
dx = y0;
for i =1:n -1% 构造差商表
    dx0 = dx;
    for j =1:n -i
        dx(j) = (dx0(j +1) -dx0(j))/(x0(i +j) -x0(j));
    end
    df = dx(1);
    s = s * (x -x0(i));
    y = y + s * df;% 计算
    disp(y);
end
```

运行上述程序结果如下：

```
0.410750000000000
   0.629486000000000
   0.632010480000000
   0.631914405504000
   0.631917508079616
   0.631917499231745
```

因此，插值结果为 $f(0.596) = 0.631917499231745$。

**例 6.14** 给出 $\ln x$ 的数据见下表：

| $x_i$ | 0.40 | 0.50 | 0.70 | 0.80 |
|---|---|---|---|---|
| $f(x_i) = \ln x_i$ | -0.916291 | -0.693147 | -0.356675 | -0.223144 |
| $f'(x_i) = 1/x_i$ | 2.50 | 2.00 | 1.43 | 1.25 |

用 Hermite 插值多项式求 ln 0.6 的近似值，并估计其误差。

**解**　先建立实现 Hermite 插值的 M 文件函数,源程序如下:

```
function y = hermite(x0,y0,dy,x)
%hermite.m
%Hermite 插值计算
%x0 为输入节点的向量;y0 为 y 的值向量,
%dy 为相应节点一阶倒数的函数值的向量,x 为所要求的插值节点.

n = length(x0);
m = length(x);
for k = 1:m
    yy =0.0;
    for i =1:n
        h =1.0;
        a =0.0;
        for j =1:n
            if j ~ =i
                h =h * ((x(k) - x0(j))/(x0(i) - x0(j)))^2;
                a =1/(x0(i) - x0(j)) + a;
            end
        end
        yy =yy +h * ((x0(i) - x(k)) * (2 * a * y0(i) - dy(i)) +y0(i));
    end
    y(k) =yy;
end
```

在 Matlab 命令窗口中,进行以下步骤:

①输入数据。

```
>>x0 =[0.4 0.5 0.7 0.8]
x0 =
0.40000   0.50000   0.70000   0.80000
>>y0 =log(x0)
y0 =
   -0.916290731874155   -0.693147180559945   -0.356674943938732
   -0.223143551314210
>>dy =1./x0   %一阶导数的值
dy =
   2.500000000000000   2.000000000000000   1.428571428571429
   1.250000000000000
>>x =0.6   %插值点
x =
```

```
    0.600000000000000
>> H = hermite(x0,y0,dy,x)
H =
    -0.510824121030042
```

②由 Hermite 插值计算。结果有 ln 0.6 = -0.510824121030042，准确值为：

```
>> log(0.6)
ans =
    -0.510825623765991
```

可见 Hermite 精度是比较高的。

常用的 Matlab 插值函数命令如下：

(1)一元函数插值 interp1

y = interp1(x0,y0,x,'method')

x0 和 y0 为已知的两个同维向量，x 为插值点，可为向量和数值或者矩阵。“method”含义如下：

'nearest'——最近插值，即用直角折线连接各样本点；

'linear'——线性插值，依次边接各样本点，为默认选项；

'pchip'(或'cubic')——分段一次多项式 Hermite 插值曲线，具有一阶导数连续性；

'spline'——三次样条插值。

(2)三次插值 pchip

y = pchip(x0,y0,x)与 y = interp1(x0,y0,x,'pchip')等价。

(3)三次样条插值 spline

y = spline(x0,y0,x) 与 y = interp1(x0,y0,x,'spline')等价。

(4)二维插值 interp2

z = interp2(x0,y0,z0,x,y,'method')

(x0,y0,z0)为原始数据点，x 和 y 为独立变量，'method'的参数与 interp1 中的相同。本函数主要用于曲面插值。

(5) 其他插值函数

三维插值 interp3：三维插值函数；

interpft()：利用 FFT(快速傅里叶变换)的一维插值函数；

interpn()：高维插值函数；

csape()：可输入边界条件进行插值。

# 本章小结

本章详细介绍了各类常用的插值方法方法。

**知识点汇总表**

| 插值类型 | 插值方法的描述与特点 | | | 计算公式 |
|---|---|---|---|---|
| $n$ 次插值多项式 | 给定 $n+1$ 个插值节点及节点上的函数值，求一个 $n$ 次插值多项式 $P_n(x)$，使得 $P_n(x)$ 经过 $n+1$ 个插值点。<br>特点：<br>1. 构造简单，方便适用；<br>2. 增加节点可以提高精度，但节点总数过多会引起龙格振荡现象。 | Lagrange 插值 | 构造基函数方法简单，统一增加节点时，以前基函数需要重新计算。 | $l_i(x)=\prod_{\substack{i=0\\i\neq j}}^{n}\frac{x-x_i}{x_j-x_i}$<br>$y_n(x)=\sum_{j=0}^{n}l_j(x)f(x_j)$ |
| | | Newton 插值 | 利用差商表计算插值函数。增加节点以前的计算结果可以保留使用。 | $N_k(x)=N_{k-1}(x)+f[x_0,x_1,\cdots,x_k](x-x_0)(x-x_1)\cdots(x-x_{k-1})$ |
| 埃尔米特插值 | 给定 $n+1$ 个节点函数值及其导数值，求一个 $2n+1$ 次插值多项式 $H_{2n+1}(x)$，使得 $H_{2n+1}(x)$ 在节点处函数值和导数值满足条件。 | | | 两点三次埃尔米特插值多项式：<br>$H_3(x)=\left(1+2\frac{x-x_0}{x_1-x_0}\right)\left(\frac{x-x_1}{x_0-x_1}\right)^2y_0+\left(1+2\frac{x-x_1}{x_0-x_1}\right)\left(\frac{x-x_0}{x_1-x_0}\right)^2y_1+(x-x_0)\left(\frac{x-x_1}{x_0-x_1}\right)^2y'_0+(x-x_1)\left(\frac{x-x_0}{x_1-x_0}\right)^2y'_1$ |
| 分段插值 | 设已知点 $x_0<x_1<\cdots<x_n$ 上的函数值 $f(x_0),f(x_1),\cdots,f(x_n)$，若有一折线函数 $y(x)$ 满足：<br>1. $y(x)$ 在 $[a,b]$ 上连续；<br>2. $y(x_i)=f(x_i)$；<br>3. $y(x)$ 在每个子区间 $[x_i,x_{i+1}]$ 上是线性函数；则称 $y(x)$ 是 $f(x)$ 的分段线性插值函数。<br>设有节点 $x_0<x_1<\cdots<x_n$，插值函数 $H(x)$ 满足：<br>1. $H(x)$ 在 $[a,b]$ 上具有连续的一阶导数；<br>2. $H(x_i)=f(x_i),H'(x_i)=f'(x_i)$；<br>3. $H(x)$ 在每个小区间 $[x_i,x_{i+1}]$ 上是三次多项式；则称 $H(x)$ 为分段三次 Hermite 插值多项式。<br>特点：<br>无需采用高次插值多项式，避免龙格振荡现象；<br>分段插值光滑性较差。 | | | |
| 样条插值 | 设：$x_0<x_1<\cdots<x_n$。若函数 $S(x)$ 满足：<br>1. $S(x)\in C^2[a,b]$；<br>2. $S(x_i)=f(x_i)$；<br>3. $S(x)$ 在每个子区间 $[x_i,x_{i+1}]$（$i=0,1,2,\cdots,n-1$）上都是次数不超过 3 次的多项式，且至少在一个子区间上为 3 次多项式。则称 $S(x)$ 为关于划分 $\Delta$ 的一个三次样条插值函数。<br>特点：<br>无需采用高次插值多项式，即避免了龙格振荡现象，又使函数具有较好的光滑性。 | | | |

# 习题六

1. 填空题

(1)设 $f(x) = x^5 + x^3 + x + 1$ ,则 $f[0,1]$ ________, $f[0,1,2]$ = ________, $f[0,1,2,3,4,5]$ = ________; $f[0,1,2,3,4,5,6]$ = ________。

(2)设 $l_0(x), l_1(x), \cdots, l_n(x)$ 是以节点 $0,1,2,\cdots,n$ 的 Lagrange 插值基函数,则 $\sum_{j=0}^{n} jl_j(x)$ = ________; $\sum_{j=0}^{n} jl_j(k)$ = ________。

(3)依据三个样点 $(0,1),(1,2),(2,3)$ 求作插值多项式 $p(x)$ = ________。

2. 设 $f(x) = e^x, x \in [0,2]$ 且函数表为。

| $x_i$ | 0 | 0.5 | 1.0 | 2.0 |
| --- | --- | --- | --- | --- |
| $f(x_i)$ | 1.000000 | 1.64872 | 2.71828 | 7.38906 |

(1)用 $x_0=0, x_1=0.5$ 作线性插值计算 $f(0.25)$ 的近似值;

(2)用 $x_0=0.5, x_1=1.0$ 作线性插值计算 $f(0.75)$ 的近似值;

(3)用 $x_0=0, x_1=0.5, x_2=2.0$ 作二次插值计算 $f(0.25)$ , $f(0.75)$ 的近似值且比较计算结果误差。

3. 给定节点 $x_0 = -1, x_1 = 0, x_2 = 3$ ,试分别对下列函数导出两点三次埃尔米特插值多项式的余项:

(1) $f(x) = 4x^3 - 3x + 2$ ;

(2) $f(x) = x^4 - 2x^3$ 。

4. 给定函数 $f(x)$ 的函数表如下:

| $x$ | 0.40 | 0.55 | 0.65 | 0.80 | 0.90 | 1.05 |
| --- | --- | --- | --- | --- | --- | --- |
| $f(x)$ | 0.41075 | 0.57815 | 0.69675 | 0.88811 | 1.02652 | 1.25382 |

根据上表构造差商表,并购造四次 Newton 插值多项式分别近似计算 $f(0.596)$ 的值。

5. 求出在 $x = 0,1,2,3$ 处函数 $f(x) = x^2 + 1$ 的插值多项式。

6. 编制一个 $\cos x$ 在 $[0, \pi/2]$ 的函数表,用表中的数据作线性插值,问步长 $h$ 取多大,才能保证截断误差不超过 $10^{-6}$ 。

7. 设 $x_i$ 是互异节点, $l_j(x)$ 是 Lagrange 插值基函数( $j = 0,1,2,\cdots,n$ ),证明

(1) $\sum_{j=0}^{n} l_j(x) \equiv 1$ ;

(2) $\sum_{j=0}^{n} x_j^k l_j(x) \equiv x^k \qquad (k = 0,1,2,\cdots,n)$ ;

(3) $\sum_{j=0}^{n} (x_j - x)^k l_j(x) \equiv 0 \qquad (k = 0,1,2,\cdots,n)$ 。

8. 利用以下的数据表：

| $x_i$ | 0.46 | 0.47 | 0.48 | 0.49 |
|---|---|---|---|---|
| $f(x_i)$ | 0.4846555 | 0.4937452 | 0.5027498 | 0.5116683 |

计算积 $S(x)=\int_0^x \frac{\sin t}{t}dt$，当 $S(x)=0.45$ 时，$x$ 的值。

9. 确定一个不高于四次的多项式 $f(x)$，使得

$$f(0)=f'(0)=0, f(1)=f'(1)=f(2)=1。$$

10. 已知函数 $f(x)=\sin x$ 的数据表如下：

| $x_i$ | 0.4 | 0.5 | 0.6 | 0.7 |
|---|---|---|---|---|
| $f(x_i)$ | 0.38942 | 0.47943 | 0.56464 | 0.64422 |

分别用 Newton 向前插值公式和向后插值公式求 sin 0.57891 的近似值，并估计误差。

11. 在区间[−4,4]，给出 $e^x$ 等距节点函数表。若步长 $h=0.01$，要使截断误差不超过 $10^{-4}$，应该使用几点插值公式?

12. 已知函数 $f(x)=\frac{1}{1+x^2}$ 在区间[0,2]上取如下节点：

| $x_i$ | 0 | 1 | 2 |
|---|---|---|---|
| $f(x_i)$ | 1 | 0.5 | 0.2 |
| $f'(x_i)$ | 0 | −0.5 | −0.16 |

求该函数在区间[0,2]上的分段三次埃尔米特插值函数，并利用它来求出 $f(1.5)$ 的近似值。

13. 已知函数 $f(x)$ 有函数表：

| $x_i$ | 0 | 1 | 2 | 3 |
|---|---|---|---|---|
| $f(x_i)$ | 0 | 0 | 0 | 0 |

求满足下列条件 $S''(0)=1$，$S''(3)=0$ 的三次样条插值函数。

14. 证明 $n$ 阶差商具有下列性质：

(1) 若 $F(x)=cf(x)$，则 $F[x_0,x_1,\cdots,x_n]=cf[x_0,x_1,\cdots,x_n]$；

(2) 若 $F(x)=f(x)+g(x)$，则 $F[x_0,x_1,\cdots,x_n]=f[x_0,x_1,\cdots,x_n]+g[x_0,x_1,\cdots,x_n]$。

# 第7章　数据拟合和最佳平方逼近

## 7.1　引例:轮辋逆向工程

车轮制造行业发展逆向工程的关键因素有两个:一是由于国外汽车制造历史悠长,技术更加先进;国内的制造业需要学习国外的先进技术,在市场上最容易得到的是实物,通过解剖分析国外的先进产品,在此基础上进行再设计。二是在国内的车轮制造行业的客户中,特别是国外客户,由于受技术保密和产权等因素的限制,不愿意或者不能提供图纸,只能给制造企业提供实物。轮辋和轮毂是车轮设计与制造中关键的两个零件。图7.1所示为轮板式车轮的效果图。对于铝合金车轮,轮毂和轮辋一起压铸而成。轮辋的主要作用包括固定轮胎、承载车的重量、承受行车与制动中的惯性和散热,是车轮中的重要零部件之一,设计精度要求高。

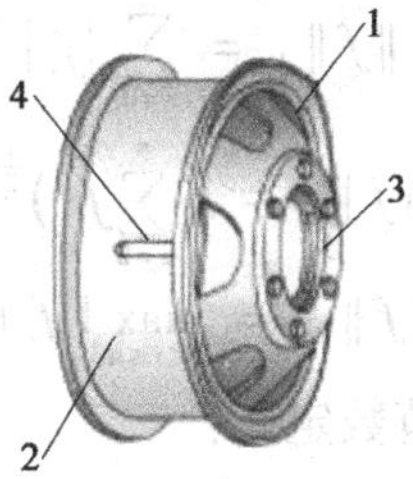


图7.1　轮板式车轮

1—挡圈;2—轮辋;3—辐板;4—气门嘴伸出口

对轮辋进行精密测量,圆的几何特征参数的测量及评定是最基本、最主要的测量内容之一。表7.1给出了轮辋圆弧上的一组测量数据,可以通过最小二乘法拟合得到理想的圆参数,然后在最小二乘法的基础上用圆度误差对拟合结果进行评价。

表7.1　圆弧上的数据

| 编号 | 1 | 2 | 3 | 4 | 5 | 6 |
|---|---|---|---|---|---|---|
| X | 38.849 | 37.706 | 31.188 | 20.238 | 6.866 | -6.594 |
| Y | 0.0 | 13.724 | 26.170 | 35.053 | 38.934 | 37.402 |
| 编号 | 7 | 8 | 9 | 10 | 11 | 12 |
| X | -18.056 | -26.135 | -30.328 | -30.814 | -28.035 | -22.542 |
| Y | 31.276 | 21.931 | 11.039 | 0.001 | -10.204 | -18.915 |
| 编号 | 13 | 14 | 15 | 16 | 17 | 18 |
| X | -14.782 | -5.259 | 5.475 | 16.587 | 26.893 | 34.852 |
| Y | -25.603 | -29.825 | -31.049 | -28.729 | -22.565 | -12.684 |

上一章用插值的方法对离散的精确数据进行函数逼近。但如果被拟合的数据带有比较大的误差或者“噪声”,再用上一章的插值方法就没有必要了,因为每个数据点都有可能是不精确的。这个时候只需要设计一条符合这些数据点整体走势的曲线即可。

对于函数 $f(x)$,可以采用较简单的函数 $y(x)$ 近似代替。如果函数 $f(x)$ 是连续函数,通常称为函数逼近;如果 $f(x)$ 是一个离散的数表,则常称为数据拟合。

本章讨论用函数 $y(x)$ 逼近函数 $f(x)$ 时,如何使其整体误差达到最小。整体误差有各种定义,可以是误差的各种范数。下面介绍有关的数学概念:

**定义 7.1** 对离散的 $f=(f_0,f_1,\cdots,f_n)^T$ 和 $g=(g_0,g_1,\cdots,g_n)^T$,称

$$(f,g)=\sum_{i=0}^{n} f_i g_i$$

为 $f$ 和 $g$ 的内积。这是我们已经知道的向量内积。

对连续的 $f(x)$ 和 $g(x)$,有:

**定义 7.1*** 设 $f(x),g(x)\in C[a,b]$,称

$$(f,g)=\int_a^b f(x)g(x)\,\mathrm{d}x$$

为 $f(x)$, $g(x)$ 在 $[a,b]$ 上的内积。

**定义 7.2** $f=(f_0,f_1,\cdots,f_n)^T$ 范数定义:

$$\|f\|_1=\sum_{i=0}^{n}|f_i|$$

$$\|f\|_2=\left(\sum_{i=0}^{n}f_i^2\right)^{\frac{1}{2}}$$

$$\|f\|_\infty=\max_{0\leq i\leq n}|f_i|$$

**定义 7.2*** $f(x)\in C[a,b]$ 的范数定义:

$$\|f\|_1=\int_a^b|f(x)|\,\mathrm{d}x$$

$$\|f\|_2=\left\{\int_a^b[f(x)]^2\mathrm{d}x\right\}^{\frac{1}{2}}$$

$$\|f\|_\infty=\max_{x\in[a,b]}|f(x)|$$

**定义 7.3** 定义误差函数 $R(x)=f(x)-y(x)$,若构造 $y(x)$

使 $\|R(x)\|_1\Rightarrow\min$,称最小一乘法则;

使 $\|R(x)\|_2\Rightarrow\min$,称最小二乘法则;

使 $\|R(x)\|_\infty\Rightarrow\min$,称最佳一致逼近。

其中,最小二乘法则算法最简单、最为著名,也最常用。当 $f(x)$ 是离散数据时,称为最小二乘拟合;当 $f(x)$ 是连续函数时,称为最佳平方逼近。

## 7.2 数据拟合

设函数 $f(x)$ 是一组离散的测量数据 $(x_i,f_i)$, $i=0,1,2,\cdots,n$。显然,改组数据通常带有一定的误差。现寻求一个函数 $y(x)$ 来逼近数据 $(x_i,f_i)$,使其在节点 $x_i$ 处的整体误差能达到最小。

### 7.2.1　最小二乘函数拟合

**定义7.4**　对$f(x)$的一组数据$(x_i,f_i)$，$i=0,1,2,\cdots,n$，若存在函数

$$y(x)\in\Phi_m=\operatorname{span}\{\varphi_0,\varphi_1,\cdots,\varphi_m\}$$

使

$$\sum_{i=0}^{n}\left[f_i-y(x_i)\right]^2=\min_{\varphi\in\Phi_m}\sum_{i=0}^{n}\left[f_i-\varphi(x_i)\right]^2 \tag{7.1}$$

则称$y(x)$为$f(x)$在函数类$\Phi_m$中的最小二乘逼近函数。

**定理7.1**　最小二乘函数逼近存在且唯一。

证　记$\varphi(x)=\sum_{j=0}^{m}a_j\varphi_j(x)$，$y(x)=\sum_{j=0}^{m}a_j^*\varphi_j(x)$，定义$m+1$元函数

$$Q(a_0,a_1,\cdots,a_m)=\sum_{i=0}^{n}\left[f_i-\sum_{j=0}^{m}a_j\varphi_j(x_i)\right]^2$$

由多元函数极值的必要条件有

$$\frac{\partial Q}{\partial a_k}=-2\sum_{i=0}^{n}\left[f_i-\sum_{j=0}^{m}a_j\varphi_j(x_i)\right]\varphi_k(x_i)=0$$

则有方程组

$$\sum_{j=0}^{m}(\varphi_k,\varphi_j)a_j=(f,\varphi_k)\qquad k=0,1,2,\cdots,m \tag{7.2}$$

其中

$$(f,\varphi_k)=\sum_{i=0}^{n}f_i\varphi_k(x_i)\qquad k=0,1,2,\cdots,m$$

称方程组(7.2)为正规方程(法方程,正则方程),写成矩阵形式有

$$\begin{pmatrix}(\varphi_0,\varphi_0) & (\varphi_0,\varphi_1) & \cdots & (\varphi_0,\varphi_m)\\ (\varphi_1,\varphi_0) & (\varphi_1,\varphi_1) & \cdots & (\varphi_1,\varphi_m)\\ \vdots & \vdots & & \vdots\\ (\varphi_m,\varphi_0) & (\varphi_m,\varphi_1) & \cdots & (\varphi_m,\varphi_m)\end{pmatrix}\begin{pmatrix}a_0\\ a_1\\ \vdots\\ a_m\end{pmatrix}=\begin{pmatrix}(f,\varphi_0)\\ (f,\varphi_1)\\ \vdots\\ (f,\varphi_m)\end{pmatrix} \tag{7.3}$$

当$\varphi_0,\varphi_1,\cdots,\varphi_m$线性无关时,方程组(7.3)的系数行列式不等于0,方程组有一组唯一的解

$$a_0^*,a_1^*,\cdots,a_m^*$$

有

$$y(x)=\sum_{j=0}^{m}a_j^*\varphi_j(x)$$

由式(7.2)有　　$(f-y,\varphi_k)=0\qquad k=0,1,2,\cdots,m$

数据拟合的余项

$$\begin{aligned}\|E(x)\|_2^2&=\|f(x)-y(x)\|_2^2=(f-y,f-y)\\&=(f-y,f)-\sum_{j=0}^{m}(f-y,\varphi_j)a_j^*\\&=(f-y,f)=\|f\|_2^2-\sum_{j=0}^{m}a_j^*(f,\varphi_j)\end{aligned} \tag{7.4}$$

### 7.2.2　多项式拟合

数据拟合最简单、最常用的情况是用多项式函数作数据拟合，记

$$\Phi_m = \mathrm{span}\{1, x, x^2, \cdots, x^m\} \qquad m < n$$

为不超过 $m$ 次的多项式集合,此时

$$(\varphi_k, \varphi_j) = \sum_{i=0}^{n} x_i^{k+j} \quad k, j = 0, 1, 2, \cdots, m \tag{7.5}$$

$$(f, \varphi_k) = \sum_{i=0}^{n} f_i x_i^k \quad k, j = 0, 1, 2, \cdots, m \tag{7.6}$$

正规方程为

$$\begin{pmatrix} n+1 & \sum_{i=0}^{n} x_i & \cdots & \sum_{i=0}^{n} x_i^m \\ \sum_{i=0}^{n} x_i & \sum_{i=0}^{n} x_i^2 & \cdots & \sum_{i=0}^{n} x_i^{m+1} \\ \sum_{i=0}^{n} x_i^2 & \sum_{i=0}^{n} x_i^3 & \cdots & \sum_{i=0}^{n} x_i^{m+2} \\ \vdots & \vdots & & \vdots \\ \sum_{i=0}^{n} x_i^m & \sum_{i=0}^{n} x_i^{m+1} & \cdots & \sum_{i=0}^{n} x_i^{2m} \end{pmatrix} \begin{pmatrix} a_0 \\ a_1 \\ a_2 \\ \vdots \\ a_m \end{pmatrix} = \begin{pmatrix} \sum_{i=0}^{n} f_i \\ \sum_{i=0}^{n} f_i x_i \\ \sum_{i=0}^{n} f_i x_i^2 \\ \vdots \\ \sum_{i=0}^{n} f_i x_i^m \end{pmatrix} \tag{7.7}$$

**例 7.1** 设有数据如下:

| $x_i$ | 1 | 3 | 4 | 5 | 6 | 7 | 8 | 9 | 10 |
|---|---|---|---|---|---|---|---|---|---|
| $f_i$ | 10 | 5 | 4 | 2 | 1 | 1 | 2 | 3 | 4 |

利用最小二乘法求该组数据的多项式拟合曲线。

**解** 将表中的数据点描绘在坐标纸上,可以看出这些点近似为一条抛物线。故拟合曲线可取为

$$y_2(x) = a_0 + a_1 x + a_2 x^2$$

表 7.2

| $i$ | $x_i$ | $y_i$ | $x_i^2$ | $x_i^3$ | $x_i^4$ | $x_i y_i$ | $x_i^2 y_i$ |
|---|---|---|---|---|---|---|---|
| 1 | 1 | 10 | 1 | 1 | 1 | 10 | 10 |
| 2 | 3 | 5 | 9 | 27 | 81 | 15 | 45 |
| 3 | 4 | 4 | 16 | 64 | 256 | 16 | 64 |
| 4 | 5 | 2 | 25 | 125 | 625 | 10 | 50 |
| 5 | 6 | 1 | 36 | 216 | 1 296 | 6 | 36 |
| 6 | 7 | 1 | 49 | 343 | 2 401 | 7 | 49 |
| 7 | 8 | 2 | 64 | 512 | 4 096 | 16 | 128 |
| 8 | 9 | 3 | 81 | 729 | 6 561 | 27 | 243 |
| 9 | 10 | 4 | 100 | 1 000 | 10 000 | 40 | 400 |
| 求和 | 53 | 32 | 381 | 3 017 | 25 317 | 147 | 1 025 |

正规方程组为

$$\begin{pmatrix} 9 & 53 & 381 \\ 53 & 381 & 3017 \\ 381 & 3017 & 25317 \end{pmatrix} \begin{pmatrix} a_0 \\ a_1 \\ a_2 \end{pmatrix} = \begin{pmatrix} 32 \\ 147 \\ 1025 \end{pmatrix}$$

解之得　$a_0 = 13.4597$，　$a_1 = -3.6053$，　$a_2 = 0.2676$。

所求的二次多项式拟合曲线方程为：

$$y_2(x) = 13.4597 - 3.6053x + 0.2676x^2$$

对该例的数据用二次多项式拟合就可以得到较好的效果，如图 7.2 所示。

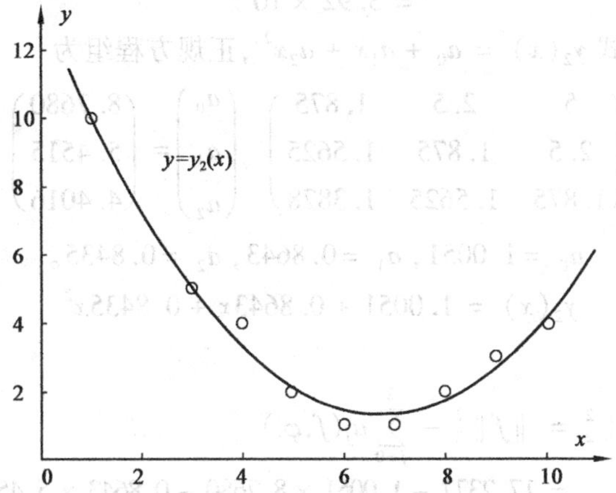


图 7.2

在应用中，当数据点较多时，如何确定拟合多项式的次数，一个较常用的方法是逐次增加拟合多项式的次数，并用式(7.4)计算平方误差，以寻求效果较好的拟合多项式。

**例** 7.2　设有数据如下：

| $x_i$ | 0 | 0.25 | 0.50 | 0.75 | 1.00 |
|---|---|---|---|---|---|
| $f_i$ | 1.0000 | 1.2840 | 1.6487 | 2.1170 | 2.7183 |

求其拟合多项式。

表 7.3

| $i$ | $x_i$ | $y_i$ | $x_i^2$ | $x_i^3$ | $x_i^4$ | $x_iy_i$ | $x_i^2y_i$ |
|---|---|---|---|---|---|---|---|
| 1 | 0 | 1.0000 | 0 | 0 | 0 | 0 | 0 |
| 2 | 0.25 | 1.2840 | 0.0625 | 0.0156 | 0.0039 | 0.3210 | 0.0803 |
| 3 | 0.50 | 1.6487 | 0.2500 | 0.1250 | 0.0625 | 0.8244 | 0.4122 |
| 4 | 0.75 | 2.1170 | 0.5625 | 0.4219 | 0.3164 | 1.5878 | 1.1908 |
| 5 | 1.00 | 2.7183 | 1.0000 | 1.0000 | 1.0000 | 2.7183 | 2.7183 |
| 求和 | 2.5 | 8.7680 | 1.8750 | 1.5625 | 1.3828 | 5.4515 | 4.4016 |

**解** ①先求一次拟合多项式 $y_1(x) = a_0 + a_1x$，正规方程为

$$\begin{pmatrix} 5 & 2.5 \\ 2.5 & 1.875 \end{pmatrix} \begin{pmatrix} a_0 \\ a_1 \end{pmatrix} = \begin{pmatrix} 8.7680 \\ 5.4515 \end{pmatrix}$$

解之有 $a_0 = 0.8997,\quad a_1 = 1.7078$

拟合多项式为 $y_1(x) = a_0 + a_1x$

平方误差：

$$\begin{aligned}\|E_1\|_2^2 &= \|f\|_2^2 - \sum_{j=0}^{1} a_j(f,\varphi_j) \\ &= 17.2377 - 0.8997 \times 8.7680 - 1.7078 \times 5.4515 \\ &= 3.92 \times 10^{-2}\end{aligned}$$

②求二次拟合多项式 $y_2(x) = a_0 + a_1x + a_2x^2$，正规方程组为

$$\begin{pmatrix} 5 & 2.5 & 1.875 \\ 2.5 & 1.875 & 1.5625 \\ 1.875 & 1.5625 & 1.3828 \end{pmatrix} \begin{pmatrix} a_0 \\ a_1 \\ a_2 \end{pmatrix} = \begin{pmatrix} 8.7680 \\ 5.4515 \\ 4.4016 \end{pmatrix}$$

解之得 $a_0 = 1.0051,\ a_1 = 0.8643,\ a_2 = 0.8435$。

拟合曲线方程为 $y_2(x) = 1.0051 + 0.8643x + 0.8435x^2$

平方误差：

$$\begin{aligned}\|E_2\|_2^2 &= \|f\|_2^2 - \sum_{j=0}^{2} a_j(f,\varphi_j) \\ &= 17.2377 - 1.0051 \times 8.7680 - 0.8643 \times 5.4515 - 0.8435 \times 4.4016 \\ &= 2.76 \times 10^{-4}\end{aligned}$$

显然，用 $P_2(x)$ 作多项式拟合的曲线，其效果已相当好。

对某些数据可作适当的变换，转化为线性拟合问题，见表 7.4。

**表 7.4**

| 曲线拟合方程 | 变量转换关系 | 变换后的线性拟合方程 |
|---|---|---|
| $y = ax^b$ | $Y = \ln y \quad X = \ln x$ | $Y = \ln a + bX$ |
| $y = ax^b + c$ | $Y = y \quad X = x^b$ | $Y = aX + c$ |
| $y = ae^{bx}$ | $Y = \ln y \quad X = x$ | $Y = \ln a + bX$ |
| $y = a + b\ln x$ | $Y = y \quad X = \ln x$ | $Y = a + bX$ |
| $y = \dfrac{x}{ax+b}$ | $Y = \dfrac{1}{y} \quad X = \dfrac{1}{x}$ | $Y = a + bX$ |
| $y = \dfrac{e^{a+bx}}{1+e^{a+bx}}$ | $Y = \ln\dfrac{y}{1-y} \quad X = x$ | $Y = a + bX$ |

**例 7.3** 见表 7.5，前两行是已知数据，求一个形如 $y = ae^{bx}$ 的经验公式（$a,b$ 为常数），并将拟合值 $\tilde{y}_i$ 和误差 $e_i$ 填入表中 3，4 行。

表7.5

| $x_i$ | 1 | 2 | 3 | 4 | 5 | 6 | 7 | 8 |
|---|---|---|---|---|---|---|---|---|
| $y_i$ | 15.3 | 20.5 | 27.4 | 36.6 | 49.1 | 65.6 | 87.8 | 117.6 |
| $\tilde{y}_i$ | 15.30 | 20.48 | 27.40 | 36.66 | 49.05 | 65.64 | 87.83 | 117.52 |
| $e_i$ | -0.0034 | 0.0232 | 0.0010 | -0.0614 | 0.0451 | -0.0381 | -0.0273 | 0.0824 |

**解**　两边取对数有 $\ln y = \ln a + bx$，令 $Y = \ln y$，$A = \ln a$，则有

$$Y = A + bx$$

构造数据见表7.6。

表7.6

| $x_i$ | $y_i$ | $Y_i$ | $x_i^2$ | $x_iY_i$ |
|---|---|---|---|---|
| 1 | 15.3 | 2.7279 | 1 | 2.7279 |
| 2 | 20.5 | 3.0204 | 4 | 6.0408 |
| 3 | 27.4 | 3.3105 | 9 | 9.9315 |
| 4 | 36.6 | 3.6000 | 16 | 14.4000 |
| 5 | 49.1 | 3.8939 | 25 | 19.4695 |
| 6 | 65.6 | 4.1836 | 36 | 25.1016 |
| 7 | 87.8 | 4.4751 | 49 | 31.3257 |
| 8 | 117.6 | 4.7673 | 64 | 38.1384 |
| 36 | — | 29.9787 | 204 | 147.1354 |

正规方程为

$$\begin{pmatrix} 8 & 36 \\ 36 & 204 \end{pmatrix} \begin{pmatrix} A \\ b \end{pmatrix} = \begin{pmatrix} 29.9787 \\ 147.1354 \end{pmatrix}$$

解之有
$$A = 2.4368, \quad b = 0.2912$$
故
$$a = e^A = 11.4369$$

拟合的经验公式为
$$y = 11.4369e^{0.2912x}$$

拟合效果如图7.3所示。

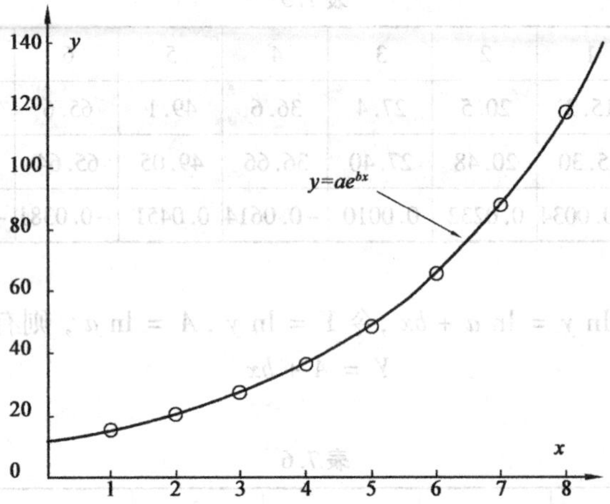


图 7.3

# 7.3 最佳平方逼近

### 7.3.1 函数的最佳平方逼近

**定义 7.5** 设 $f(x) \in C[a,b]$，若存在 $\varphi^*(x) \in \Phi = \mathrm{span}\{\varphi_0, \varphi_1, \cdots, \varphi_m\}$，使

$$\| f - \varphi^* \|_2^2 = \min_{\varphi \in \Phi} \| f - \varphi \|_2^2$$
$$= \min_{\varphi \in \Phi} \int_a^b [f(x) - \varphi(x)]^2 \mathrm{d}x$$

则称 $\varphi^*$ 是 $f(x)$ 在 $\Phi$ 中的最佳平方逼近函数。与定理 7.1 类似，可以证明如下定理：

**定理 7.2** $f(x)$ 在 $\Phi$ 中的最佳平方逼近函数存在且唯一。

也有正规方程组

$$\begin{pmatrix} (\varphi_0,\varphi_0) & (\varphi_0,\varphi_1) & \cdots & (\varphi_0,\varphi_m) \\ (\varphi_1,\varphi_0) & (\varphi_1,\varphi_1) & \cdots & (\varphi_1,\varphi_m) \\ \vdots & \vdots & & \vdots \\ (\varphi_m,\varphi_0) & (\varphi_m,\varphi_1) & \cdots & (\varphi_m,\varphi_m) \end{pmatrix} \begin{pmatrix} a_0 \\ a_1 \\ \vdots \\ a_m \end{pmatrix} = \begin{pmatrix} (f,\varphi_0) \\ (f,\varphi_1) \\ \vdots \\ (f,\varphi_m) \end{pmatrix} \tag{7.8}$$

解之可得到 $a_0, a_1, \cdots, a_m$，构造得到 $\varphi(x) = \sum_{k=0}^{m} a_k \varphi_k(x)$ 使

$$\| E(x) \|_2^2 = \| f(x) - \varphi(x) \|_2^2 \Rightarrow \min$$

也有余项表达式 $\| E(x) \|_2^2 = \| f(x) - \varphi(x) \|_2^2 = \| f \|_2^2 - \sum_{k=0}^{m} (f, \varphi_k) a_k$ (7.9)

### 7.3.2 最佳平方逼近多项式

本章只讨论[0,1]区间上的最佳平方逼近多项式，对一般区间 $[a,b]$ 上的函数 $f(x)$，可作变换 $x = a + (b-a)t$，化为 $f(a + (b-a)t), t \in [0,1]$ 再作逼近处理。这样可减少积分运算。

$$f(x) \in C[0,1],\ \Phi = \text{span}\{1, x, x^2, \cdots, x^m\}$$

则
$$\varphi(x) = a_0 + a_1 x + a_2 x^2 + \cdots + a_m x^m$$

$$(\varphi_i, \varphi_j) = \int_0^1 x^{i+j} \mathrm{d}x = \frac{1}{i+j+1}$$

$$(f, \varphi_i) = \int_0^1 f(x) x^i \mathrm{d}x = d_i$$

此时,正规方程的系数矩阵为

$$H = \begin{pmatrix} 1 & \frac{1}{2} & \frac{1}{3} & \cdots & \frac{1}{m+1} \\ \frac{1}{2} & \frac{1}{3} & \frac{1}{4} & \cdots & \frac{1}{m+2} \\ \frac{1}{3} & \frac{1}{4} & \frac{1}{5} & \cdots & \frac{1}{m+3} \\ \vdots & \vdots & \vdots & & \vdots \\ \frac{1}{m+1} & \frac{1}{m+2} & \frac{1}{m+3} & \cdots & \frac{1}{2m+1} \end{pmatrix}$$

是一个 Hilbert 矩阵,可不作积分直接写出。

**例 7.4**　设 $f(x) = \mathrm{e}^x$,求 $f(x)$ 在 $[0,1]$ 上的一次和二次最佳平方逼近多项式。

**解**
$$d_0 = \int_0^1 \mathrm{e}^x \mathrm{d}x = \mathrm{e} - 1 \approx 1.71828,$$

$$d_1 = \int_0^1 x\mathrm{e}^x \mathrm{d}x = 1$$

$$d_2 = \int_0^1 x^2 \mathrm{e}^x \mathrm{d}x = \mathrm{e} - 2 \approx 0.71828$$

一次多项式逼近时,正规方程为

$$\begin{pmatrix} 1 & \frac{1}{2} \\ \frac{1}{2} & \frac{1}{3} \end{pmatrix} \begin{pmatrix} a_0 \\ a_1 \end{pmatrix} = \begin{pmatrix} 1.71828 \\ 1 \end{pmatrix}$$

解之,有 $a_0 = 0.87313$, $a_1 = 1.69031$。

最佳一次平方逼近多项式为

$$y_1(x) = 0.87313 + 1.69031x$$

余项
$$\| E \|_2^2 = \| f \|_2^2 - \sum_{j=0}^{1} a_k d_k = 0.00394$$

二次多项式逼近时,正规方程为

$$\begin{pmatrix} 1 & \frac{1}{2} & \frac{1}{3} \\ \frac{1}{2} & \frac{1}{3} & \frac{1}{4} \\ \frac{1}{3} & \frac{1}{4} & \frac{1}{5} \end{pmatrix} \begin{pmatrix} a_0 \\ a_1 \\ a_2 \end{pmatrix} = \begin{pmatrix} 1.71828 \\ 1 \\ 0.71828 \end{pmatrix}$$

解之,有　$a_0 = 1.01299$, $a_1 = 0.85112$, $a_2 = 0.83918$。

最佳二次平方逼近多项式为

$$y_2(x)=1.01299+0.85112x+0.83918x^2$$

余项 $$\|E\|_2^2=\|f\|_2^2-\sum_{j=0}^{2}a_k d_k=0.0000278$$

最佳一次平方逼近多项式的逼近效果如图7.4所示，而最佳二次平方逼近多项式已基本与$f(x)=e^x$图像重合。

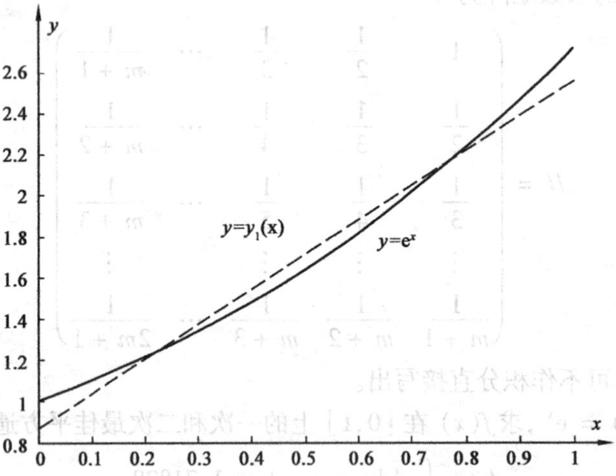


图7.4

**例7.5** 在$[-1,1]$上，分别求函数$f(x)=|x|$在$\Phi_1=\text{span}\{1,x,x^3\}$，$\Phi_2=\text{span}\{1,x^2,x^4\}$中的最佳平方逼近函数。

**解** ①令$\varphi_0=1$，$\varphi_1=x$，$\varphi_2=x^3$，则由式(7.8)得

$$(\varphi_0,\varphi_0)=\int_{-1}^{1}1\mathrm{d}x=2,(\varphi_0,\varphi_1)=(\varphi_1,\varphi_0)=\int_{-1}^{1}x\mathrm{d}x=0,$$

$$(\varphi_2,\varphi_0)=(\varphi_0,\varphi_2)=\int_{-1}^{1}x^3\mathrm{d}x=0,(\varphi_1,\varphi_1)=\int_{-1}^{1}x^2\mathrm{d}x=\frac{2}{3},$$

$$(\varphi_1,\varphi_1)=\int_{-1}^{1}x^2\mathrm{d}x=\frac{2}{3},(\varphi_2,\varphi_1)=(\varphi_1,\varphi_2)=\int_{-1}^{1}x^4\mathrm{d}x=\frac{2}{5},$$

$$(\varphi_2,\varphi_2)=\int_{-1}^{1}x^6\mathrm{d}x=\frac{2}{7},$$

$$(f,\varphi_0)=\int_{-1}^{1}|x|\mathrm{d}x=2\int_{0}^{1}x\mathrm{d}x=1,$$

$$(f,\varphi_1)=\int_{-1}^{1}x|x|\mathrm{d}x=0,(f,\varphi_2)=\int_{-1}^{1}x^3|x|\mathrm{d}x=0.$$

可得正规方程为

$$\begin{pmatrix}2&0&0\\0&\frac{2}{3}&\frac{2}{5}\\0&\frac{2}{5}&\frac{2}{7}\end{pmatrix}\begin{pmatrix}a_0\\a_1\\a_3\end{pmatrix}=\begin{pmatrix}1\\0\\0\end{pmatrix}$$

解之有
$$a_0=\frac{1}{2},\quad a_1=a_2=0$$

故此最佳平方逼近函数为
$$y_1(x)\equiv\frac{1}{2}$$

平方误差为
$$\|f-P_1\|_2^2=\|f\|_2^2-\sum_{j=0}^{m}a_j(f,\varphi_j)=\int_{-1}^{1}|x|^2\mathrm{d}x-\frac{1}{2}=\frac{1}{6}$$

②令 $\varphi_0=1,\varphi_1=x^2,\varphi_2=x^4$，得

$$(\varphi_0,\varphi_0)=\int_{-1}^{1}1\mathrm{d}x=2,(\varphi_0,\varphi_1)=(\varphi_1,\varphi_0)=\int_{-1}^{1}x^2\mathrm{d}x=\frac{2}{3}$$

$$(\varphi_2,\varphi_0)=(\varphi_0,\varphi_2)=(\varphi_1,\varphi_1)=\int_{-1}^{1}x^4\mathrm{d}x=\frac{2}{5}$$

$$(\varphi_2,\varphi_1)=(\varphi_1,\varphi_2)=\int_{-1}^{1}x^6\mathrm{d}x=\frac{2}{7},(\varphi_2,\varphi_2)=\int_{-1}^{1}x^8\mathrm{d}x=\frac{2}{9}$$

$$(f,\varphi_0)=\int_{-1}^{1}|x|\mathrm{d}x=2\int_0^1x\mathrm{d}x=1,(f,\varphi_1)=\int_{-1}^{1}x^2|x|\mathrm{d}x=2\int_0^1x^3\mathrm{d}x=\frac{1}{2}$$

$$(f,\varphi_2)=\int_{-1}^{1}x^4|x|\mathrm{d}x=2\int_0^1x^5\mathrm{d}x=\frac{1}{3}$$

正规方程为

$$\begin{pmatrix}2&\frac{2}{3}&\frac{2}{5}\\\frac{2}{3}&\frac{2}{5}&\frac{2}{7}\\\frac{2}{5}&\frac{2}{7}&\frac{2}{9}\end{pmatrix}\begin{pmatrix}a_0\\a_1\\a_3\end{pmatrix}=\begin{pmatrix}1\\\frac{1}{2}\\\frac{1}{3}\end{pmatrix}$$

解之有 $a_0=0.11719$，$a_1=1.64060$，$a_2=-0.82031$。

最佳平方逼近为　$y_2(x)=0.11719+1.64060x^2-0.82031x^4$

误差为
$$\|f-y_2\|_2^2=\|f\|_2^2-\sum_{j=0}^{2}a_j(f,\varphi_j)=0.00262$$

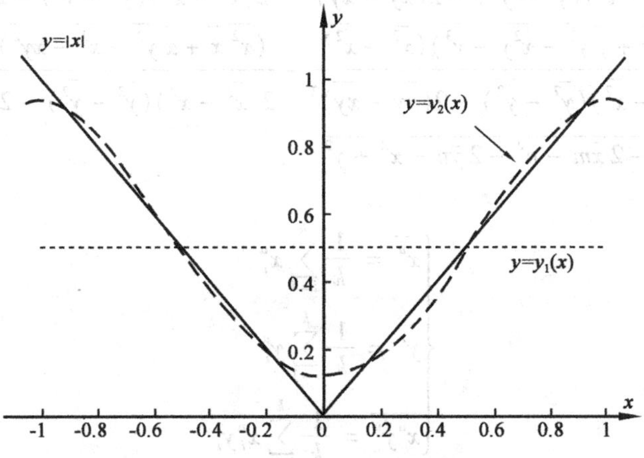


图 7.5

由图 7.5 可见逼近效果较好。

# 7.4 轮辋逆向工程的求解

对于给定的离散测量点集 $(x_i,y_i)$，$(i=1,2,3,\cdots,k)$，见表 7.1，设拟合圆的圆心为 $P_0(m,n)$，半径为 $r$，则拟合圆的方程为

$$(x-m)^2+(y-n)^2=r^2 \tag{7.10}$$

残差为

$$\xi=(x_i-m)^2+(y_i-n)^2-r^2 \tag{7.11}$$

残差的平方和为

$$Q=\sum_{i=1}^{k}\xi^2=\sum_{i=1}^{k}[(x_i-m)^2+(y_i-n)^2-r^2]^2 \tag{7.12}$$

式中，$k$ 为圆的离散点集合的个数。根据最小二乘法原理有

$$\frac{\partial Q}{\partial m}=\frac{\partial Q}{\partial n}=\frac{\partial Q}{\partial r}=0$$

$$\Rightarrow\begin{cases}\dfrac{\partial Q}{\partial m}=-4\sum\limits_{i=1}^{k}[(x_i-m)^2+(y_i-n)^2-r^2]\times(x_i-m)=0\\ \dfrac{\partial Q}{\partial n}=-4\sum\limits_{i=1}^{k}[(x_i-m)^2+(y_i-n)^2-r^2]\times(y_i-n)=0\\ \dfrac{\partial Q}{\partial r}=-4\sum\limits_{i=1}^{k}[(x_i-m)^2+(y_i-n)^2-r^2]r=0\end{cases} \tag{7.13}$$

$$\Rightarrow\begin{cases}m^2-2\bar{x}m+n^2-2\bar{y}n-r^2+\overline{x^2}+\overline{y^2}=0\\ \bar{x}m^2-2\overline{x^2}m+\bar{x}n^2-2\overline{xy}n-\bar{x}r^2+\overline{x^3}+\overline{xy^2}=0\\ \bar{y}m^2-2\overline{y^2}n+\bar{y}n^2-2\overline{xy}m-\bar{y}r^2+\overline{y^3}+\overline{x^2y}=0\end{cases} \tag{7.14}$$

对公式(7.14) 消去 $m^2$、$n^2$、$r^2$，并进一步化简得

$$\begin{cases}m=\dfrac{(\overline{x^2}\,\bar{x}+\bar{x}\,\overline{y^2}-\overline{x^3}-\overline{xy^2})(\overline{y^2}-\bar{y}^2)}{2(\overline{x^2}-\bar{x}^2)(\overline{y^2}-\bar{y}^2)-2(\overline{xy}-\bar{x}\bar{y})^2}-\dfrac{(\overline{x^2}\,\bar{y}+\bar{y}\,\overline{y^2}-\overline{x^2y}-\overline{y^3})(\overline{xy}-\bar{x}\bar{y})}{2(\overline{x^2}-\bar{x}^2)(\overline{y^2}-\bar{y}^2)-2(\overline{xy}-\bar{x}\bar{y})^2}\\ n=\dfrac{(\overline{x^2}\,\bar{y}+\bar{y}\,\overline{y^2}-\overline{x^2y}-\overline{y^3})(\overline{x^2}-\bar{x}^2)}{2(\overline{x^2}-\bar{x}^2)(\overline{y^2}-\bar{y}^2)-2(\overline{xy}-\bar{x}\bar{y})^2}-\dfrac{(\overline{x^2}\,\bar{x}+\bar{x}\,\overline{y^2}-\overline{x^3}-\overline{xy^2})(\overline{xy}-\bar{x}\bar{y})}{2(\overline{x^2}-\bar{x}^2)(\overline{y^2}-\bar{y}^2)-2(\overline{xy}-\bar{x}\bar{y})^2}\\ r=\sqrt{m^2-2\bar{x}m-n^2-2\bar{y}n+\overline{x^2}+\overline{y^2}}\end{cases} \tag{7.15}$$

其中

$$\begin{cases}\overline{x^u}=\dfrac{1}{k}\sum\limits_{i=1}^{k}x_i^u\\ \overline{y^v}=\dfrac{1}{k}\sum\limits_{i=1}^{k}y_i^v\\ \overline{x^uy^v}=\dfrac{1}{k}\sum\limits_{i=1}^{k}x_i^uy_i^v\end{cases} \tag{7.16}$$

在求出理想圆的圆心和半径后，用圆度误差对拟合结果进行评价。对于给定的点集 $(x_i,y_i)$ 到圆心的距离为

$$r^i = \sqrt{(x^i - m)^2 + (y^i - n)^2} \tag{7.17}$$

令

$$r^{(L)} = \min\{r_i, i = 1,2,\cdots,k\} \tag{7.18}$$

$$r^{(H)} = \max\{r_i, i = 1,2,\cdots,k\} \tag{7.19}$$

定义圆度误差

$$e = r^{(H)} - r^{(L)} \tag{7.20}$$

将表 7.1 中的数据代入式(7.15)得到理想圆的参数,圆心 $Po(m,n) = (4.011, 3.992)$,半径 $r = 35.063$ mm。又由式(7.20)得到圆度误差 $e = 0.046\ 15$ mm。轮辋要求直径的误差为 0.2 mm,满足精度。

# 7.5　Matlab 数据拟合与函数逼近计算

将本章中的数据拟合和函数逼近运用 Matlab 计算。

**例 7.6**　设有如下数据:

| $x_i$ | 1 | 3 | 4 | 5 | 6 | 7 | 8 | 9 | 10 |
|---|---|---|---|---|---|---|---|---|---|
| $f_i$ | 10 | 5 | 4 | 2 | 1 | 1 | 2 | 3 | 4 |

利用最小二乘法求该组数据的多项式拟合曲线。

**解**　先输入数据并画图判断曲线的大致形状,如图 7.6 所示。

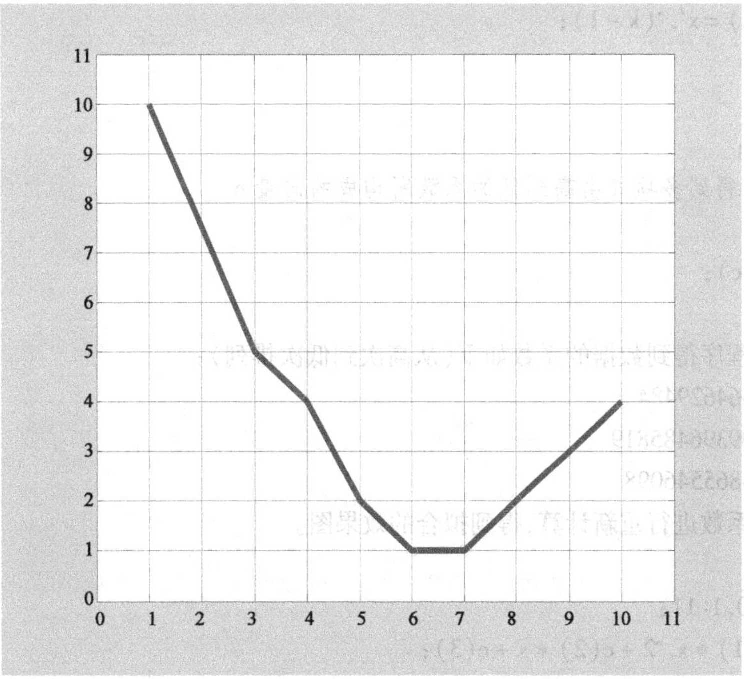


图 7.6　数据观察图

```
>> x0 = 1:10;x0(2) = [ ]
```

```
x0 =
     1     3     4     5     6     7     8     9    10
>> y0 = [10 5 4 2 1 1 2 3 4]
y0 =
    10     5     4     2     1     1     2     3     4
>> figure,plot(x0,y0,'-r','LineWidth',3),grid on,title('数据观察图');
hold on,plot(x0,y0,'og'); axis([0 11 0 11]);
```

观察到图形大概为一条抛物线,因此它的最高次数为2。

构造其正规方程的程序如下:

```
x0 = 1:10;x0(2) = [];%初始数据
%x 为数据点的横坐标,y 为数据点的纵坐标
x = x0;
y0 = [10 5 4 2 1 1 2 3 4];
y = y0;
m = 2;%最高次数为2
n = length(x);
b = zeros(1,m+1);
f = zeros(n,m+1);%f 为正规方程的系数,初始为0
for k = 1:m+1
    f(:,k) = x'.^(k-1);
end
a = f'*f;
b = f'*y';
%解方程,得到多项式由高到低的系数所构成的向量 c
c = a\b;
c = flipud(c);
disp(c);
```

运行上述程序得到数据的系数如下(从高次到低次排列):

0.267570664629484

-3.605309396485819

13.459663865546098

对多项式系数进行重新计算,得到拟合的效果图。

```
>> c = c';
>> x = 0:0.1:11;
>> F = c(1)*x.^2 + c(2)*x + c(3);
>> plot(x0,y0, 'ok','LneWidth',2),grid on;
>> hold on;
>> plot(x,F,'-r','LineWidth',1);
```

```
>>title('拟合后的效果图');
>>axis([0 11 0 11]);
```

拟合后的效果如图 7.7 所示。

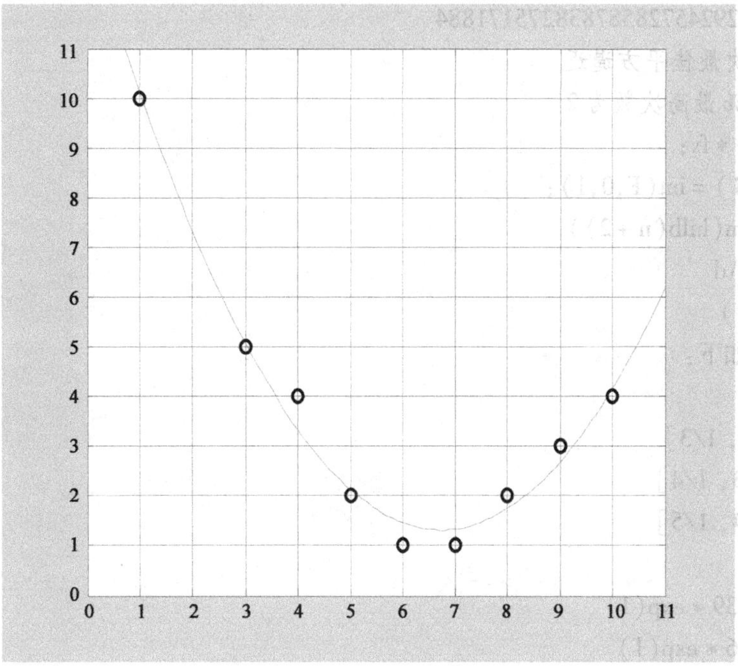


图 7.7　拟合后的效果图

**例 7.7**　设 $f(x)=e^x$，求 $f(x)$ 在 $[0,1]$ 上的一次和二次最佳平方逼近多项式。

**解**　此函数在区间[0,1]上求最佳平方逼近，故正规矩阵为 Hilbert 矩阵，可不必求正规矩阵这一步。解题程序如下（这里积分命令选用 int，也可以用 quad 命令）：

```
>>a =0; b =1; % 函数定义区间
%先求一次最佳平方逼近
>>n = 1; % 最佳平方逼近多项式的次数
>>syms x;%定义符号变量
>>fx = exp(x);%符号函数
>>for k = 0 : n%迭代,得到方程组右边系数
    F = x^k * fx;
    d(k+1) = int(F,a,b);%
end
>>d = reshape(d,n+1,1);
>>H = hilb(n+1); % 生成 Hilbert 矩阵
>>a = H\d  % 解方程得到一次最佳平方逼近多项式系数
a =
-10 +4 * exp(1)
  18 -6 * exp(1)
```

```
>>vpa(a)%  化简系数
ans =
  0.873127313836180941441149885411
1.690309029245728587838275171884
%再求二次最佳平方逼近
>>k=2;%最高次数为2
>>F=x^k*fx;
>>d(k+1)=int(F,0,1);
>>H=sym(hilb(n+2))
>>a1=H\d
>>vpa(a1)
```

输出结果如下：

```
H =
[  1, 1/2, 1/3]
[ 1/2, 1/3, 1/4]
[ 1/3, 1/4, 1/5]
a1 =
   -105+39*exp(1)
  588-216*exp(1)
 -570+210*exp(1)
ans =
1.01299130990276417905121138276
  .85112505284622916217790618782
  .83918397639949942566036898407
```

以下通过画图来观察比较其结果：

```
>>x=[];
>>y=[];
>>x=0:0.01:1;%采样点
>>y=exp(x);%原曲线
>>a=vpa(a);%转化为小数,但a仍为符号型
>>a1=vpa(a1);
>>y1=a(1)+a(2).*x;%计算拟合值
>>y2=a1(1)+a1(2).*x+a1(3).*x.^2;
>>y1=double(y1);%转化为double型
>>y2=double(y2);
>>figure;%画图
>>plot(x,y,'r-','LineWidth',1);
>>hold on;
```

```
>>plot(x,y1,'k--','LineWidth',2);
>>plot(x,y2,'m-.','LineWidth',1.5);
>>legend('y=exp(x)','一次最佳平方逼近','二次最佳平方逼近');
>>title('最佳平方逼近效果对比图');
>>hold off;
>>grid on;
```

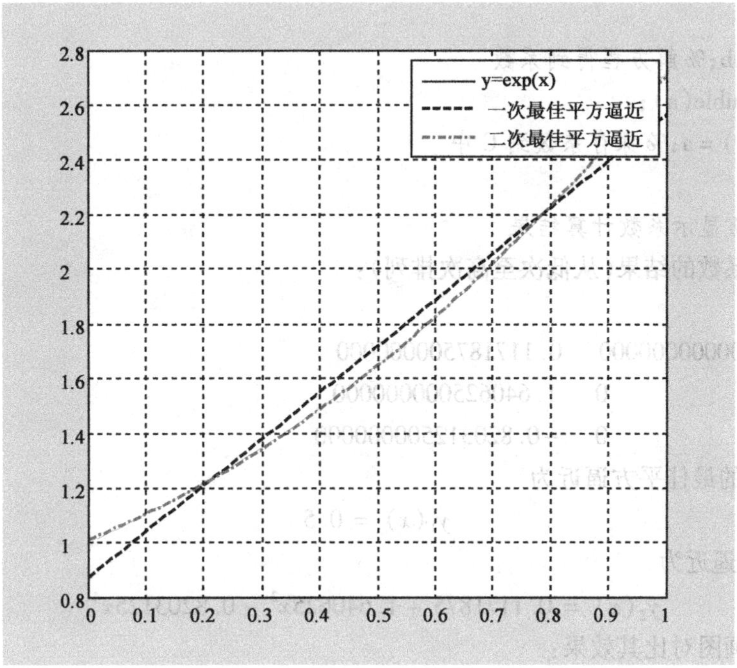


图 7.8　最佳平方逼近效果对比图

**例 7.8**　在 $[-1,1]$ 上分别求函数 $f(x)=|x|$ 在 $\Phi_1=\mathrm{span}\{1,x,x^3\}$，$\Phi_2=\mathrm{span}\{1,x^2,x^4\}$ 中的最佳平方逼近函数。

**解**　按课本所述步骤编制如下求解程序(这里积分命令选用 int,也可以用 quad 命令)：

```
clc;
syms x;
Q=[1,x,x^3;1,x^2,x^4];% 变量矩阵
f=abs(x);% 函数为 x 的绝对值
a0=-1;% 积分区间
b0=1;
for  i=1:2
     O=Q(i,:);
     m=length(O);
     for j=1:m
         for k=1:m
             ts=int(O(j)*O(k),a0,b0);
```

```
            B(j,k) = ts;% 正规矩阵
        end
    end
    b = zeros(m,1);
    for j = 1:m
        b(j) = int(f * O(j),a0,b0);% 积分得到方程组右边系数
    end
    a = B\b;% 解方程得到系数
    a = double(a);
    C(:,i) = a;% 保存系数到 C 中
end
disp(C);% 显示系数计算结果
```

运行得到系数的结果(从低次至高次排列):

```
>> ex7_5
   0.500000000000000    0.117187500000000
                   0    1.640625000000000
                   0   -0.820312500000000
```

因此, $\Phi_1$ 的最佳平方逼近为

$$y_1(x) = 0.5$$

$\Phi_2$ 的最佳平方逼近为

$$y_2(x) = 0.1171875 + 1.640625x^2 - 0.8203125x^4$$

以下通过画图对比其效果:

```
>> x = [];
>> x = -1:0.1:1;
>> y = abs(x);
>> y1 = C(1,1) + C(2,1). * x + C(3,1). * x.^3;
>> y2 = C(1,2) + C(2,2). * x.^2 + C(3,2). * x.^4;
>> figure;
>> plot(x,y,'-k');
>> hold on;
>> plot(x,y1,'--r','LineWidth',1);
>> plot(x,y2,'-.m','LineWidth',2);
>> grid on;
>> title('函数最佳平方拟合效果图');
>> legend('原曲线','{1,x,x^3}拟合','{1,x^2,x^4}拟合');
>> axis([-1,1 0 1]);
>> text(0,0.5,'\downarrowy1(x)');
>> text(-.8,0.8,'\uparrowy = |x|');
>> text(0,C(1,2),'\downarrowY2(x)');
```

>> hold off;

得到的最佳图形如图 7.9 所示。

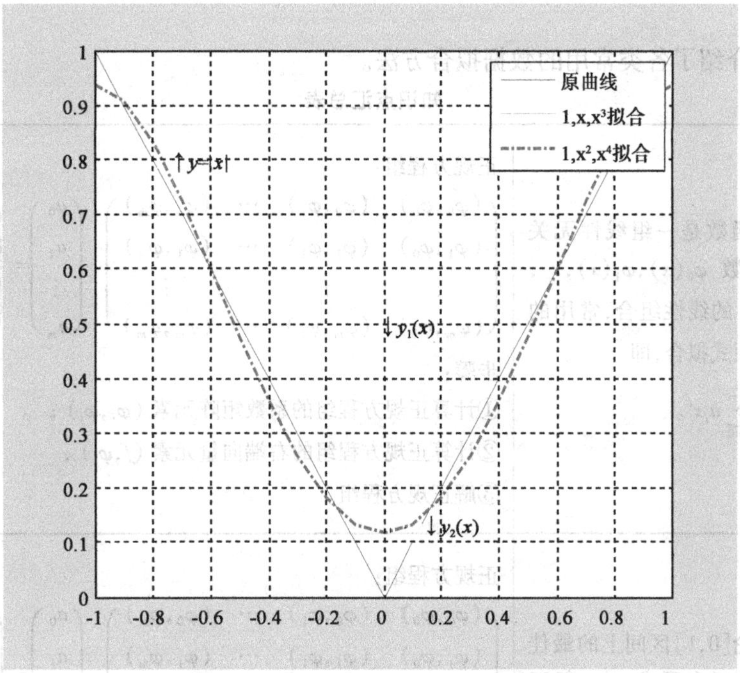


图 7.9　函数最佳平方拟合效果图

Matlab 数据拟合命令列举如下：

(1)数据的多项式曲线拟合 polyfit

p = polyfit(x,y,m)

x,y 为样本点数据,m 为拟合的最高次数,p 为拟合的多项式。求出拟合系数后,可配合 polyval(p,x0)计算多项式在 x0 的值,x0 可为向量或数值。另外,还可用 poly2str(p)将表达式的形式显示出来。下面再介绍几个与多项式有关的命令。

(2)多项式创建 poly

p = poly(A)

将向量 A 转化为多项式。

(3)多项式转换 poly2str

poly2str(p,'t')

将多项式的数学形式恢复出来。

(4)多项式运算

conv(p1,p2)返回 p1 和 p2 的乘积。

[q,r] = deconv(p1,p2)q 为 p1 除以 p2 的商多项式系数,r 为余数。

k = polyder(p)多项式求导。

polyval(p,x0)求多项式 p 在 x0 点的值,x0 可为一个数值或向量。

# 本章小结

本章详细介绍了各类常用的数据拟合方法。

**知识点汇总表**

| | | |
|---|---|---|
| 数据拟合 | 拟合函数是一组线性无关的函数 $\varphi_0(x),\varphi_1(x),\cdots,\varphi_n(x)$ 的线性组合，常用的是多项式拟合，即 $y=\sum\limits_{i=0}^{n}a_ix^i$。 | 正规方程组：<br>$\begin{pmatrix}(\varphi_0,\varphi_0) & (\varphi_0,\varphi_1) & \cdots & (\varphi_0,\varphi_m)\\(\varphi_1,\varphi_0) & (\varphi_1,\varphi_1) & \cdots & (\varphi_1,\varphi_m)\\\vdots & \vdots & & \vdots\\(\varphi_m,\varphi_0) & (\varphi_m,\varphi_1) & \cdots & (\varphi_m,\varphi_m)\end{pmatrix}\begin{pmatrix}a_0\\a_1\\\vdots\\a_m\end{pmatrix}=\begin{pmatrix}(f,\varphi_0)\\(f,\varphi_1)\\\vdots\\(f,\varphi_m)\end{pmatrix}$<br>步骤：<br>①计算正规方程组的系数矩阵元素 $(\varphi_i,\varphi_j)$；<br>②计算正规方程组的右端向量元素 $(f,\varphi_j)$；<br>③解正规方程组。 |
| 最佳平方逼近 | 只讨论[0,1]区间上的最佳平方逼近多项式，对一般区间 $[a,b]$ 上的函数 $f(x)$，可作变换 $x=a+(b-a)t$，化为 $f(a+(b-a)t)$，$t\in[0,1]$ 再作逼近处理。 | 正规方程组：<br>$\begin{pmatrix}(\varphi_0,\varphi_0) & (\varphi_0,\varphi_1) & \cdots & (\varphi_0,\varphi_m)\\(\varphi_1,\varphi_0) & (\varphi_1,\varphi_1) & \cdots & (\varphi_1,\varphi_m)\\\vdots & \vdots & & \vdots\\(\varphi_m,\varphi_0) & (\varphi_m,\varphi_1) & \cdots & (\varphi_m,\varphi_m)\end{pmatrix}\begin{pmatrix}a_0\\a_1\\\vdots\\a_m\end{pmatrix}=\begin{pmatrix}(f,\varphi_0)\\(f,\varphi_1)\\\vdots\\(f,\varphi_m)\end{pmatrix}$<br>步骤：<br>①计算正规方程组的系数矩阵元素 $(\varphi_i,\varphi_j)$；<br>②计算正规方程组的右端向量元素 $(f,\varphi_j)$；<br>③解正规方程组。 |

# 习题七

1. 填空题

(1) 设 $f(x)=x,x\in[-1,1]$，则 $\|f\|_1=$ ____________，$\|f\|_2=$ ____________，$\|f\|_\infty=$ ____________。

(2) $x=(-1,0,1)^T,y=(0,1,0)^T$，作一次多项式拟合时，正规方程组为____________。一次最小二乘多项式为 $y_1=$ ____________。

(3)求二次平方逼近多项式时，若 $f(x)\in C[-1,1]$，正规方程组的系数矩阵为____________，若 $f(x)\in C[0,2]$，正规方程组的系数矩阵为____________。

2. 求下列函数在区间$[-1,1]$上的线性最佳一致逼近多项式。

(1) $f(x)=x^2+3x-5$；

(2) $f(x)=e^x$。

3. 试分别求函数 $f(x)=\sqrt{1+x^2}$ 在区间$[0,1]$上的一次最佳一致逼近多项式和一次最佳平方逼近多项式。

4. 求函数 $f(x) = \cos \pi x$ 在 $[0.5, 1.5]$ 上的二次最佳平方逼近多项式。

5. 使电流通过 2 Ω 的电阻，用伏特表测量电阻两端的电压，得到如下数据：

| I | 1 | 2 | 4 | 6 | 8 | 10 |
|---|---|---|---|---|---|---|
| V | 1.8 | 3.7 | 8.2 | 12.0 | 15.8 | 20.2 |

试用最小二乘原理建立 $I$ 与 $V$ 之间的线性经验公式(该公式对于校正测量所用的伏特表有用)。

6. 用最小二乘原理求一个形如 $y = a + bx^2$ 的经验公式，使其与下表数据相拟合：

| $x$ | 19 | 25 | 31 | 38 | 44 |
|---|---|---|---|---|---|
| $y$ | 19.0 | 32.3 | 49.0 | 73.3 | 97.8 |

7. 用最小二乘原理求一个形如 $y = ae^{bx}$ 的经验公式，使其与下表数据相拟合：

| $x$ | 1 | 2 | 3 | 4 |
|---|---|---|---|---|
| $y$ | 60 | 30 | 20 | 10 |

8. 已知数据：

| $x_i$ | −1.00 | −0.75 | −0.50 | −0.25 | 0 | 0.25 | 0.50 | 0.75 | 1.00 |
|---|---|---|---|---|---|---|---|---|---|
| $f_i$ | 0.2209 | 0.3295 | 0.8826 | 1.4392 | 2.0003 | 2.5645 | 3.1334 | 3.7061 | 4.2836 |

试用一次、二次、三次多项式按最小二乘原理拟合上述数据，写出正规方程组，并求出最小二乘拟合的二次多项式。

9. 设有一组实验数据如下：

| $x$ | 0 | 0.25 | 0.5 | 0.75 | 1.00 |
|---|---|---|---|---|---|
| $y$ | 1.0000 | 1.2840 | 1.6487 | 2.1170 | 2.7183 |

试在函数类 $\Phi = \mathrm{span}\{1, x, x^2\}$ 中求它的拟合曲线。

# 第 8 章　数值积分与数值微分

## 8.1　引例：竞赛帆船桅杆上的有效作用力

竞赛帆船的横截面如图 8.1(a)所示。通过帆施加在每英尺桅杆上的风力 ($f$) 是到甲板距离 ($z$) 的函数，如图 8.1(b)所示。假设桅杆保持垂直，它右边的支撑揽线完全不受力，并且桅杆与甲板的连接处没有力矩，只受到水平或垂直方向的作用力，试计算左边支撑揽线上的张力 $T$。

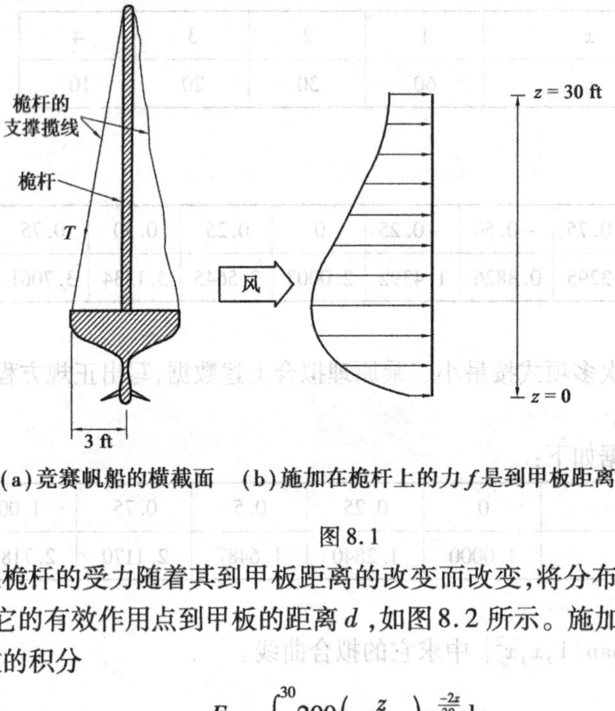


(a)竞赛帆船的横截面　(b)施加在桅杆上的力 $f$ 是到甲板距离 $z$ 的函数

图 8.1

由于每英尺桅杆的受力随着其到甲板距离的改变而改变，将分布式力 $f$ 等价地转化为总力 $F$，并计算出它的有效作用点到甲板的距离 $d$，如图 8.2 所示。施加在桅杆上的总力可表示为一个连续函数的积分

$$F = \int_0^{30} 200\left(\frac{z}{5+z}\right)e^{\frac{-2z}{30}}dz \tag{8.1}$$

通过数值方法求出 $F$ 和 $d$ 之后，可根据图 8.2 所示的自由体受力图列出力和力矩的平衡方程。分别对水平和垂直方向的力求和，以及对 0 点取力矩，得到

$$\sum F_H = 0 = F - \sin\theta - H \tag{8.2}$$

$$\sum F_V = 0 = V - T\cos\theta \tag{8.3}$$

$$\sum F_H = 0 = F - \sin\theta - H \tag{8.4}$$

其中，$T$ 为揽线上的张力，$H$ 和 $V$ 为甲板对桅杆的反作用，它们的方向和大小都是未知的。

知道 $F$ 和 $d$ 后，可通过式(8.2)到(8.4)直接解出 $V$、$T$ 及 $H$，就能够进行船的其他方面的结构设计，比如由揽线或甲板组成的桅杆的支撑系统。但式(8.1)是一个非线性积分，很难用解析方法计算。

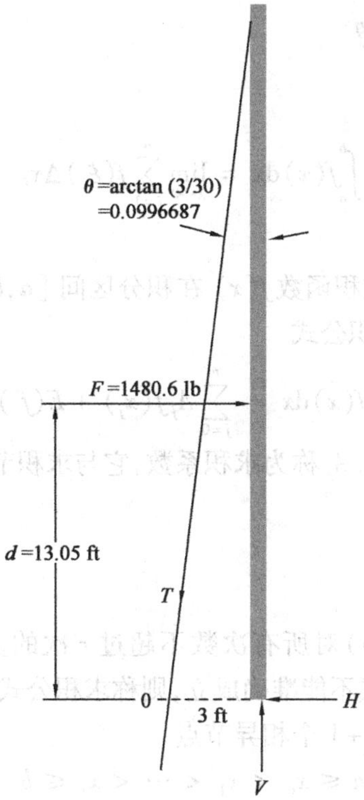


图8.2 竞赛帆船桅杆上的作用力的自由体受力图

实际上，对给定的定积分 $\int_a^b f(x)\,\mathrm{d}x$，设 $F(x)$ 是 $f(x)$ 在 $[a,b]$ 上的原函数，则由 Newton-Leibniz 公式有

$$\int_a^b f(x)\,\mathrm{d}x = F(b) - F(a) \tag{8.5}$$

但在使用公式(8.5)时，要求 $f(x)$ 在 $[a,b]$ 上连续，且积分区间 $[a,b]$ 是有限区间。因此在应用中，定积分的计算将会出现以下困难：

①$f(x)$ 不是连续函数，甚至也不是解析函数，而是通过实验、测量或计算而得出的一组数据。

②$f(x)$ 的原函数不能用初等函数表示，如 $f(x)$ 为以下函数：

$$e^{x^2},\sqrt{1+x^3},\sin x^2,\frac{\sin x}{x},\cdots$$

③$f(x)$ 的原函数的表达式相当复杂，求值困难。如：

$$\int_{\sqrt{3}}^{\pi}\frac{1}{1+x^4}\mathrm{d}x = \left\{\frac{1}{4\sqrt{2}}\ln\frac{x^2+\sqrt{2}x+1}{x^2-\sqrt{2}x+1}+\frac{1}{2\sqrt{2}}\left[\arctan(\sqrt{2}x+1)+\arctan(\sqrt{2}x-1)\right]\right\}\Bigg|_{\sqrt{3}}^{\pi}$$

所以在应用中，需要构造一种积分方法，避免求原函数的计算，使其在误差范围内，计算积分时既能节省工作量，又方便可行。这就是数值积分所要解决的问题。

# 8.2 求积公式

### 8.2.1 数值积分的基本思想

定积分的定义

$$\int_a^b f(x)\,\mathrm{d}x = \lim_{\lambda \to 0} \sum_{i=1}^{n} f(\xi_i)\Delta x_i$$

其中，$\lambda = \max\limits_{1 \leqslant i \leqslant n} |\Delta x_i|$ 。

数值积分的基本思想是用被积函数 $f(x)$ 在积分区间 $[a,b]$ 上某些点处的函数值的线性组合来近似代替定积分，即有求积公式

$$\int_a^b f(x)\,\mathrm{d}x = \sum_{j=0}^{n} A_j f(x_j) + E(f) \tag{8.6}$$

其中，$x_j \in [a,b]$ 称为求积节点，$A_j$ 称为求积系数，它与求积节点 $x_j$ 有关，与 $f(x)$ 的具体表达形式无关。$E(f)$ 称为余项。

### 8.2.2 代数精度

**定义** 8.1　若求积公式(8.6)对所有次数不超过 $r$ 次的多项式均能准确成立（$E(f)=0$），而至少有一个 $r+1$ 次多项式不能准确成立，则称求积公式(8.6)具有 $r$ 次的代数精度。

**定理** 8.1　对任意给定的 $n+1$ 个相异节点

$$a \leqslant x_0 < x_1 < \cdots < x_n \leqslant b$$

总存在相应的求积系数 $A_0, A_1, \cdots, A_n$ 使求积公式(8.6)至少具有 $n$ 次的代数精度。

**证**　在求积公式(8.6)中分别令 $f(x) = 1, x, x^2, \cdots, x^n$，则可得求积系数 $A_0, A_1, A_2, \cdots, A_n$ 的线性方程组

$$\begin{cases} A_0 + A_1 + \cdots + A_n = b - a \\ A_0x_0 + A_1x_1 + \cdots + A_nx_n = \dfrac{1}{2}(b^2 - a^2) \\ A_0x_1^2 + A_1x_1^2 + \cdots + A_nx_n^2 = \dfrac{1}{3}(b^3 - a^3) \\ \vdots \\ A_0x_0^n + A_1x_1^n + \cdots + A_nx_n^n = \dfrac{1}{n+1}(b^{n+1} - a^{n+1}) \end{cases} \tag{8.7}$$

方程组(8.7)的系数行列式是范德蒙(Vandermonde)行列式。由于节点是相异节点，故方程组(8.7)的系数行列式不等于0。由 Cramer 法则，方程组有一组唯一的解

$$A_0, A_1, \cdots, A_n$$

### 8.2.3 插值型求积公式

可以用求解方程组(8.7)的方法来构造求积公式，称为待定系数法。但当 $n$ 比较大时，求解方程组(8.7)将产生很大的计算误差。受到前面多项式插值的启发，利用插值多项式近似

代替被积函数的方法来构造求积公式,称为插值型求积公式。

以求积节点 $x_j$ 为插值节点对 $f(x)$ 进行 Lagrange 插值,有

$$f(x) = \sum_{j=0}^{n} l_j(x)f(x_j) + \frac{f^{(n+1)}(\xi)}{(n+1)!}P_{n+1}(x) \tag{8.8}$$

其中,$l_j(x) = \prod_{\substack{i=0\\i\neq j}}^{n} \frac{x - x_i}{x_j - x_i}$,$P_{n+1}(x) = \prod_{i=0}^{n}(x - x_i)$。对式(8.8)两端在 $[a,b]$ 上积分有

$$\int_a^b f(x)\mathrm{d}x = \sum_{j=0}^{n}\left[\int_a^b l_j(x)\mathrm{d}x\right]f(x_j) + \int_a^b \frac{f^{(n+1)}(\xi)}{(n+1)!}P_{n+1}(x)\mathrm{d}x$$

令
$$A_j = \int_a^b l_j(x)\mathrm{d}x \quad j = 0,1,2,\cdots,n$$

$$E(f) = \frac{1}{(n+1)!}\int_a^b f^{(n+1)}(\xi)P_{n+1}(x)\mathrm{d}x \quad \xi \in (a,b)$$

当 $f(x) \in C^{n+1}[a,b]$ 时,由积分中值定理有

$$E(f) = \frac{f^{(n+1)}(\eta)}{(n+1)!}\int_a^b P_{n+1}(x)\mathrm{d}x \quad \eta \in (a,b)$$

故有求积公式

$$\int_a^b f(x)\mathrm{d}x = \sum_{j=0}^{n} A_j f(x_j) + E(f)$$

当 $f(x) \in M_n$ 时,$f^{(n+1)}(x) \equiv 0 \Rightarrow E(f) = 0$,即求积公式至少具有 $n$ 次代数精度。于是有近似公式

$$\int_a^b f(x)\mathrm{d}x \approx \sum_{j=0}^{n} A_j f(x_j) \tag{8.9}$$

称 $E(f)$ 为截断误差.

## 8.3　Newton-Cotes 公式

### 8.3.1　Newton- Cotes　公式

将区间 $[a,b]$ $n$ 等分,步长 $h = \frac{b-a}{n}$,求积节点为 $x_i = a + ih$,$i = 0,1,2,\cdots,n$。令 $x = a + th$,则 Lagrange 插值基函数为:

$$l_j(x) = \prod_{\substack{i=0\\i\neq j}}^{n} \frac{x - x_i}{x_j - x_i} = \prod_{\substack{i=0\\i\neq j}}^{n} \frac{t - i}{j - i} \qquad j = 0,1,2,\cdots,n$$

求积系数 $A_j$ 可表示为

$$A_j = \int_a^b l_j(x)\mathrm{d}x = \frac{(-1)^{n-j}h}{j!(n-j)!}\int_0^n \prod_{\substack{i=0\\i\neq j}}^{n}(t - i)dt \qquad j = 0,1,2,\cdots,n$$

令
$$C_j = \frac{A_j}{b-a} = \frac{(-1)^{n-j}}{n\cdot j!(n-j)!}\int_0^n \prod_{\substack{i=0\\i\neq j}}^{n}(t - i)\mathrm{d}t$$

称 $C_j$ 为 Cotes 系数,则求积公式可化为

$$\int_a^b f(x)\mathrm{d}x = (b-a)\sum_{j=0}^{n} C_j f(x_j) + \frac{f^{(n+1)}(\eta)}{(n+1)!}\int_a^b \prod_{i=0}^{n}(x-x_i)\mathrm{d}x$$

若令$f(x)\equiv 1$，可证明 $\sum_{j=0}^{n} C_j \equiv 1$。

### 8.3.2 常见的Newton-Cotes 公式

1）梯形公式（$n=1$）

$$C_0 = -\int_0^1 (t-1)\mathrm{d}t = \frac{1}{2},\qquad C_1 = \int_0^1 t\mathrm{d}t = \frac{1}{2}$$

$$E(f) = \frac{f''(\eta)}{2}\int_a^b (x-a)(x-b)\mathrm{d}x = -\frac{f''(\eta)}{12}h^3$$

故有求积公式 $$\int_a^b f(x)\mathrm{d}x \approx \frac{b-a}{2}[f(a)+f(b)]$$

截断误差 $$E(f) = -\frac{h^3}{12}f''(\eta)$$

其几何意义是用梯形的面积近似代替曲边梯形的面积，如图8.3所示。

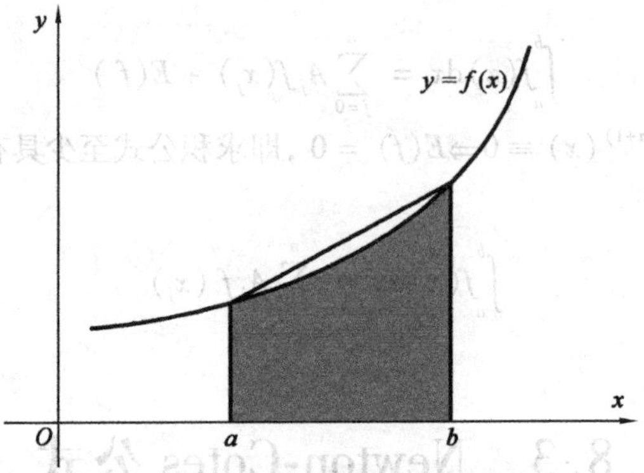


图8.3

2）Simpson 公式（$n=2$，抛物形公式）

$$C_0 = \frac{1}{4}\int_0^2 (t-1)(t-2)\mathrm{d}t = \frac{1}{6},\quad C_1 = -\frac{1}{2}\int_0^2 t(t-2)\mathrm{d}t = \frac{4}{6}$$

$$C_2 = \frac{1}{4}\int_0^2 t(t-1)\mathrm{d}t = \frac{1}{6}$$

求积公式 $$\int_a^b f(x)\mathrm{d}x \approx \frac{b-a}{6}\left[f(a) + 4f\left(\frac{a+b}{2}\right) + f(b)\right]$$

其几何意义是用抛物线围成的曲边梯形的面积近似代替以$f(x)$为曲边所围成的曲边梯形的面积，如图8.4所示。

**定理**8.2 设$f(x)\in C^4[a,b]$，则Simpson积分公式的余项为

$$E(f) = -\frac{h^5}{90}f^{(4)}(\eta)\qquad \eta\in(a,b)$$

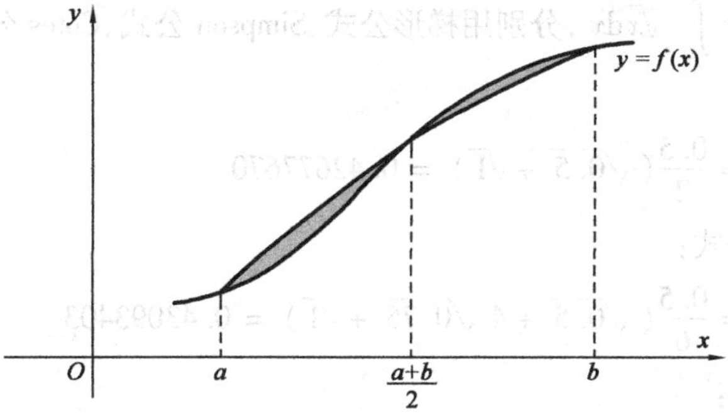


图 8.4

3) Cotes 公式( $n=4$ )

$$\int_a^b f(x)\,\mathrm{d}x \approx \frac{b-a}{90}[7f(x_0)+32f(x_1)+12f(x_2)+32f(x_3)+7f(x_4)]$$

$$E(f)=-\frac{8}{945}h^7 f^{(6)}(\eta)$$

其中, $x_i=a+i\frac{b-a}{4}$ , $i=0,1,2,3,4$。常见的 Newton-Cotes 系数及余项见表 8.1。

表 8.1

| $n$ | $C_0$ | $C_1$ | $C_2$ | $C_3$ | $C_4$ | $C_5$ | $C_6$ | $E(f)$ | 代数精度 |
|---|---|---|---|---|---|---|---|---|---|
| 1 | $\frac{1}{2}$ | $\frac{1}{2}$ | | | | | | $-\frac{h^3}{12}f''(\eta)$ | 1 |
| 2 | $\frac{1}{6}$ | $\frac{4}{6}$ | $\frac{1}{6}$ | | | | | $-\frac{h^5}{90}f^{(4)}(\eta)$ | 3 |
| 3 | $\frac{1}{8}$ | $\frac{3}{8}$ | $\frac{3}{8}$ | $\frac{1}{8}$ | | | | $-\frac{3h^5}{80}f^{(4)}(\eta)$ | 3 |
| 4 | $\frac{7}{90}$ | $\frac{32}{90}$ | $\frac{12}{90}$ | $\frac{32}{90}$ | $\frac{7}{90}$ | | | $-\frac{8h^7}{945}f^{(6)}(\eta)$ | 5 |
| 5 | $\frac{19}{288}$ | $\frac{75}{288}$ | $\frac{50}{288}$ | $\frac{50}{288}$ | $\frac{75}{288}$ | $\frac{19}{288}$ | | $-\frac{275h^7}{12096}f^{(6)}(\eta)$ | 5 |
| 6 | $\frac{41}{840}$ | $\frac{216}{840}$ | $\frac{27}{840}$ | $\frac{272}{840}$ | $\frac{27}{840}$ | $\frac{216}{840}$ | $\frac{41}{840}$ | $-\frac{9h^9}{1400}f^{(8)}(\eta)$ | 7 |

当 $n=8$ 和 $n\geqslant 10$ 时, Newton-Cotes 系数有正有负。

**定理 8.3**　当 $n$ 为偶数时, $n+1$ 个求积节点的 Newton-Cotes 公式具有 $n+1$ 次的代数精度。

以上定理说明,当 $n$ 取偶数时,可获得较高的代数精度。比如 Simpson 公式就有 3 次代数精度, Cotes 公式有 5 次代数精度,都是比较常用的。

**例 8.1** 给定积分 $\int_{0.5}^{1}\sqrt{x}\,dx$，分别用梯形公式、Simpson 公式、Cotes 公式作近似计算。

**解** ①梯形公式：

$$\int_{0.5}^{1}\sqrt{x}\,dx \approx \frac{0.5}{2}(\sqrt{0.5}+\sqrt{1}) = 0.42677670$$

②Simpson 公式：

$$\int_{0.5}^{1}\sqrt{x}\,dx \approx \frac{0.5}{6}(\sqrt{0.5}+4\sqrt{0.75}+\sqrt{1}) = 0.43093403$$

③Cotes 公式：

$$\int_{0.5}^{1}\sqrt{x}\,dx \approx \frac{0.5}{90}(7\sqrt{0.5}+32\sqrt{0.625}+12\sqrt{0.75}+32\sqrt{0.875}+7\sqrt{1}) = 0.43096407$$

④由 Newton-Leibniz 公式得准确值：

$$\int_{0.5}^{1}\sqrt{x}\,dx = \frac{2}{3}x^{\frac{3}{2}}\Big|_{0.5}^{1} = 0.43096441$$

# 8.4 复化求积公式

由于高次 Newton-Cotes 公式的求积系数有正有负，将使数值积分产生很大的计算误差，引得数值计算不稳定。而且高次插值将可能出现振荡现象，因此在应用中一般不使用高次的 Newton-Cotes 公式作数值积分。

受分段插值的启示，对数值积分也常采用分段求积，称为复化求积。其基本思想是将$[a,b]$分成 $n$ 个小区间，在每个小区间上利用低次的 Newton-Cotes 公式作数值积分，再求和得到积分值。将区间$[a,b]$ $n$ 等分，步长 $h=\dfrac{b-a}{n}$，分点为

$$x_i = a + ih \quad i = 0,1,\cdots,n$$

为计算方便，常取 $n=2^k$，$k=0,1,2,\cdots$

$$\int_a^b f(x)\,dx = \sum_{i=0}^{n-1}\int_{x_i}^{x_{i+1}} f(x)\,dx \tag{8.10}$$

## *8.4.1 复化梯形公式*

在式(8.10)中，对每个子区间 $[x_i,x_{i+1}]$ 上的积分 $\int_{x_i}^{x_{i+1}} f(x)\,dx$ 使用梯形求积公式，有

$$T_n = \frac{h}{2}\sum_{i=0}^{n-1}[f(x_i)+f(x_{i+1})] = \frac{h}{2}\left[f(a)+f(b)+2\sum_{i=1}^{n-1}f(x_i)\right] \tag{8.11}$$

称式(8.11)为复化梯形公式。用 $T_n$ 表示将$[a,b]$分为 $n$ 等分的复化梯形公式，进一步将每个子区间 $[x_i,x_{i+1}]$ 对分两个子区间 $[x_i,x_{i+1/2}]$，$[x_{i+1/2},x_{i+1}]$，即将$[a,b]$分为 $2n$ 等份，此时有

$$\int_a^b f(x)\,dx = \sum_{i=0}^{n-1}\int_{x_i}^{x_{i+1/2}} f(x)\,dx + \sum_{i=0}^{n-1}\int_{x_{i+1/2}}^{x_{i+1}} f(x)\,dx$$

复化梯形公式为

$$T_{2n} = \sum_{i=0}^{n-1}\left[\frac{h}{4}(f(x_i)+f(x_{i+1/2}))+\frac{h}{4}(f(x_{i+1/2})+f(x_{i+1}))\right]$$

$$= \frac{h}{4}\sum_{i=0}^{n-1}\left[f(x_i)+f(x_{i+1/2})\right]+\frac{h}{2}\sum_{i=1}^{n-1}f(x_{i+1/2})$$

记 $U_n = h\sum_{i=0}^{n-1}f(x_{i+1/2})$，则有

$$T_{2n} = \frac{1}{2}[T_n + U_n] \tag{8.12}$$

同理有

$$T_{4n} = \frac{1}{2}[T_{2n} + U_{2n}]$$

复化梯形公式 $T_n$ 的余项为

$$E_n(f) = -\frac{h^3}{12}\sum_{i=0}^{n-1}f''(\eta_i) = -\frac{(b-a)}{12}h^2\times\frac{1}{n}\sum_{i=0}^{n-1}f''(\eta_i)\qquad \eta_i\in(x_i,x_{i+1})$$

当 $f(x)\in C^2[a,b]$ 时，由闭区间上连续函数的介值定理，存在 $\eta\in(a,b)$ 使

$$f''(\eta) = \frac{1}{n}\sum_{i=0}^{n-1}f''(\eta_i)$$

故复化梯形公式的余项为

$$E_n(f) = -\frac{b-a}{12}h^2 f''(\eta)\qquad \eta\in(a,b) \tag{8.13}$$

### 8.4.2　复化Simpson 公式

在式(8.10)中对每个子区间 $[x_i,x_{i+1}]$ 上的积分 $\int_{x_i}^{x_{i+1}}f(x)\mathrm{d}x$ 使用 Simpson 公式，得复化 Simpson 公式：

$$S_n = \frac{h}{6}\sum_{i=0}^{n-1}\left[f(x_i)+4f(x_{i+1/2})+f(x_{i+1})\right]$$

$$S_n = \frac{h}{6}\left[f(a)+f(b)+4\sum_{i=0}^{n-1}f(x_{i+1/2})+2\sum_{i=1}^{n-1}f(x_i)\right] \tag{8.14}$$

可以证明 $S_n$ 的余项为

$$E_n(f) = -\frac{(b-a)}{180}\left(\frac{h}{2}\right)^4 f^{(4)}(\eta)\qquad \eta\in(a,b),\ f(x)\in C^4[a,b] \tag{8.15}$$

还可以推出复化 Simpson 公式和复化梯形公式的关系，由

$$S_n = \frac{1}{3}\cdot\frac{h}{2}\sum_{i=0}^{n-1}\left[f(x_i)+f(x_{i+1})\right]+\frac{2}{3}h\sum_{i=0}^{n-1}f(x_{i+1/2})$$

$$= \frac{1}{3}T_n+\frac{2}{3}U_n = \frac{1}{3}T_n+\frac{4}{3}T_{2n}-\frac{2}{3}T_n$$

有

$$S_n = \frac{4T_{2n}-T_n}{3} = \frac{4T_{2n}-T_n}{4-1} \tag{8.16}$$

同理有

$$S_{2n} = \frac{4T_{4n}-T_{2n}}{4-1}$$

### 8.4.3　复化Cotes 公式

在式(8.10)右端对每个子区间 $[x_i, x_{i+1}]$ 上的积分 $\int_{x_i}^{x_{i+1}} f(x)\mathrm{d}x$ 使用 Cotes 公式，得复化 Cotes 公式：

$$C_n = \frac{h}{90}\sum_{i=0}^{n-1}\left[7f(x_i) + 32f(x_{i+1/4}) + 12f(x_{i+1/2}) + 32f(x_{i+3/4}) + 7f(x_{i+1})\right]$$

$$= \frac{h}{90}\left\{7\left[f(a) + f(b)\right] + 14\sum_{i=1}^{n-1}f(x_i) + \sum_{i=0}^{n-1}\left[32f(x_{i+1/4}) + 12f(x_{i+1/2}) + 32f(x_{i+3/4})\right]\right\} \tag{8.17}$$

也有

$$C_n = \frac{4^2 S_{2n} - S_n}{4^2 - 1} = \frac{16S_{2n} - S_n}{15} \tag{8.18}$$

Cotes 公式余项为

$$E_n(f) = -\frac{2(b-a)}{945}\left(\frac{h}{4}\right)^6 f^{(6)}(\eta) \qquad \eta \in (a,b),\ f(x) \in C^6[a,b] \tag{8.19}$$

**例 8.2**　对积分 $I = \int_0^1 \frac{\sin x}{x}\mathrm{d}x$，使其精度达到 $10^{-4}$。

①若用复化梯形公式，应将 [0,1] 多少等分？

②若用复化 Simpson 公式，应将[0,1]多少等分？

**解**　被积函数可以表示为

$$f(x) = \frac{\sin x}{x} = \int_0^1 \cos tx\mathrm{d}t$$

$$f^{(k)}(x) = \int_0^1 \frac{d^k}{\mathrm{d}x^k}(\cos tx)\mathrm{d}t = \int_0^1 t^k \cos\left(tx + \frac{k\pi}{2}\right)\mathrm{d}t$$

$$|f^{(k)}(x)| \leqslant \int_0^1 \left|t^k \cos\left(tx + \frac{k\pi}{2}\right)\right|\mathrm{d}t \leqslant \int_0^1 t^k \mathrm{d}t = \frac{1}{k+1}$$

①

$$|E_n(f)| = \left|-\frac{1-0}{12}h^2 f''(\eta)\right| \leqslant \frac{h^2}{12}\cdot\frac{1}{2+1} = \frac{h^2}{36} \leqslant 10^{-4}$$

$$n = \frac{1}{h} \geqslant \frac{1}{6}\times 10^2 = 16.67$$

取 $n = 17$ 即可。

②

$$|E_n(f)| = \left|-\frac{1-0}{180}h^4 f^{(4)}(\eta)\right| \leqslant \frac{h^4}{180}\cdot\frac{1}{4+1} = \frac{h^4}{900} \leqslant 10^{-4}$$

$$n = \frac{1}{h} \geqslant \frac{10}{\sqrt{30}} \approx 1.83$$

取 $n = 2$ 即可。

### *8.4.4　变步长方法

例 8.2 做数值积分的方法称为定步长积分法。定步长法首先需确定一个适当的步长，即确定区间 $[a,b]$ 的等分数 $n$。但步长的选取是一个问题，步长取大了，难以保证精度；步长取小了，将会增加计算工作量。因此，实用中常用变步长的方法进行数值积分。

变步长法也称为逐次折半方法，取 $n = 2^k\ (k = 0,1,2,\cdots)$，反复使用复化求积公式，直到相邻两次计算结果之差的绝对值达到误差精度为止。设误差精度为 $\varepsilon$，即下列条件为判别计算终止的条件：

$$|T_{2^k} - T_{2^{k-1}}| < \varepsilon$$

$$|S_{2^k} - S_{2^{k-1}}| < \varepsilon$$

$$|C_{2^k} - C_{2^{k-1}}| < \varepsilon$$

**例 8.3**　对积分 $I = \int_0^1 \frac{\sin x}{x}\mathrm{d}x$，利用变步长方法求其近似值，使其精度达到 $\varepsilon = 10^{-6}$。

**解**　取 $n = 2^k\ (k = 0,1,2,\cdots)$。

①复化梯形公式：

$$T_1 = \frac{1}{2}[f(0) + f(1)] = 0.9207355\quad,\quad U_1 = f\left(\frac{1}{2}\right) = 0.9588510$$

$$T_2 = \frac{1}{2}[T_1 + U_1] = 0.9397933\quad,\quad U_2 = \frac{1}{2}\left[f\left(\frac{1}{4}\right) + f\left(\frac{3}{4}\right)\right] = 0.9492337$$

$$T_4 = \frac{1}{2}[T_2 + U_2] = 0.9445135,\quad \cdots$$

继续以上的计算过程，计算结果见表 8.2。

**表 8.2**

| $n$ | $T_n$ | $n$ | $T_n$ |
|---|---|---|---|
| 0 | 0.9207355 | 6 | 0.9460769 |
| 1 | 0.9397933 | 7 | 0.9460815 |
| 2 | 0.9445135 | 8 | 0.9460827 |
| 3 | 0.9456909 | 9 | 0.9460830 |
| 4 | 0.9459850 | 10 | 0.9460830 |
| 5 | 0.9460586 | | |

②复化 Simpson 公式。由表 8.1 中的数据和递推公式可得计算结果见表 8.3。

③复化 Cotes 公式。由表 8.3 中的数据和递推公式可得计算结果见表 8.4。

**表 8.3**

| $n$ | $S_n$ |
|---|---|
| 0 | 0.9461459 |
| 1 | 0.9460869 |
| 2 | 0.9460833 |
| 3 | 0.9460831 |
| 4 | 0.9460831 |

**表 8.4**

| $n$ | $C_n$ |
|---|---|
| 0 | 0.9460830 |
| 1 | 0.9460831 |
| 2 | 0.9460831 |

# 8.5 Romberg 求积公式

Romberg 积分公式中的 $T_1(h)$ 是复化 Simpson 公式，$T_2(h)$ 是复化 Cotes 公式。当 $m \geqslant 3$ 时的 $T_m(h)$ 与复化 Newton-Cotes 公式就没有直接的联系了，仅是一种递推技巧而已。

为了计算方便，将区间 $[a,b]$ 进行 $n = 2^i$ 等分，用 $T_{0i}$ 表示将区间 $[a,b]$ 进行 $2^i$ 等分后的复化梯形公式的计算值，则由 Romberg 积分公式产生序列的计算步骤为：

①在 $[a,b]$ 上，有梯形公式

$$T_{00} = \frac{b-a}{2}[f(a)+f(b)], \quad U_{00} = (b-a)f\left(\frac{a+b}{2}\right)$$

②计算

$$T_{01} = \frac{1}{2}[T_{00} + U_{00}]$$

$$T_{10} = \frac{4T_{01} - T_{00}}{4-1}$$

③设已计算出 $T_{0,i-1}$，则先计算

$$U_{0,i-1} = \frac{b-a}{2^{i-1}}\sum_{j=1}^{2^{i-1}} f\left(a + (2j-1)\frac{b-a}{2^i}\right)$$

$$T_{0i} = \frac{1}{2}[T_{0,i-1} + U_{0,i-1}]$$

④
$$T_{mk} = \frac{4^m T_{m-1,k-1} - T_{m-1,k}}{4^m - 1} \qquad m = 1,2,\cdots,i, \ k = i - m$$

⑤若 $|T_{i0} - T_{i-1,0}| < \varepsilon$，则停止计算，输出 $T_{i0}$，否则 $i \leftarrow i+1$，转步骤③。

③，④两步可用 Romberg 积分表来表示，见表 8.5。

**表 8.5 Romberg 积分表**

| $i$ \ $m$ | 0 | 1 | 2 | 3 | $\cdots$ | $i-1$ | $i$ |
|---|---|---|---|---|---|---|---|
| 0 | $T_{00}$ | | | | | | |
| 1 | $T_{01}$ | $T_{10}$ | | | | | |
| 2 | $T_{02}$ | $T_{11}$ | $T_{20}$ | | | | |
| 3 | $T_{03}$ | $T_{12}$ | $T_{21}$ | $T_{30}$ | | | |
| | | | | | $\ddots$ | | |
| $i-1$ | $T_{0,i-1}$ | $T_{1,i-2}$ | $T_{2,i-3}$ | $T_{3,i-4}$ | $\cdots$ | $T_{i-1,0}$ | |
| $i$ | $T_{0i}$ | $T_{1,i-1}$ | $T_{2,i-2}$ | $T_{3,i-3}$ | $\cdots$ | $T_{i-1,1}$ | $T_{i0}$ |

**例 8.4** 用 Romberg 积分法计算 $\int_0^1 \frac{\sin x}{x}dx$，精度 $\varepsilon = 10^{-6}$。

**解** 由表 8.2 中复化梯形公式的数据，再利用 Romberg 积分公式(8.16)得计算公式结果见表 8.6。

表 8.6

| i \ m | 0 | 1 | 2 | 3 |
|---|---|---|---|---|
| 0 | 0.9207355 | | | |
| 1 | 0.9397933 | 0.9461459 | | |
| 2 | 0.9445135 | 0.9460869 | 0.9460830 | |
| 3 | 0.9456909 | 0.9460833 | 0.9460831 | 0.9460831 |

**例 8.5**　利用 Romberg 积分法求 $\int_0^1 \frac{4}{1+x^2}dx$。

**解**　结果见表 8.7。

表 8.7

| i \ m | 0 | 1 | 2 | 3 | 4 |
|---|---|---|---|---|---|
| 0 | 3.00000 | | | | |
| 1 | 3.10000 | 3.13333 | | | |
| 2 | 3.13118 | 3.14157 | 3.14212 | | |
| 3 | 3.13899 | 3.14159 | 3.14159 | 3.14159 | |
| 4 | 3.14094 | 3.14159 | 3.14159 | 3.14159 | 3.14159 |

# 8.6　Gauss 求积公式

### *8.6.1　Gauss 求积公式及其性质*

求积公式

$$\int_a^b f(x)\,dx = \sum_{j=0}^{n} A_j f(x_j) + E(f)$$

前面介绍的求积公式是给定求积节点 $x_j, j = 0,1,2,\cdots,n$,（Newton-Cotes 公式是等距节点），再由求积节点来构造求积系数 $A_j, j = 0,1,2,\cdots,n$，从而得到的数值积分公式。其代数精度为 $n$ 或 $n+1$. 现在希望能选择求积节点，从而确定求积系数，使式(8.6)的代数精度能有所提高。

**定义 8.2**　若求积公式(8.6)具有 $2n+1$ 次的代数精度，则称该求积公式为 Gauss 型求积公式，相应的求积节点 $x_j$ 称为 Gauss 点。

构造 Gauss 型求积公式也可以用待定系数法，在式(8.6)的两端取 $f(x) = 1, x, x^2, \cdots, x^{2n+1}$，得方程组

$$\begin{cases} A_0 + A_1 + A_2 + \cdots + A_n = b - a \\ A_0 x_0 + A_1 x_1 + A_2 x_2 + \cdots + A_n x_n = \dfrac{b^2 - a^2}{2} \\ A_0 x_0^2 + A_1 x_1^2 + A_2 x_2^2 + \cdots + A_n x_n^2 = \dfrac{b^3 - a^3}{3} \\ \vdots \\ A_0 x_0^{2n+1} + A_1 x_1^{2n+1} + A_2 x_2^{2n+1} + \cdots + A_n x_n^{2n+1} = \dfrac{b^{2n+2} - a^{2n+2}}{2n+2} \end{cases} \tag{8.20}$$

可以证明该方程组有解,求解此方程组便得求积节点 $x_j$ 和求积系数 $A_j$。

**例 8.6** 对积分

$$\int_{-1}^{1} f(x)\,dx = A_0 f(x_0) + A_1 f(x_1)$$

构造其 Gauss 型求积公式。

**解** 取 $f(x) = 1, x, x^2, x^3$ 代入等式两端得方程组

$$\begin{cases} A_0 + A_1 = 2 \\ A_0 x_0 + A_1 x_1 = 0 \\ A_0 x_0^2 + A_1 x_1^2 = \dfrac{2}{3} \\ A_0 x_0^3 + A_1 x_1^3 = 0 \end{cases}$$

解之得 $A_0 = A_1 = 1,\ x_0 = -\dfrac{\sqrt{3}}{3},\ x_1 = \dfrac{\sqrt{3}}{3}$。

故有求积公式

$$\int_{-1}^{1} f(x)\,dx = f\left(-\frac{\sqrt{3}}{3}\right) + f\left(\frac{\sqrt{3}}{3}\right)$$

几何解释如图 8.5 所示。

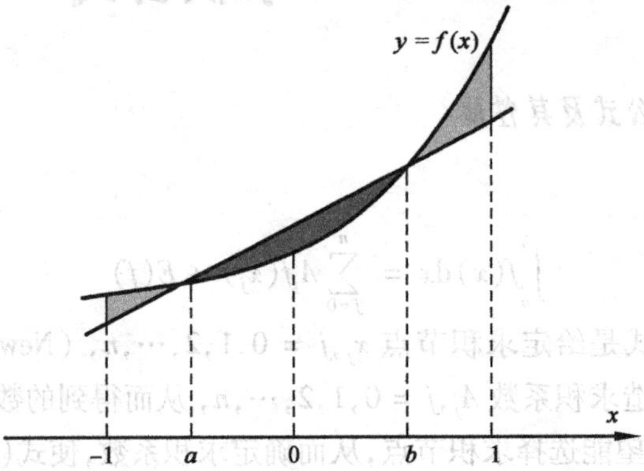


图 8.5

用待定系数法构造 Gauss 型求积公式时,由于方程组(8.20)是非线性方程组,当 $n$ 较大时,求解该方程组很困难,因此需从其他途径来构造 Gauss 型求积公式。实际中应用的 Gauss 型求积公式是用正交多项式理论构造的,理论和过程都比较复杂。以下仅列出公式供应用。

### 8.6.2　常见的Gauss 型求积公式

1) Gauss-Legendre 求积公式

Legendre 多项式是$[-1,1]$上以$\rho(x)\equiv 1$的正交多项式序列

$$P_n(x)=\frac{1}{2^n\cdot n!}\frac{d^n}{dx^n}[(x^2-1)^n]$$

以$n+1$次 Legendre 多项式$P_{n+1}(x)$的零点为求积节点,构造的积分公式称为 Gauss-Legendre 求积公式:

$$\int_a^b f(x)\mathrm{d}x=\sum_{j=0}^n A_j f(x_j)+E(f)$$

其中,节点$x_j$为$n+1$次 Legendre 多项式$P_{n+1}(x)$的$n+1$个零点。

求积系数为　$$A_j=\frac{2}{(1-x_j^2)[P'_{n+1}(x_j)]^2}\quad j=0,1,2,\cdots,n \tag{8.21}$$

余项为　$$E(f)=\frac{2^{2n+3}[(n+1)!]^4}{(2n+3)[(2n+2)!]^3}f^{(2n+2)}(\eta)\quad \eta\in(-1,1) \tag{8.22}$$

**表 8.8　Gauss-Legendre 求积公式的求积节点和求积系数表**

| $n+1$ | 求积节点 $x_j$ | 求积系数 $A_j$ | $n+1$ | 求积节点 $x_j$ | 求积系数 $A_j$ |
|---|---|---|---|---|---|
| 2 | ±0.5773502692 | 1 | 7 | ±0.9491079123<br>±0.7415311856<br>±0.4058451514<br>0 | 0.1294849662<br>0.2797053918<br>0.3818300505<br>0.4179591837 |
| 3 | ±0.7745966692<br>0 | 0.5555555556<br>0.8888888889 | | | |
| 4 | ±0.8611363116<br>±0.3399810436 | 0.3478548451<br>0.6521451549 | | | |
| 5 | ±0.9061798459<br>±0.5384693101<br>0 | 0.2369268851<br>0.4786286705<br>0.5688888889 | 8 | ±0.9602898565<br>±0.7966664774<br>±0.5255324099<br>±0.1834346425 | 0.1012285363<br>0.2223810345<br>0.3137066459<br>0.3626837834 |
| 6 | ±0.9324695142<br>±0.6612093865<br>±0.2386191861 | 0.1713244924<br>0.3607615730<br>0.4679591837 | | | |

**例 8.7**　分别利用 Newton-Cotes 公式及 Gauss-Legendre 公式计算积分

$$\int_{-1}^1\sqrt{x+1.5}\,\mathrm{d}x$$

**解**　①准确值:

$$\int_{-1}^1\sqrt{x+1.5}\,\mathrm{d}x\approx\frac{2}{3}(x+1.5)^{\frac{3}{2}}\Big|_{-1}^1=2.399529$$

②两点 Gauss-Legendre 公式:

$$\int_{-1}^1\sqrt{x+1.5}\,\mathrm{d}x\approx\sqrt{1.5-0.57735}+\sqrt{1.5+0.57735}=2.401848$$

③两个节点梯形公式:

$$\int_{-1}^1\sqrt{x+1.5}\,\mathrm{d}x\approx\frac{2}{2}(\sqrt{1+1.5}+\sqrt{-1+1.5})=2.288246$$

④三点 Gauss-Legendre 公式：

$$\int_{-1}^{1}\sqrt{x+1.5}\,dx \approx 0.555556(\sqrt{1.5-0.774597}+\sqrt{1.5+0.774597})+0.888889\sqrt{1.5}$$
$$=2.399709$$

⑤三个节点 Simpson 公式：

$$\int_{-1}^{1}\sqrt{x+1.5}\,dx \approx \frac{2}{6}(\sqrt{1.5-1}+4\sqrt{1.5+0}+\sqrt{1.5+1})=2.395742$$

对一般的区间 $[a,b]$ 上的积分，可采用变换 $x=\frac{b+a}{2}+\frac{b-a}{2}t$，$t\in[-1,1]$

$$f(x)=f\left(\frac{b+a}{2}+\frac{b-a}{2}t\right)$$

化为 $[-1,1]$ 上的积分处理，于是有：

$$\int_a^b f(x)\,dx=\frac{b-a}{2}\int_{-1}^{1}f\left(\frac{b+a}{2}+\frac{b-a}{2}t\right)dt=\frac{b-a}{2}\sum_{j=0}^{n}A_j f\left(\frac{b+a}{2}+\frac{b-a}{2}t_j\right)+E(f)$$

其中，$t_j$ 是 $n+1$ 次 Legendre 正交多项式 $P_{n+1}(t)$ 的零点。

**例 8.8** 利用 Gauss-Legendre 求积公式求积分 $\int_0^{\frac{\pi}{2}}\sin x\,dx$。（准确值为 1）

**解** 作变换 $x=\frac{\pi}{4}+\frac{\pi}{4}t$，

$$\int_0^{\frac{\pi}{2}}\sin x\,dx=\frac{\pi}{4}\int_{-1}^{1}\sin\frac{\pi(t+1)}{4}\,dt$$

①利用两点 Gauss-Legendre 求积公式，有

$$\int_0^{\frac{\pi}{2}}\sin x\,dx\approx\frac{\pi}{4}\sin\left[\frac{\pi}{4}(1-0.577350)\right]+\frac{\pi}{4}\sin\left[\frac{\pi}{4}(1+0.577350)\right]=0.998473$$

②利用三点 Gauss-Legendre 求积公式，有

$$\int_0^{\frac{\pi}{2}}\sin x\,dx\approx0.555556\times\frac{\pi}{4}\times\sin\left(\frac{\pi}{4}(1-0.774597)\right)+\frac{\pi}{4}\sin\left(\frac{\pi}{4}(1+0.774597)\right)$$
$$+0.888889\times\frac{\pi}{4}=1.000008$$

2) Gauss-Lobatto 求积公式

Gauss-Legendre 的两个端点并不是求积节点，作复化时效率不高，为此可固定两个端点为求积节点而其他求积节点可自由调整。这样确定的求积公式称 Gauss-Lobatto 求积公式。它是 Gauss-Legendre 公式的一种改良，它的代数精度比 Gauss-Legendre 低，为 $2n-1$，但它的复化效率比 Gauss-Legendre 公式要好。

Gauss-Lobatto 求积公式为：

$$\int_{-1}^{1}f(x)\,dx\approx\frac{2}{n(n+1)}[f(-1)+f(1)]+\sum_{k=1}^{n-1}A_k f(x_k) \tag{8.23}$$

$n=1$ 时就是梯形公式，$n=2$ 时就是 Simpson 公式，$n\geqslant3$ 时则不同于其他公式。Gauss-Lobatto 公式的节点和系数见表 8.9。

表 8.9　Gauss-Lobatto 公式的节点和系数表

| $n+1$ | 求积节点 $x_j$ | 求积系数 $A_j$ | 代数精度 |
|---|---|---|---|
| 2 | ±1 | 1 | 1 |
| 3 | ±1<br>0 | 1/3<br>4/3 | 3 |
| 4 | ±1<br>±0.447214 | 1/6<br>5/6 | 5 |
| 5 | ±1<br>0<br>±0.654654 | 1/10<br>32/45<br>49/90 | 7 |
| 6 | ±1<br>±0.765055<br>±0.285232 | 0.1713244924<br>0.3607615730<br>0.4679591837 | 9 |

# 8.7　数值微分

### 8.7.1　数据的数值微分

设函数 $f(x)$ 给出了一组数据 $(x_i, f(x_i))$，$i = 0,1,2,\cdots,n$，且

$$a = x_0 < x_1 < \cdots < x_n = b$$

对 $f(x)$ 进行 Lagrange 插值：

$$f(x) = \sum_{j=0}^{n} l_j(x) f(x_j) + E(f)$$

其中，$l_j(x)$ 为 Lagrange 插值基函数。对式(8.6)两端同时求 $k$ 阶导数 $(0 \leqslant k \leqslant n)$，有

$$f^{(k)}(x) = \sum_{j=0}^{n} l_j^{(k)}(x) f(x_j) + (E(x))^{(k)}$$

故有近似计算公式

$$f^{(k)}(x) \approx L_n^{(k)}(x) = \sum_{j=0}^{n} l_j^{(k)}(x) f(x_j) \qquad k = 0,1,2,\cdots,n$$

若节点是等距节点，设步长为 $h$，则常见的数值微分公式有

(1) 两点公式($n=1$)

$$\begin{cases} f'(x_0) = \dfrac{1}{h}(f(x_1) - f(x_0)) - \dfrac{h}{2} f''(\eta) \\ f'(x_1) = \dfrac{1}{h}(f(x_1) - f(x_0)) + \dfrac{h}{2} f''(\eta) \end{cases} \tag{8.24}$$

(2) 三点公式( $n=2$ )

$$\begin{cases} f'(x_0)=\dfrac{1}{2h}(-3f(x_0)+4f(x_1)-f(x_2))+\dfrac{h^2}{3}f'''(\eta) \\ f'(x_1)=\dfrac{1}{2h}(f(x_2)-f(x_0))-\dfrac{h^2}{6}f'''(\eta) \\ f'(x_2)=\dfrac{1}{2h}(f(x_0)-4f(x_1)+3f(x_2))+\dfrac{h^2}{3}f'''(\eta) \end{cases} \tag{8.25}$$

$$\begin{cases} f''(x_0)=\dfrac{1}{h^2}(f(x_0)-2f(x_1)+f(x_2))-hf'''(\eta_1)+\dfrac{h^2}{6}f^{(4)}(\eta_2) \\ f''(x_1)=\dfrac{1}{h^2}(f(x_0)-2f(x_1)+f(x_2))-\dfrac{h^2}{12}f^{(4)}(\eta) \\ f''(x_2)=\dfrac{1}{h^2}(f(x_0)-2f(x_1)+f(x_2))+hf'''(\eta_1)-\dfrac{h^2}{6}f^{(4)}(\eta_2) \end{cases} \tag{8.26}$$

### 8.7.2 函数的数值微分

(1)向前差商

$$f'(x)=\frac{f(x+h)-f(x)}{h}-\frac{h}{2}f''(\xi) \tag{8.27}$$

(2)向后差商

$$f'(x)=\frac{f(x)-f(x-h)}{h}+\frac{h}{2}f''(\xi) \tag{8.28}$$

(3)中心差商

$$f'(x)=\frac{f(x+h)-f(x-h)}{2h}-\frac{h^2}{6}f'''(\xi) \tag{8.29}$$

(4)二阶中心差商

$$f''(x)=\frac{f(x+h)-2f(x)+f(x-h)}{h^2}-\frac{h^2}{12}f^{(4)}(\xi) \tag{8.30}$$

差商近似代替微商的误差除取决于函数本身的解析性质外,还取决于 $h$ 的大小。从理论上说,$h$ 越小,截断误差越小,精度越高。但实际计算中,当 $h$ 过小时,将出现两个相近的数作减法运算而损失有效数位,此时舍入误差上升到主要地位,从而产生较大的计算误差。

**例 8.9** 用中心差商公式计算 $f(x)=\sqrt{x}$ 在 $x=2$ 处的一阶导数。

**解**

$$f'(2)\approx\frac{\sqrt{2+\frac{h}{2}}-\sqrt{2-\frac{h}{2}}}{h}$$

取 5 位有效数字得计算结果见表 8.10。

**表 8.10**

| $h$ | 近似值 | 误 差 | $h$ | 近似值 | 误 差 |
|---|---|---|---|---|---|
| 2 | 0.3660 | −0.012477 | 1 | 0.3564 | −0.002847 |
| 0.2 | 0.3537 | −0.000147 | 0.1 | 0.3536 | −0.000047 |
| 0.02 | 0.3535 | 0.000053 | 0.01 | 0.3540 | −0.000447 |
| 0.002 | 0.3550 | −0.001447 | 0.001 | 0.3500 | 0.003553 |
| 0.0002 | 0.3500 | 0.003553 | 0.0001 | 0.3000 | 0.053553 |

准确值
$$f'(2)=\frac{1}{2\sqrt{2}}=0.353553$$

从表中的数据可知，$h=0.01$ 时近似效果较好，当 $h$ 减小时近似效果变差。对计算式作恒等变换后，有

$$f'(2)\approx\frac{1}{\sqrt{2+\frac{h}{2}}+\sqrt{2-\frac{h}{2}}}$$

取 $h=0.1$，则有　$f'(2)\approx 0.35359$。

## 8.8　竞赛帆船桅杆上有效作用力的求解

由于式(8.1)很难用解析方法计算。因此，使用数值方法，如辛普森法则或梯形法则求解此问题较方便。具体过程是：先算出不同 $z$ 值下的 $f(z)$，然后根据式(8.4)进行计算。例如，取步长为 3ft，表 8.11 列出了辛普森 $\frac{1}{3}$ 法则或梯形法则计算所需要的 $f(z)$ 值。取不同步长时的计算结果见表 8.12。可以看出，当步长很小时，两种方法得到的总力都是 $F=1480.6$ lb。对于这个例子，使用步长为 0.05ft 的梯形法则和步长为 0.5ft 的辛普森法则均能得到很好的结果。

表 8.11　步长为 3ft 时梯形法则和辛普森 1/3 法则计算所需的 $f(z)$ 值

| $z$,ft | 0 | 3 | 6 | 9 | 12 | 15 |
|---|---|---|---|---|---|---|
| $f(z)$,lb/ft | 0 | 61.40 | 73.13 | 70.56 | 63.43 | 55.18 |
| $z$,ft | 18 | 21 | 24 | 27 | 30 | |
| $f(z)$,lb/ft | 47.14 | 39.83 | 33.42 | 27.89 | 23.20 | |

表 8.12　由不同步长的梯形法则和辛普森 1/3 法则计算出的 $F$ 值

| 方　法 | 步长，ft | 子区间数目 | $F$,lb |
|---|---|---|---|
| 梯形方法 | 15 | 2 | 1001.7 |
| | 10 | 3 | 1222.3 |
| | 6 | 5 | 1372.3 |
| | 3 | 10 | 1450.8 |
| | 1 | 30 | 1477.1 |
| | 0.5 | 60 | 1479.7 |
| | 0.25 | 120 | 1480.3 |
| | 0.1 | 300 | 1480.5 |
| | 0.05 | 600 | 1480.6 |
| 辛普森 1/3 方法 | 15 | 2 | 1219.6 |
| | 5 | 6 | 1462.9 |
| | 3 | 10 | 1476.9 |
| | 1 | 30 | 1480.5 |
| | 0.5 | 60 | 1480.6 |

通过如下积分式计算 $F$ (图 8.2) 的有效作用线

$$d=\frac{\int_0^{30} zf(z)\,\mathrm{d}z}{\int_0^{30} f(z)\,\mathrm{d}z} \tag{8.31}$$

或者

$$d=\frac{\int_0^{30} 200z\left[\frac{z}{5+z}\right]e^{\frac{-2z}{30}}\mathrm{d}z}{1480.6} \tag{8.32}$$

积分的计算方法与前面类似。例如，使用步长为 0.5 的辛普森 $\frac{1}{3}$ 法则得到 $d=\frac{19326.9}{1480.6}=13.05ft$。知道 $F$ 和 $d$ 后，可通过式(8.2)直接解出 $V$。

$$V=\frac{Fd}{3}=\frac{(1480.6)(13.05)}{3}=6440.6\ lb$$

由式(8.3)，有

$$T=\frac{V}{\cos\theta}=\frac{6440.6}{0.995}=6473\ lb$$

以及由式(8.4)，有

$$H=F-T\sin\theta=1480.6-(6473)(0.0995)=836.54\ lb$$

现在，计算出了这些力，就能够进行船的其他方面的结构设计，比如由揽线或甲板组成的桅杆支撑系统。这个问题很好地说明了工程结构设计中数值积分的两项常见用途。

# 8.9 Matlab 积分计算

下面将本章中典型的积分计算例题运用 Matlab 进行计算。

**例 8.10** 给定积分 $\int_{0.5}^{1}\sqrt{x}\,\mathrm{d}x$，分别用梯形公式、Simpson 公式、Cote 公式作近似计算。

**解** 先输入主要初始参数：

```
>>a=0.5;
>>b=1;
>>f=inline('x^(1/2)');

%梯形公式
>>I1=(b-a)/2*(feval(f,a)+feval(f,b))
I1 =
   0.426776695296637

%simpson 公式
>>I2=(b-a)/6*(feval(f,a)+4*feval(f,(a+b)/2)+feval(f,b))
I2 =
   0.430934033027025
```

```
%Cotes 公式(n=4)
>>tc=0;
>>C0=[7 32 12 32 7];
>>for i=0:4
    tc=tc+C0(i+1)*feval(f,a+i*(b-a)/4);
end
>>I3=(b-a)/90*tc
I3 =
   0.430964070495876

%准确值
>>I=int(char(f),a,b)
>>vpa(I)
I =
-1/6*2^(1/2)+2/3
ans =
0.43096440627115082519971854596505
```

由以上结果可看到复化梯形公式有一个上升接近准确值过程,而复化 Simpson 公式积分结果和复化 Cotes 公式积分的结果基本上和准确值的曲线重叠在一块,可见它们的精度是相当高的。

**例 8.11**　用 Romberg 积分法计算 $I=\int_0^1 \frac{\sin x}{x}\mathrm{d}x$,精度 $\varepsilon=10^{-6}$。

**解**　编写 Romberg 积分法的函数 M 文件,源程序如下(romberg.m):

```
function [I,T]=romberg(f,a,b,n,Eps)
%Romberg 积分计算
%f 为积分函数
%[a,b]为积分区间
%n+1 是 T 数表的列数目
%Eps 为迭代精度
%返回值中 I 为积分结果,T 是积分表

if nargin<5
    Eps=1E-6;
end
m=1;
h=(b-a);
err=1;
j=0;
```

```
T = zeros(4,4);
T(1,1) = h * (limit(f,a) + limit(f,b))/2;
while ((err > Eps) & (j < n)) | (j < 4)
    j = j + 1;
    h = h/2;
    s = 0;
    for p = 1:m
        x0 = a + h * (2 * p - 1);
        s = s + limit(f,x0);
    end
    T(j+1,1) = T(j,1)/2 + h * s;
    m = 2 * m;
    for k = 1:j
        T(j+1,k+1) = T(j+1,k) + (T(j+1,k) - T(j,k))/(4^k - 1);
    end
    err = abs(T(j,j) - T(j+1,k+1));
end
I = T(j+1,j+1);
if nargout == 1
    T = [];
end
```

将上述源程序另存为 romberg. m 后，进入计算：

```
>>syms x;%创建符号变量
>>f = sym('sin(x)/x')%符号函数
f =
sin(x)/x
>> [I,T] = romberg(f,0,1,3,1E-6)%积分计算
I =
    0.9461
T =
    0.9207    0         0         0         0
    0.9398    0.9461    0         0         0
    0.9445    0.9461    0.9461    0         0
    0.9457    0.9461    0.9461    0.9461    0
    0.9460    0.9461    0.9461    0.9461    0.9461
```

其中，T 为 Romberg 积分表，由输出结果可知计算结果为 $I = \int_0^1 \frac{\sin x}{x}dx = 0.9461$。

将 Matlab 数值积分函数列出如下：

(1)求积分的符号运算 int

I = int(fun,v,a,b)

fun 为被积函数和符号表达式,可以为函数向量或函数矩阵,v 为积分变量,积分函数中只有一个变量时可省略。a 和 b 为积分上下限,即在[a,b]上计算积分,若省略则返回积分函数的一个原函数。

I 为积分结果,若输出结果为符号形式的积分值时,可配合 vpa(I,a)加以精度控制,其中 a 为精度的位数。

(2)梯形积分

I = trapz(x,y)

x 和 y 是同维向量或矩阵,返回积分结果。

(3)复化 Simpson 公式数值积分 quad

quad(fun,a,b,tol)

quad 采用自适应步长的 Simpson 求积法,是低阶法数值积分的函数。它自动变换、选择步长,以满足精度要求,实现变步长复合抛物形积分计算。其中,fun 为积分函数,可用字符表达式、内联函数或 M 文件的函数形式标识,[a,b]为积分区间,tol 为积分绝对误差,默认为 1E -6。

(4)quadl 函数

quadl(fun,a,b,tol)

采用自适应递推步长复合 Lobatto 数值积分法计算积分。

(5)dblquad 函数

I = dblquad(fun,a,b,c,d,tol)

在矩形区域上求二重积分。fun 为二元函数,可用 inline 定义或写成 M 文件函数的形式,[a,b]为变量 x 的上下限,[c,d]是变量 y 的上下限,tol 为精度要求,缺省值为 1E -6。

(6)triplequad 函数

I = triplequad(fun,a,b,c,d,e,f,tol)

用于三重积分,在立体区域上计算三重积分结果。fun 为三元函数,可用内联函数定义或写成 M 文件函数形式,[a,b]是变量 x 的积分上下限,[c,d]是变量 y 的积分上下限,[e,f]为变量 z 的积分上下限,tol 为积分精度,缺省值为 1E -6。

(7)复化的 8 阶 Newton-Cotes 公式 quad8

I = quad8(fun,a,b,tol)

参数意义同上。

(8)数值差分 diff

D = diff(X)

这是一个非常粗略的微分函数命令,它计算数组间的差分。

# 本章小结

本章介绍了几种常用的数值积分和数值微分方法。

**知识点汇总表**

| 公式类型 | 原理与特点 | 具体实现 |
|---|---|---|
| Newton-Cotes 型积分公式 | 原理：<br>利用拉格朗日插值方法将被积函数 $f(x)$ 用 $P_n(x)$ 近似代替进行积分。<br>特点：<br>1. 计算公式简单；<br>2. 精度较低；<br>3. 插值节点随节点数增加可能会出现结果不稳定现象。 | 计算步骤：<br>1. 在积分区间上确定 $n+1$ 个等距的节点，$x_k = a + hk, k = 0,1,2,\cdots,n, h = \frac{b-a}{n}$；<br>2. 通过查表或者计算求得柯特斯系数；<br>3. 带入求积公式；<br>4. 估计误差范围。 |
| 复化求积公式 | 原理：<br>运用分段插值的思想以及积分的区间可加性性质，将被积函数分成多个区间段上的积分。<br>特点：<br>提高了牛顿-柯特斯型积分公式的精度；避免了高阶牛顿-柯特斯型积分公式的数值不稳定性。 | 1. 将区间 $n$(复化辛普森公式 $2m$) 等分，计算分点函数值；<br>2. 利用复化求积公式求解。 |
| 龙贝格积分公式 | 原理：<br>利用低阶的复化求积公式的四则运算来提高积分的计算精度。<br>特点：<br>1. 精度比较高；<br>2. 仅需进行梯形公式及梯形逐次对分公式，再进行四则运算即可；<br>3. 计算由递推公式进行，便于编程实现。 | 递推公式：<br>$\begin{cases} T_0 = T(h) \\ T_m(h) = \dfrac{4^m T_{m-1}\left(\frac{h}{2}\right) - T_{m-1}(h)}{4^m - 1} \end{cases}$<br>$m = 1,2,\cdots$ |
| 高斯型求积公式 | 原理：<br>选择合适的节点，可以得到比牛顿-柯特斯型积分公式更高的代数精度。<br>特点：<br>节点数相同时，高斯型求积公式代数精度最高；高斯求积公式的节点和系数计算比较困难。 | 1. 通过换元，将积分区间 $[a,b]$ 转化为 $[-1,1]$ 区间的积分；<br>2. 确定积分节点的数目，查相应的系数表，得到节点位置和对应的系数；<br>3. 计算积分值。 |
| 数值微分 | 原理：<br>利用差商公式与求导公式的相似性，选取合适的步长，用差商近似代替导数值。<br>特点：<br>简单易用；步长 $h$ 选择需要恰当，否则会导致误差增大。 | 向前差商 $f'(x) = \frac{f(x+h) - f(x)}{h}$<br>向后差商 $f'(x) = \frac{f(x) - f(x-h)}{h}$<br>中心差商 $f'(x) = \frac{f(x+h) - f(x-h)}{2h}$ |

# 习题八

1. 填空题。

(1) $n+1$ 个点的插值型数值积分公式 $\int_a^b f(x)\,dx \approx \sum_{j=0}^{n} A_j f(x_j)$ 的代数精度至少是__________,最高不超过__________.

(2) 梯形公式有__________次代数精度,Simpson 公式有__________次代数精度.

(3) $f(x)$ 在[a,b]上有连续的二阶导数,则梯形公式的截断误差为__________

(4) 对于 $N$ 阶的 Newton-Cotes 求积公式,当 $N$ 为偶数时,其代数精度可以达到__________。

2. 确定下列求积公式的待定参数,使其代数精度尽量高,并指出其最高代数精度。

(1) $\int_{-2h}^{2h} f(x)\,dx \approx A_{-1}f(-h) + A_0 f(0) + A_1 f(h)$

(2) $\int_{-h}^{h} f(x)\,dx \approx A_{-1}f(-h) + A_0 f(0) + A_1 f(h)$

(3) $\int_{-1}^{1} f(x)\,dx = \frac{1}{3}[f(-1) + 2f(x_1) + 3f(x_2)]$

(4) $\int_{0}^{h} f(x)\,dx \approx \frac{h}{2}[f(0) + f(h)] + ah^2[f'(0) - f'(h)]$

3. 设用复化梯形法计算积分 $I = \int_a^b f(x)\,dx$,问应当将区间 $[a,b]$ 划分成多少等份才能保证误差不超过 $\varepsilon$(不考虑计算时的舍入误差)? 如果改用复化 Simpson 公式呢?

4. 若函数 $f(x)$ 在区间 $[a,b]$ 上可积,证明复化梯形公式和复化 Simpson 公式,当 $n \to \infty$ 时,收敛到积分 $\int_a^b f(x)\,dx$。

5. 选择合适的点,结合柯特斯系数表,利用 5 次牛顿-柯特斯公式求解下面积分(积分上限为 1,下限为 0)

| $x$ | 0 | 0.1 | 0.2 | 0.4 | 0.6 | 0.65 | 0.8 | 0.9 | 1.0 |
|---|---|---|---|---|---|---|---|---|---|
| $f(x)$ | 0.0000 | 0.0316 | 0.0894 | 0.2530 | 0.4648 | 0.5240 | 0.7155 | 0.8538 | 1.0000 |

6. 利用梯形法的变步长公式和变步长 Simpson 公式计算积分 $I = \int_1^3 \sqrt{x}\,dx$ 的近似值,并与积分精确值比较,令中间数据保留小数点后第 6 位。

7. 用 Romberg 公式计算积分:

(1) $\int_1^2 \frac{\arctan x}{\sqrt{x}}\,dx$　　(精度要求 $\varepsilon = 10^{-4}$);

(2) $\int_{\frac{\pi}{4}}^{\pi} x\sin x\,dx$　　(精度要求 $\varepsilon = 10^{-4}$)。

8. 利用 Gauss-Legendre 求积公式计算积分 $\int_{-4}^{4} \frac{1}{1+x^2}\,dx$。分别取节点数 $n=1, 2, 3$,并与

真实值 2arctan4 ≈ 2.6516354 比较。

9. 利用 Gauss 型求积公式,分别取节点数 2,3,4 计算积分:

(1) $\int_0^{+\infty} e^{-10x}\sin x\mathrm{d}x$；　(2) $\int_0^{+\infty} e^{-x^2}\cos x\mathrm{d}x$。

10. 用节点数为 4 的 Gauss-Laguerre 求积公式和 Gauss-Hermite 求积公式计算积分:

$$I = \int_0^1 \frac{1 + x^2}{1 + x^4}\mathrm{d}x$$

的近似值,并与准确值 $I = \frac{\pi}{4}\sqrt{2}$ 作比较.

11. 对列表函数:

| $x_i$ | 1 | 2 | 4 | 8 | 10 |
|---|---|---|---|---|---|
| $f(x_i)$ | 0 | 1 | 5 | 21 | 27 |

求 $f'(5)$, $f''(5)$ 。

# 第9章　常微分方程的数值解法

## 9.1　引例:烟花火箭的运动问题

假设有一烟花火箭,如图9.1所示。

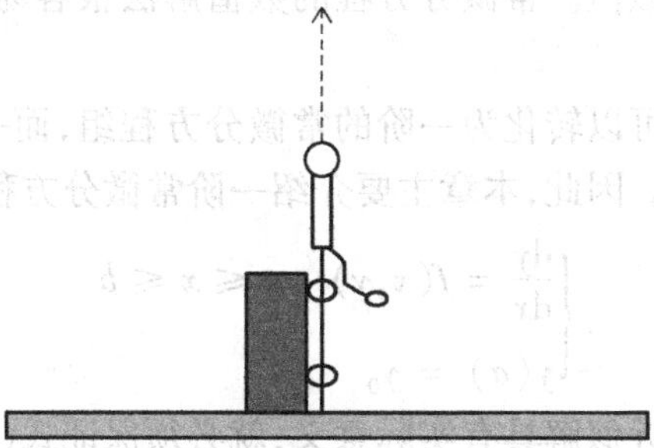

9.1　烟花火箭的机械运动的数值仿真(左)

将其放在地上然后点火,已知该烟花火箭的初始质量为 $m_0 = 120$ g,其中燃料粉末占70 g。经实验得知,燃料的持续时间为 $t_c = 2.0\ s$。燃料所产生的恒定推力为 $T = 5.2$N(这也说明燃料的消耗率恒定)。空气产生的阻力和导弹速度的平方成正比: $R = kv^2$, $k = 4.0 \cdot 10^{-4}(\mathrm{Ns^2/m^2})$。现在需要对该烟花火箭运动过程进行分析,要求计算出该烟花火箭的最高高度,同时计算出从燃料消耗到该烟花火箭运动到最高点的时间延迟。并且要求其截断误差为 $O(h^4)$ 或者更高。很显然,该问题属于变质量的运动学问题,在该运动过程中,其前两秒是在驱动力和阻力的共同作用下加速上升的,而后的时间内,该烟花火箭是在空气的阻力下减速上升的,同时注意到空气的阻力和速度的平方成正比。分析该运动过程可知,应该将该运动过程分为两部分:加速上升过程和减速上升过程。从而得到相应的微分方程组:

加速上升过程:

$$\begin{cases} \dfrac{\mathrm{d}v_1}{\mathrm{d}t} = \dfrac{1000T}{120 - 35t} - \dfrac{1000kv^2}{120 - 35t} - g \\ \dfrac{\mathrm{d}h_1}{\mathrm{d}t} = v_1 \\ v_1(0) = 0, \quad h_1(0) = 0 \end{cases} \tag{9.1}$$

减速上升过程:

$$\begin{cases}\dfrac{dh_2}{dt} = v_2 \\ \dfrac{dv_2}{dt} = -\dfrac{1000kv^2}{120 - 35 \times 2} - g \\ h_2(0) = h_1(2) \\ v_2(0) = v_1(2)\end{cases} \tag{9.2}$$

式中，$h$ 为上升的高度，$v$ 为上升过程的速度，$g$ 为重力加速度。$h_1(2)$ 表示加速上升过程的最终高度，$v_1(2)$ 表示加速上升过程的最终速度。

同许多工程问题一样，我们得出的数学模型包含常微分方程或常微分方程组，然而只有极少数的微分方程能够用初等方法求出解其析解，多数微分方程只能求出其近似解。近似方法有两类，一类称为近似解析法，如级数解法，逐次逼近法；另一类称为数值解法，其基本思想是求出解在一些离散点处的近似值。常微分方程的数值解法很容易在计算机上实现，应用十分广泛。

由于高阶的常微分方程可以转化为一阶的常微分方程组，而一阶常微分方程组又可写成向量形式的一阶常微分方程。因此，本章主要介绍一阶常微分方程初值问题的数值解。

$$\begin{cases}\dfrac{dy}{dx} = f(x,y) \quad a \leqslant x \leqslant b \\ y(a) = y_0\end{cases} \tag{9.3}$$

为了使数值解法得出的近似解具有实际意义，就必须保证式(9.3)的解存在且唯一。

**定理** 9.1　设常微分方程初值问题(9.3)中的二元函数 $f(x,y)$ 满足

(1)在区域 $D = \{(x,y) \mid a \leqslant x \leqslant b, -\infty < y < +\infty\}$ 上连续；

(2)在 $D$ 上关于 $y$ 满足 Lipschitz 条件，即存在常数 $L$，使

$$|f(x,y) - f(x,y^*)| \leqslant L|y - y^*| \qquad \forall (x,y),(x,y^*) \in D$$

其中，$L$ 称为 Lipschitz 常数。则初值问题(9.3)在区间 $[a,b]$ 上存在唯一连续可微的解

$$y = y(x)$$

以后我们总是假定初值问题满足定理 9.1 的条件。数值解法的具体做法是在区间 $[a,b]$ 内插入 $n-1$ 个点 $x_1,x_2,\cdots,x_{n-1}$，使

$$a = x_0 < x_1 < \cdots < x_{n-1} < x_n = b$$

记 $h_i = x_{i+1} - x_i$，$h_i$ 称为从 $x_i$ 到 $x_{i+1}$ 的步长，在节点 $\{x_i\}$ 上利用数值方法求得 $y(x_i)$ 的近似值 $y_i$。如无特殊要求，常取步长 $h_i$ 为等距步长，记为 $h$。

**定义** 9.1　计算 $x_{i+1}$ 处的近似值 $y_{i+1}$ 时只用到了前面一个点 $x_i$ 处的信息 $y_i$，称此类方法为单步法；若计算 $y_{i+1}$ 时用到了前面多个点 $x_i,x_{i-1},\cdots$ 处的信息 $y_i,y_{i-1},\cdots$，则称为多步法。

**定义** 9.2　如果计算公式右端也含有 $y_{i+1}$，则此公式不能直接计算出 $y_{i+1}$，而需要每步解一个方程. 这样的方法称为隐式方法。如果计算公式右端不含有 $y_{i+1}$，则此公式可以直接计算出 $y_{i+1}$，称此类方法为显式方法。一般讲显式方法计算量小，但隐式方法稳定性好。

**定义** 9.3　若 $\forall y(x) \in M_r$，$M_r$ 是不高于 $r$ 次多项式的集合，微分方程数值解法的计算公式均能准确成立，但至少有一个 $r+1$ 次多项式使计算公式不能准确成立，则称计算公式是 $r$ 阶的。

**定义** 9.4　记 $y(x_{i+1})$ 为准确值，$y_{i+1}$ 为以准确值 $y(x_k)$，$k = 0,1,2,\cdots,i$，计算的近似

值,称

$$T_i = y(x_{i+1}) - y_{i+1}$$

为近似值 $y_{i+1}$ 的局部截断误差。当公式是 $r$ 阶时,有

$$y(x_{i+1}) - y_{i+1} = Ch_i^{r+1}$$

称 $C$ 为渐近误差常数。

## 9.2　Euler 方法

Euler 方法的精度较低,但由于 Euler 方法的推导比较简单,而且能说明一般的数值计算公式构造时的技巧和思想,因此我们从 Euler 方法开始讨论常微分方程的数值解法。

### 9.2.1　Euler 方法的推导

将 $[a,b]$ $n$ 等分,步长 $h = \dfrac{b-a}{n}$,节点 $x_i = a + ih$ , $i = 0,1,2,\cdots,n-1$。又设方程(9.3)存在唯一的解 $y(x)$ ,且 $y(x)$ 充分连续可微,现用 Taylor 展开推导 Euler 方法。

在点 $x_i$ 处将 $y(x_{i+1})$ 进行 Taylor 展开有

$$y(x_{i+1}) = y(x_i) + hy'(x_i) + \frac{h^2}{2!}y''(\xi_i) \qquad \xi_i \in (x_i, x_{i+1})$$

略去误差项 $\dfrac{h^2}{2!}y''(\xi_i)$ ,得到近似关系式

$$y(x_{i+1}) \approx y(x_i) + hf(x_i, y(x_i))$$

则有数值计算公式:

$$\begin{cases} y_{i+1} = y_i + hf(x_i, y_i) \\ y_0 = y(a) \quad i = 0,1,\cdots,n-1 \end{cases} \tag{9.4}$$

局部截断误差

$$T_i = \frac{h^2}{2}y''(\xi_i) \tag{9.5}$$

式(9.4)称为初值问题(9.3)的 Euler 方法,它是一阶单步显式方法。

用数值微分方法和数值积分法也可推导出 Euler 方法。

### 9.2.2　几何意义

对公式(9.4),如图 9.2 所示。设 $y = y(x)$ 是方程(9.3)的解。线段 $\overline{AB}$ 为曲线在点 $A$ 处的切线,公式(9.4)的几何意义是利用线段 $\overline{AB}$ 来近似代替曲线段 $AD$。局部截断误差为线段 $\overline{BD}$ ,而且 $\overline{BD}$ 的值与 $h$ 的大小和 $y''(x_i)$ 的值有关。如图 9.3 所示,Euler 方法的几何意义是用折线段 $P_0P_1P_2\cdots$ 近似代替方程(9.3)的解曲线 $y = y(x)$。

### 9.2.3　Euler 方法的改进

1) 中点方法

在区间 $[x_{i-1}, x_{i+1}]$ 上对 $y'(x) = f(x, y(x))$ 积分,有

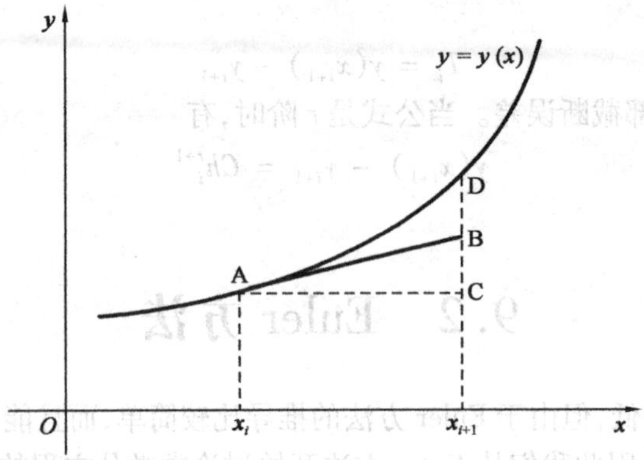


图9.2

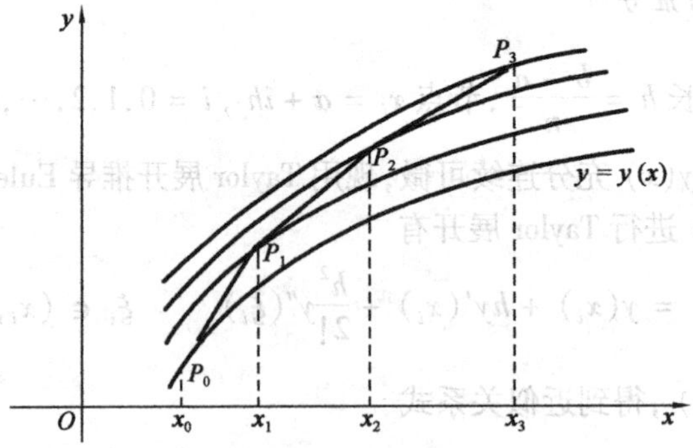


图9.3

$$y(x_{i+1}) = y(x_{i-1}) + \int_{x_{i-1}}^{x_{i+1}} f(x,y(x))\,\mathrm{d}x$$

对右端的积分项使用数值积分的中矩形公式,有

$$y(x_{i+1}) = y(x_{i-1}) + 2hf(x_i,y(x_i)) + \frac{h^3}{3}f''(\xi_i,y(\xi_i))$$

$$= y(x_{i-1}) + 2hf(x_i,y(x_i)) + \frac{h^3}{3}y'''(\xi_i)$$

由此有

$$y_{i+1} = y_{i-1} + 2hf(x_i,y_i) \tag{9.6}$$

局部截断误差为

$$T_i = \frac{h^3}{3}y'''(\xi_i) \qquad \xi_i \in (x_{i-1},x_{i+1})$$

式(9.6)称为中点公式,它是二步二阶显式方法。

2)梯形方法

在$[x_i,x_{i+1}]$上对$y'(x) = f(x,y(x))$积分,有

$$y(x_{i+1}) = y(x_i) + \int_{x_i}^{x_{i+1}} f(x,y(x))\,\mathrm{d}x$$

对右端积分项使用数值积分的梯形公式,有

$$y(x_{i+1}) = y(x_i) + \frac{h}{2}[f(x_i,y(x_i)) + f(x_{i+1},y(x_{i+1}))] - \frac{h^3}{12}f''(\xi_i,y(\xi_i))$$

$$= y(x_i) + \frac{h}{2}[f(x_i,y(x_i)) + f(x_{i+1},y(x_{i+1}))] - \frac{h^3}{12}y'''(\xi_i)$$

由此有
$$y_{i+1} = y_i + \frac{h}{2}[f(x_i,y_i) + f(x_{i+1},y_{i+1})] \tag{9.7}$$

局部截断误差为

$$T_i = -\frac{h^3}{12}y'''(\xi_i) \qquad \xi_i \in (x_{i-1},x_{i+1})$$

公式(9.7)称为梯形公式,它是单步二阶隐式方法。隐式方法常用迭代法来求其解,迭代格式为:

对 $i = 0,1,2,\cdots,n-1$,

$$y_{i+1}^{(k+1)} = y_i + \frac{h}{2}[f(x_i,y_i) + f(x_{i+1},y_{i+1}^{(k)})] \quad k = 0,1,2\cdots \tag{9.8}$$

**定理9.2** 若 $f(x,y)$ 在区域 $D = \{(x,y) \mid a \leqslant x \leqslant b, -\infty < y < +\infty\}$ 上关于 $y$ 满足 Lipschitz 条件且 $\frac{hL}{2} < 1$,则迭代式(9.8)产生的序列 $\{y_{i+1}^{(k)}\}$ 收敛于方程(9.8)的解 $y_{i+1}$。

3) Euler 预测-校正法

应用中常用 Euler 式(9.4)得出的解作为初值,再用梯形公式(9.7)迭代一次所得的值作为 $y_{i+1}$ 的近似值,称为预测-校正法,计算公式为

$$\begin{cases} \bar{y}_{i+1} = y_i + hf(x_i,y_i) & (9.9) \\ y_{i+1} = y_i + \frac{h}{2}[f(x_i,y_i) + f(x_{i+1},\bar{y}_{i+1})] & (9.10) \end{cases}$$

称式(9.9)为预测式,式(9.10)为校正式。

输入:端点 $a,b$,等分数 $n$,初始值 $y(a)$;

输出: $y_i \quad i = 0,1,2,\cdots,n$。

① $h = \frac{b-a}{n}$, $x = a$, $y = y(a)$,输出 $(x,y)$;

②对 $i = 1,2,\cdots,n$ 做到第4步;

③ $y_P = y + hf(x,y)$, $y_C = y + hf(x,y_P)$

$y = \frac{1}{2}(y_P + y_C)$, $x = a + ih$;

④输出 $(x,y)$;

⑤停止计算。

**例9.1** 设有微分方程

$$\begin{cases} \frac{dy}{dx} = x^2 + x - y \quad x \in [0,1] \\ y(0) = 0 \end{cases}$$

分别用 Euler 法、Euler 预测-校正法作数值计算,并比较其计算结果(取 $h = 0.1$)。

**解** ①作为对比,给出微分方程的解析解为

$$y = -e^{-x} + x^2 + x + 1$$

②Euler 法的计算公式为

$$\begin{cases} y_{i+1} = y_i + 0.1(x_i^2 + x_i - y_i) = 0.9y_i + 0.1x_i^2 + 0.1x_i \quad i = 0,1,2,\cdots,9 \\ y_0 = 0 \end{cases}$$

③Euler 预测-校正法的计算公式为

$$\begin{cases} \bar{y}_{i+1} = y_i + 0.1(x_i^2 + x_i - y_i) = 0.9y_i + 0.1x_i^2 + 0.1x_i \\ y_{i+1} = y_i + \dfrac{0.1}{2}[(x_i^2 + x_i - y_i) + (x_{i+1}^2 + x_{i+1} - \bar{y}_{i+1})] \quad i = 0,1,2,\cdots 9 \end{cases}$$

计算结果见表 9.1。

表 9.1

| $x_i$ | Euler 法 | 预测-校正法 | 准确值 |
|---|---|---|---|
| 0.1 | 0 | 0.005500 | 0.005162 |
| 0.2 | 0.011000 | 0.021928 | 0.021269 |
| 0.3 | 0.033900 | 0.050144 | 0.049182 |
| 0.4 | 0.069510 | 0.090931 | 0.089680 |
| 0.5 | 0.118559 | 0.144992 | 0.143469 |
| 0.6 | 0.181703 | 0.212968 | 0.211188 |
| 0.7 | 0.259533 | 0.295436 | 0.293415 |
| 0.8 | 0.352580 | 0.392920 | 0.390671 |
| 0.9 | 0.461322 | 0.505892 | 0.503430 |
| 1.0 | 0.586189 | 0.634782 | 0.632120 |

可见预测-校正法的精度比 Euler 法高。以上方法都只是二阶以下方法，一般称为低阶方法。为提高计算精度，下面推导高阶方法。

## 9.3 Runge-Kutta 方法

Runge-Kutta 方法的基本思想是利用 $f(x,y)$ 在某些点上函数值的线性组合来计算 $y(x_{i+1})$ 处的近似值 $y_{i+1}$，根据截断误差所要达到的误差阶数来构造相应的计算公式，达到提高精度的目的。Runge-Kutta 方法也简写为 R-K 方法。

### 9.3.1 R-K 方法的构造

R-K 方法的一般形式

$$\begin{cases} y_{i+1} = y_i + \sum_{j=1}^{p} \omega_j K_j \\ K_j = hf(x_i + \alpha_j h, y_i + \sum_{l=1}^{j-1} \beta_{jl} K_l) \quad j = 2,3,\cdots,p \end{cases} \tag{9.11}$$

其中，$\alpha_1 = 0, \omega_j, \alpha_j, \beta_{jl}$ 是待定参数。

因此对给定的 $\omega_j, \alpha_j, \beta_{jl}$，计算式(9.11)是求解微分方程(9.3)的单步显式法，一般每步需要计算 $p$ 次 $f(x,y)$ 的值，称为 $p$ 级 R-K 方法。假设 $y_i = y(x_i)$ 是准确的，R-K 方法的局部截断误差为：

$$T_i = y(x_{i+1}) - y_{i+1} = y(x_{i+1}) - y(x_i) - \sum_{j=1}^{p} \omega_j K_j$$

若 $T_i = o(h^m)$，则称方法是 $m$ 阶的。

现以 $p = 2$ 为例来推导 R-K 公式

$$\begin{cases} y_{i+1} = y_i + \omega_1 K_1 + \omega_2 K_2 \\ K_1 = hf(x_i, y_i) \\ K_2 = hf(x_i + \alpha_2 h, y_i + \beta_{21} K_1) \end{cases}$$

将 $f(x_i + \alpha_2 h, y_i + \beta_{21} k_1)$ 在 $(x_i, y_i)$ 处进行 Taylor 展开，有

$$\begin{aligned} y_{i+1} = y_i &+ h(\omega_1 + \omega_2)f + \omega_2 h^2(\alpha_2 f'_x + \beta_{21} f f'_y) \\ &+ \frac{1}{2}\omega_2 h^3(\alpha_2^2 f''_{x^2} + 2\alpha_2\beta_{21} f''_{xy} f + \beta_{21} f''_{y^2} f^2) + o(h^3) \end{aligned}$$

将 $y(x_{i+1})$ 在 $x_i$ 处进行 Taylor 展开，有

$$\begin{aligned} y(x_{i+1}) &= y(x_i) + hy'(x_i) + \frac{h^2}{2!}y''(x_i) + \frac{h^3}{3!}y'''(x_i) + o(h^3) \\ &= y(x_i) + hf + \frac{h^2}{2!}[f'_x + f'_y f] + \frac{h^3}{6}[f''_{x^2} + 2f''_{xy} f + f''_{y^2} f^2 + f'_x(f'_x + f'_y f)] + o(h^3) \end{aligned}$$

其中，$f$ 及偏导数均是在 $(x_i, y(x_i))$ 处的取值，局部截断误差为

$$\begin{aligned} T_i = {} & h(1 - \omega_1 - \omega_2)f + h^2\left[\left(\frac{1}{2} - \omega_2\alpha_2\right)f'_x + \left(\frac{1}{2} - \beta_{21}\omega_2\right)f'_y f\right] + \\ & h^3\left[\left(\frac{1}{6} - \frac{1}{2}\omega_2\alpha_2^2\right)f''_{x^2} + \left(\frac{1}{3} - \alpha_2\beta_{21}\omega_2\right)f''_{xy} f + \left(\frac{1}{6} - \frac{1}{2}\omega_2\beta_{21}^2\right)f''_{y^2} f^2 + \right. \\ & \left. \frac{1}{6}f'_y(f'_x + f'_y f)\right] + o(h^3) \end{aligned}$$

为使局部截断误差 $T_i$ 的阶数尽量高，应选择适当的参数 $\omega_1$，$\omega_2$，$\alpha_2$，$\beta_{21}$，使 $T_i$ 中 $h$ 和 $h^2$ 的系数为 0，即取

$$\begin{cases} \omega_1 + \omega_2 = 1 \\ \omega_2\alpha_2 = \dfrac{1}{2} \\ \omega_2\beta_{21} = \dfrac{1}{2} \end{cases}$$

以 $\alpha_2$ 为自由参数有

$$\omega_2 = \frac{1}{2\alpha_2}, \quad \beta_{21} = \alpha_2, \quad \omega_1 = 1 - \frac{1}{2\alpha_2} \tag{9.12}$$

此时

$$T_i = h^3\left[\left(\frac{1}{6} - \frac{\alpha_2}{4}\right)(f''_{x^2} + 2f''_{xy} + f''_{y^2} f^2) + \frac{1}{6}f'_y(f'_x + f'_y f)\right] + o(h^3)$$

由于 $f'_y(f'_x + f'_y f) \neq 0$，故

$$T_i = o(h^2)$$

即二级的 R-K 方法最多只能达到二阶。对式(9.12)，选取不同的 $\alpha_2$ 值便可得到相应的

二级二阶 R-K 公式，取 $\alpha_2 = \frac{1}{2}$，得中点公式

$$y_{i+1} = y_i + hf\left[x_i + \frac{h}{2}, y_i + \frac{h}{2}f(x_i, y_i)\right]$$

取 $\alpha_2 = \frac{2}{3}$，得 Heun 公式

$$y_{i+1} = y_i + \frac{h}{4}\left[f(x_i, y_i) + 3f\left(x_i + \frac{2}{3}h, y_i + \frac{2}{3}hf(x_i, y_i)\right)\right]$$

取 $\alpha_2 = 1$，得 Euler 预测-校正公式，此公式也称为改进的 Euler 公式

$$y_{i+1} = y_i + \frac{h}{2}[f(x_i, y_i) + f(x_i + h, y_i + hf(x_i, y_i))]$$

### 9.3.2 四阶经典R-K 公式

类似于二级二阶的 R-K 方法的推导可得其他高阶 R-K 公式，常用的是四阶经典的R-K 公式

$$y_{i+1} = y_i + \frac{1}{6}(K_1 + 2K_2 + 2K_3 + K_4)$$

$$\begin{cases} K_1 = hf(x_i, y_i) \\ K_2 = hf\left(x_i + \frac{h}{2}, y_i + \frac{K_1}{2}\right) \\ K_3 = hf\left(x_i + \frac{h}{2}, y_i + \frac{K_2}{2}\right) \\ K_4 = hf(x_i + h, y_i + K_3) \end{cases} \tag{9.13}$$

式(9.13)也称为四阶标准 R-K 公式，它常用来作为线性多步法的启动值计算，可改写为

$$y_{i+1} = y_i + \frac{h}{6}(K_1 + 2K_2 + 2K_3 + K_4)$$

$$\begin{cases} K_1 = f(x_i, y_i) \\ K_2 = f\left(x_i + \frac{h}{2}, y_i + \frac{h}{2}K_1\right) \\ K_3 = f\left(x_i + \frac{h}{2}, y_i + \frac{h}{2}K_2\right) \\ K_4 = f(x_i + h, y_i + hK_3) \end{cases}$$

**例** 9.2 用经典四阶 R-K 方法计算

$$\begin{cases} \frac{dy}{dx} = x^2 + x - yx \in [0,1] \\ y(0) = 0 \end{cases}$$

**解** 取步长 $h = 0.2$，计算公式为

$$y_{i+1} = y_i + \frac{0.2}{6}(K_1 + 2K_2 + 2K_3 + K_4)$$

$$\begin{cases} K_1 = x_i^2 + x_i - y_i \\ K_2 = (x_i + 0.1)^2 + x_i + 0.1 - (y_i + 0.1K_1) \\ K_3 = (x_i + 0.2)^2 + x_i + 0.2 - (y_i + 0.1K_2) \\ K_4 = (x_i + 0.1)^2 + x_i + 0.1 - (y_i + 0.2K_3) \end{cases}$$

计算结果见表 9.2。

表 9.2

| $x_i$ | 计算值 $y_i$ | 准确值 $y(x_i)$ |
|---|---|---|
| 0.2 | 0.021269495434896 | 0.021269246922018 |
| 0.4 | 0.089680432829764 | 0.089679953964361 |
| 0.6 | 0.211189053381611 | 0.211188363905974 |
| 0.8 | 0.390671915814655 | 0.390671035882779 |
| 1.0 | 0.632121609448935 | 0.632120558828558 |

与例 9.1 的 Euler 方法计算结果相比较，尽管 R-K 方法的步长放大了一倍，但其数值解的精度还是比 Euler 方法高不少。

R-K 方法简练，易于编制程序，且是单步法，其计算也具有数值稳定的特点。但每一次的计算量都比较大，实用中四阶经典 R-K 方法是比较常用的。

## 9.4　线性多步法

高阶的单步法计算工作量较大，为节约计算工作量，在高精度计算中常使用多步法来求解。

### 9.4.1　线性多步法的一般形式

求解微分方程(9.1)的线性多步法的一般形式为

$$\begin{aligned} y_{i+1} &= a_0 y_i + a_1 y_{i-1} + \cdots + a_p y_{i-p} \\ &\quad + h[b_{-1} f(x_{i+1}, y_{i+1}) + b_0 f(x_i, y_i) + \cdots + b_p f(x_{i-p}, y_{i-p})] \\ &= \sum_{j=0}^{p} a_j y_{i-j} + h \sum_{j=-1}^{p} b_j f_{i-j} \end{aligned} \tag{9.14}$$

恒假设 $a_p, b_p$ 不全为 0，称式(9.14)为 $p+1$ 步方法，计算 $y_{i+1}$ 时需要 $p+1$ 个点 $x_i, x_{i-1}, \cdots, x_{i-p}$ 处的信息。

若 $b_{-1} = 0$，则称式(9.14)是 $p+1$ 步的显式方法。

若 $b_{-1} \neq 0$，则称式(9.14)是 $p+1$ 步的隐式方法。

假设 $y_{i-j} = y(x_{i-j}), j = 0,1,2,\cdots,p$ 是准确值，则式(9.14)产生的局部截断误差为

$$T_i = y(x_{i+1}) - \sum_{j=0}^{p} a_j y(x_{i-j}) - h \sum_{j=-1}^{p} b_j f(x_{i-j}, y(x_{i-j})) \qquad i = p, p+1, \cdots$$

假设微分方程(9.1)的解 $y(x)$ 充分的连续可微，将 $y(x_{i-j}), f(x_{i-j}, y(x_{i-j}))$ $(j = -1,0,1,\cdots,p)$ 在 $x_i$ 处进行 Taylor 展开，有

$$T_i = C_0 y(x_i) + C_1 h y'(x_i) + \cdots + C_q h^q y^{(q)}(x_i) + \cdots$$

其中

$$\begin{cases} C_0 = 1 - \sum_{j=0}^{p} a_j \\ C_1 = 1 + \sum_{j=0}^{p} j a_j - \sum_{j=-1}^{p} b_j \\ \vdots \\ C_q = \dfrac{1}{q!}\left[1 - \sum_{j=0}^{p} (-j)^q a_j\right] - \dfrac{1}{(q-1)!}\sum_{j=-1}^{p} (-j)^{q-1} b_j \quad q = 2,3,\cdots \end{cases} \tag{9.15}$$

**定理 9.3** 线性多步法(9.14)是 $r$ 阶的充分必要条件是式(9.15)确定的 $C_i$ 满足关系式

$$C_0 = C_1 = \cdots = C_r = 0, 且 C_{r+1} \neq 0$$

**定义 9.5** 对 $r$ 阶的线性多步法,称 $C_{r+1}$ 为方法(9.14)的渐近误差常数。

由定理 9.3 构造线性多步法可通过解方程组

$$\begin{cases} \sum_{j=0}^{p} a_j = 1 \\ -\sum_{j=0}^{p} j a_j + \sum_{j=-1}^{p} b_j = 1 \\ \vdots \\ \sum_{j=0}^{p} (-j)^q a_j + q\sum_{j=-1}^{p} (-j)^{q-1} b_j = 1 \quad q = 2,3,\cdots,r \end{cases} \tag{9.16}$$

方程组(9.16)具有 $2p+3$ 个待定参数 $a_j(j=0,1,2,\cdots,p)$, $b_j(j=-1,0,1,\cdots,p)$,但只有 $r+1$ 个方程。当 $r=2p+2$ 时,方程组(9.16)存在唯一的解,也即 $p+1$ 步方法(9.14)的阶可达到 $2p+2$。但一般取 $r<2p+2$,使线性方程组(9.16)的解中保留一些自由参数,以达到以下的一些目的:

①方法是收敛的;

②方法局部截断误差项中的系数变小;

③方法是稳定的;

④方法具有某些良好的计算性质,如零系数尽量多等。

**例 9.3** 分别就 $p=0$ 和 $p=1$ 确定线性多步法(9.14)的系数,使方法具有最高的截断误差阶。

**解** ①当 $p=0$ 时,式(9.14)为

$$y_{i+1} = a_0 y_i + h[b_{-1} f(x_{i+1}, y_{i+1}) + b_0 f(x_i, y_i)]$$

为达到最高截断误差的阶,取 $r=2p+2=2$,由方程组(9.16)有

$$\begin{cases} a_0 = 1 \\ b_{-1} + b_0 = 1 \\ 2b_{-1} = 1 \end{cases}$$

解之有 $a_0 = 1,\ b_{-1} = \dfrac{1}{2},\ b_0 = \dfrac{1}{2}$

相应的计算公式为

$$y_{i+1} = y_i + \frac{h}{2}[f(x_{i+1}, y_{i+1}) + f(x_i, y_i)]$$

该公式即为 Euler 梯形公式,渐近误差常数为

$$c_3 = -\frac{1}{12}$$

②当 $p=1$ 时,式(9.14)为

$$y_{i+1} = a_0 y_i + a_1 y_{i-1} + h(b_{-1} f(x_{i+1}, y_{i+1}) + b_0 f(x_i, y_i) + b_1 f(x_{i-1}, y_{i-1}))$$

为达到最高的截断误差的阶,应取 $r=2p+2=4$,但现在取 $r=3$,由方程组(9.16)得

$$\begin{cases} 1-(a_0+a_1)=0 \\ 1+a_1-(b_{-1}+b_0+b_1)=1 \\ 1-a_1-2(b_{-1}-b_1)=0 \\ 1+a_1-3(b_{-1}+b_1)=0 \end{cases}$$

以 $a_1$ 为自由参数,解之有

$$a_0 = 1 - a_1,\ b_{-1} = \frac{5-a_1}{12},\ b_0 = \frac{2(1+a_1)}{3},\ b_1 = \frac{5a_1-1}{12}$$

且
$$C_4 = \frac{a_1-1}{24},\ C_5 = -\frac{1+a_1}{180}$$

计算公式为

$$y_{i+1} = (1-a_1)y_i + a_1 y_{i-1} + \frac{h}{12}[(5-a_1)f(x_{i+1}, y_{i+1}) + 8(1+a_1)f(x_i, y_i) + (5a_1-1)f(x_{i-1}, y_{i-1})]$$

当 $a_1 \neq 1$ 时,计算公式具有三阶的精度,渐近误差常数为

$$C_4 = \frac{a_1-1}{24}$$

当 $a_1 = 1$ 时,计算公式具有四阶的精度,渐近误差常数为

$$C_5 = -\frac{1}{90}$$

相应的公式为

$$y_{i+1} = y_{i-1} + \frac{h}{3}[f(x_{i+1}, y_{i+1}) + 4f(x_i, y_i) + f(x_{i-1}, y_{i-1})]$$

称为 Simpson 方法。

### 9.4.2　利用数值积分构造线性多步法

在 $[x_i, x_{i+1}]$ 上对 $y'(x) = f(x, y(x))$ 积分得

$$y(x_{i+1}) = y(x_i) + \int_{x_i}^{x_{i+1}} f(x, y(x))\,dx \tag{9.17}$$

对右端积分项中被积函数 $f(x,y(x))$ 采用插值多项式作逼近,便得出最常用的一种线性多步法——Adams 方法。

1) Adams 外推法

由 $p+1$ 个点 $(x_i, f(x_i, y(x_i))), (x_{i-1}, f(x_{i-1}, y(x_{i-1}))), \cdots, (x_{i-p}, f(x_{i-p}, y(x_{i-p})))$ 构造 $f(x,y(x))$ 的插值多项式,并代入式(9.17)中右端积分项中。当 $p=3$ 时,有计算公式

$$y_{i+1} = y_i + \frac{h}{24}[55f_i - 59f_{i-1} + 37f_{i-2} - 9f_{i-3}] \tag{9.18}$$

局部截断误差为

$$T_i = \frac{251}{720}h^5 y^{(5)}(\xi_i) \tag{9.19}$$

式(9.18)即为常用的 Adams 四步四阶显式法。

2) Adams 内插法

由 $p+2$ 个点 $(x_{i+1}, f(x_{i+1}, y(x_{i+1})))$, $(x_i, f(x_i, y(x_i)))$, $\cdots$, $(x_{i-p}, f(x_{i-p}, y(x_{i-p})))$ 作 $f(x, y(x))$ 的 Lagrange 插值多项式,并代入式(9.17)右端的积分项中。当 $p=2$ 时,有计算公式

$$y_{i+1} = y_i + \frac{h}{24}[9f_{i+1} + 19f_i - 5f_{i-1} + f_{i-2}] \tag{9.20}$$

局部截断误差为

$$T_i = -\frac{19}{720}h^5 y^{(5)}(\xi_i) \tag{9.21}$$

式(9.20)即为常用的 Adams 三步四阶隐式方法。

线性多步法的优点在于每次计算量大大减少,如 Adams 四步四阶显式法实际上每步只计算一次函数值,计算量相当于同阶的 R-K 方法的 1/4。但它不能自启动,需要用同阶的单步法启动。

**例 9.4** 利用 Adams 四步四阶显式法计算

$$\begin{cases} \dfrac{dy}{dx} = x^2 + x - y & x \in [0,1] \\ y(0) = 0 \end{cases}$$

**解** 取步长 $h=0.1$,前三步用四阶经典 R-K 公式计算,然后用公式:

$$y_{i+1} = y_i + \frac{h}{24}[55(x_i^2 + x_i - y_i) - 59(x_{i-1}^2 + x_{i-1} - y_{i-1}) + 37(x_{i-2}^2 + x_{i-2} - y_{i-2}) - 9(x_{i-3}^2 + x_{i-3} - y_{i-3})]$$

计算结果见表 9.3。

**表 9.3**

| $x_i$ | 启动值 | 计算值 $y_i$ | 准确值 $y(x_i)$ |
|---|---|---|---|
| 0.1 | 0.005162708333333 | | 0.005162581964041 |
| 0.2 | 0.021269495434896 | | 0.021269246922018 |
| 0.3 | 0.049182145408906 | | 0.049181779318282 |
| 0.4 | | 0.089677403845721 | 0.089679953964361 |
| 0.5 | | 0.143464830560386 | 0.143469340287367 |
| 0.6 | | 0.211181860663973 | 0.211188363905974 |
| 0.7 | | 0.293406852467860 | 0.293414696208591 |
| 0.8 | | 0.390662064123357 | 0.390671035882779 |
| 0.9 | | 0.503420586620422 | 0.503430340259401 |
| 1.0 | | 0.632110222969671 | 0.632120558828558 |

# 9.5　高阶的预测-校正公式

线性多步法中隐式公式的渐近误差常数 $C$ 比同阶的显式公式小得多，同时稳定性也比较好。实际上，很少单独用显式公式计算，而用两个同阶的显式和隐式公式组合成为高阶的预测-校正公式计算。

## 9.5.1　四阶 Adams 预测-校正公式

应用中常将式(9.18)和式(9.20)联合起来，构成 Adams 预测-校正公式：

$$\begin{cases} \bar{y}_{i+1} = y_i + \dfrac{h}{24}[55f_i - 59f_{i-1} + 37f_{i-2} - 9f_{i-3}] \\ y_{i+1} = y_i + \dfrac{h}{24}[9\bar{f}_{i+1} + 19f_i - 5f_{i-1} + f_{i-2}] \end{cases} \tag{9.22}$$

其中，$\bar{f}_{i+1} = f(x_{i+1}, \bar{y}_{i+1})$，称第一式为预测公式，第二式为校正公式，并用经典的四阶 R-K 法作启动值计算。

**例 9.5**　利用 Adams 预测-校正公式求解

$$\begin{cases} \dfrac{dy}{dx} = x^2 + x - y \quad x \in [0,1] \\ y(0) = 0 \end{cases}$$

**解**　取步长 $h = 0.1$，计算公式为

$$\bar{y}_{i+1} = y_i + \frac{h}{24}[55(x_i^2 + x_i - y_i) - 59(x_{i-1}^2 + x_{i-1} - y_{i-1}) + 37(x_{i-2}^2 + x_{i-2} - y_{i-2}) - 9(x_{i-3}^2 + x_{i-3} - y_{i-3})]$$

$$y_{i+1} = y_i + \frac{h}{24}[9(x_{i+1}^2 + x_{i+1} - \bar{y}_{i+1}) + 19(x_i^2 + x_i - y_i) - 5(x_{i-1}^2 + x_{i-1} - y_{i-1}) + (x_{i-2}^2 + x_{i-2} - y_{i-2})]$$

计算结果见表 9.4

**表 9.4**

| $x_i$ | 启动值 | 预测值 $\bar{y}_i$ | 校正值 $y_i$ | 准确值 $y(x_i)$ |
|---|---|---|---|---|
| 0.1 | 0.005162708333333 | | | 0.005162581964041 |
| 0.2 | 0.021269495434896 | | | 0.021269246922018 |
| 0.3 | 0.049182145408906 | | | 0.049181779318282 |
| 0.4 | | 0.089677403845721 | 0.089680592789991 | 0.089679953964361 |
| 0.5 | | 0.143464830560386 | 0.143467350026961 | 0.143469340287367 |
| 0.6 | | 0.211181860663973 | 0.211184565340372 | 0.211188363905974 |
| 0.7 | | 0.293406852467860 | 0.293409067847848 | 0.293414696208591 |
| 0.8 | | 0.390662064123357 | 0.390664167879359 | 0.390671035882779 |
| 0.9 | | 0.503420586620422 | 0.503422430388973 | 0.503430340259401 |
| 1.0 | | 0.632110222969671 | 0.632111921268896 | 0.632120558828558 |

### *9.5.2 局部截断误差估计和修正

假设预测式和校正式都是 $r$ 阶的，渐近误差常数为 $C_{r+1}, C^*_{r+1}$，则在 $y(x)$ 充分可微的条件下有

$$\begin{cases} y(x_{i+1}) - \bar{y}_{i+1} = C_{r+1}h^{r+1}y^{(r+1)}(x_i) + O(h^{r+1}) \\ y(x_{i+1}) - y_{i+1} = C^*_{r+1}h^{r+1}y^{(r+1)}(x_i) + O(h^{r+1}) \end{cases}$$

二式相减有

$$y_{i+1} - \bar{y}_{i+1} = (C_{r+1} - C^*_{r+1})h^{r+1}y^{(r+1)}(x_i) + O(h^{r+1})$$

略去高阶无穷小项有

$$h^{r+1}y^{(r+1)}(x_i) \approx \frac{y_{i+1} - \bar{y}_{i+1}}{C_{r+1} - C^*_{r+1}}$$

由此可得预测式和校正式的局部截断误差估计

$$\bar{T}_i \approx \frac{C_{r+1}}{C_{r+1} - C^*_{r+1}}(y_{i+1} - \bar{y}_{i+1}) \tag{9.23}$$

$$T_i \approx \frac{C^*_{r+1}}{C_{r+1} - C^*_{r+1}}(y_{i+1} - \bar{y}_{i+1}) \tag{9.24}$$

有了式(9.23)，式(9.24)的近似估计后，将其加在原来的预测式和校正式上，可以改进预测值和校正值的精度，称为修正预测-校正法。但一般只对预测式这样做，若对校正式这样做常会使稳定性变差。估计式(9.24)常用来选择步长，控制局部截断误差。

## 9.6 一阶常微分方程组与高阶常微分方程

前面所介绍的初值问题数值解法都可以推广到方程组和高阶方程的情形。

### 9.6.1 一阶常微分方程组

设有初值问题

$$\begin{cases} y'_k = f_k(x, y_1, y_2, \cdots, y_m) \\ y_k(a) = y_{k0} \end{cases} \quad x \in [a,b], k = 1,2,\cdots,m \tag{9.25}$$

引进向量记号

$$\boldsymbol{y} = (y_1, y_2, \cdots, y_m)^T$$

$$\boldsymbol{y}_0 = (y_{10}, y_{20}, \cdots, y_{m0})^T$$

$$\boldsymbol{f} = (f_1, f_2, \cdots, f_m)^T$$

则微分方程组(9.25)可写成向量形式

$$\begin{cases} \boldsymbol{y}' = \boldsymbol{f}(x, \boldsymbol{y}) \\ \boldsymbol{y}(a) = \boldsymbol{y}_0 \end{cases} \tag{9.26}$$

前面介绍的所有方法都可用来求解初值问题(9.26)，以 Euler 方法为例，式(9.26)的 Euler 公式为

$$y_{i+1} = y_i + hf(x_i, y_i)$$

写成分量形式为

$$y_{k\,i+1} = y_{ki} + hf_k(x_i, y_{1i}, y_{2i}, \cdots, y_{mi}) \quad k = 1,2,\cdots,m$$

写成方程组的形式为

$$\begin{cases} y_{1\,i+1} = y_{1i} + hf_1(x_i, y_{1i}, y_{2i}, \cdots, y_{mi}) \\ y_{2i+1} = y_{2i} + hf_2(x_i, y_{1i}, y_{2i}, \cdots, y_{mi}) \\ \quad \vdots \\ y_{m\,i+1} = y_{m\,i} + hf_m(x_i, y_{1i}, y_{2i}, \cdots, y_{mi}) \end{cases}$$

### 9.6.2　高阶常微分方程

对高阶方程,可作变量替换将其转化为一阶方程组,设有高阶方程

$$\begin{cases} y^{(m)} = f(x, y, y', y'', \cdots, y^{(m-1)}) \\ y^{(k)}(a) = y_0^{(k)} \quad k = 0,1,2,\cdots,m-1 \end{cases} \tag{9.27}$$

引入变量

$$y_k = y^{(k-1)} \qquad k = 1,2,\cdots,m$$

则式(9.27)可化为等阶的方程组

$$\begin{cases} y_1' = y_2 \\ y_2' = y_3 \\ \quad \vdots \\ y_{m-1}' = y_m \\ y_m' = f(x, y_1, y_2, \cdots, y_m) \\ y_k(a) = y_{k0} \qquad k = 1,2,\cdots,m \end{cases} \tag{9.28}$$

再用一阶方程组的数值方法来求解方程组(9.28)。

**例 9.6**　写出用 Euler 预测-校正方法求解初值问题

$$\begin{cases} y'' + 4xyy' + 2y^2 = 0 \\ y(0) = 1, \quad y'(0) = 0 \end{cases}$$

的计算公式。

**解**　令 $y' = z$,则所给初值问题化为

$$\begin{cases} y' = z \\ z' = -4xyz - 2y^2 \\ y(0) = 1, \quad z(0) = 0 \end{cases}$$

Euler 预测-校正法的计算公式为

预测

$$\begin{cases} \bar{y}_{i+1} = y_i + hz_i \\ \bar{z}_{i+1} = z_i + h(-4x_i y_i z_i - 2y_i^2) \end{cases}$$

校正

$$\begin{cases} y_{i+1} = y_i + \dfrac{h}{2}[z_i + \bar{z}_{i+1}] \\ z_{i+1} = z_i + \dfrac{h}{2}[(-4x_i y_i z_i - 2y_i^2) + (-4x_{i+1}\bar{y}_{i+1}\bar{z}_{i+1} - 2\bar{y}_{i+1}^2)] \end{cases}$$

# *9.7 收敛性与稳定性

## *9.7.1 收敛性

**定义 9.6** 设线性多步法(9.14)的 $y_{i+1}$ 之前的 $p+1$ 个函数值是已知且是准确的,若用式(9.14)求出的解 $y_{i+1}$ 满足

$$\lim_{h \to 0} y_{i+1} = y(x_{i+1})$$

其中,$y(x_{i+1})$ 是 $x_{i+1}$ 处的准确值,则称线性多步法(9.14)是收敛的。

单步显式方法的一般形式可以统一表示为

$$y_{i+1} = y_i + h\varphi(x_i, y_i, h) \tag{9.29}$$

**定理 9.4** 设计算公式(9 .29)中的增量函数 $\varphi(x,y,h)$ 在区域

$$D = \{(x,y,h) \mid a \leqslant x \leqslant b, -\infty < y < +\infty, 0 < h \leqslant h_0\}$$

上关于 $y$ 满足 Lipschitz 条件,又设式(9.29)的局部截断误差 $|T_i| \leqslant Ch^{r+1}$,则其整体截断误差为

$$|\varepsilon_i| \leqslant |\varepsilon_0| e^{L(b-a)} + \frac{Ch^r}{L}[e^{L(b-a)} - 1] \quad i = 1,2,\cdots,n$$

定理 9.4 的结论表明,常微分方程数值解的整体截断误差与初始值的误差有关,当初始值是准确的($\varepsilon_0 = 0$),则整体截断误差比局部截断误差的阶数低一阶,从而当 $r \geqslant 1$ 时必然有

$$\lim_{h \to 0} \varepsilon_i = 0 \qquad i = 1,2,\cdots,n$$

即数值解收敛于准确解。由此可得出 Euler 方法,R－K 方法是收敛的,可以类似地证明本章介绍的其他方法也是收敛的。

## *9.7.2 稳定性

稳定性即数值稳定性,是指在数值计算的过程中误差传播的情况。应用数值方法求解微分方程初值问题时,由于求解过程是按节点逐次递推进行,误差的传播不可避免。所以若计算公式不能有效地控制误差的传播,误差的严重积累将使最终的计算结果严重失真。

**例 9.7** 分别在 $h=0.1$, $h=0.2$ 用经典 R-K 方法求解微分方程。

$$\begin{cases} y' = -20y & 0 \leqslant x \leqslant 1 \\ y(0) = 1 \end{cases}$$

**解** 计算结果见表 9.5。

表 9.5

| $x_i$ | 准确值 $y(x_i)$ | $y_i(h=0.1)$ | $y(x_i)-y_i$ | $y_i(h=0.2)$ | $y(x_i)-y_i$ |
|---|---|---|---|---|---|
| 0.2 | 0.0183156 | 0.1111111 | −0.0927955 | 0.005 | −0.00498 |
| 0.4 | 0.0003354 | 0.0123456 | −0.0120102 | 0.025 | −0.0025 |
| 0.6 | 0.0000061 | 0.0013717 | −0.0013656 | 0.125 | −0.125 |
| 0.8 | 0.0000001 | 0.0001542 | −0.0001523 | 0.625 | −0.625 |
| 1.0 | 0.0000000 | 0.0000017 | −0.0000169 | 3.125 | −3.125 |

从计算的结果看，当步长 $h = 0.1$ 时，各数值解的误差较小，且呈逐渐减小的趋势。当步长 $h = 0.2$ 时，数值解的误差较大且逐渐增大以致失去控制。称 $h = 0.1$ 时的数值解是稳定的，$h = 0.2$ 的数值解不稳定。

**定义 9.7**　设计算公式的准确解为 $y_i$，其计算解为 $\bar{y}_i$，称

$$\delta_i = y_i - \bar{y}_i$$

为节点 $x_i$ 处的数值解的扰动，又设 $\delta_i \neq 0$ 且以后各步计算中设有引进计算误差，若

$$|\delta_j| \leqslant |\delta_i| \qquad j = i+1, i+2, \cdots, n$$

则称计算公式是绝对稳定的。

从定义 9.7 可以对数值计算稳定理解为：差分方程在某步计算中产生的计算误差在以后各步的计算中不会扩散。绝对稳定性的概念依赖于初值问题(9.1)右端函数 $f(x,y)$ 的具体形式，现针对实验方程

$$y' = \lambda y$$

对 Euler 方法(9.2)进行讨论，数值解

$$y_{i+1} = y_i + h\lambda y_i = (1 + h\lambda) y_i$$

计算解

$$\bar{y}_{i+1} = (1 + h\lambda)\bar{y}_i$$

二式相减得扰动方程

$$\delta_{i+1} = (1 + h\lambda)\delta_i$$

当 $|1 + h\lambda| \leqslant 1$，即 $h\lambda \in (-2,0)$ 时，Euler 方法绝对稳定，称 $(-2,0)$ 为 Euler 方法的绝对稳定区间。

**表 9.6　常见方法的绝对稳定区间**

| 方　法 | 方法的阶 | 稳定区间 |
|---|---|---|
| Euler 方法 | 1 | (−2,0) |
| Euler 中点法 | 2 | |
| Euler 梯形方法 | 2 | (−∞,0) |
| Euler 预测-校正法 | 2 | (−2,0) |
| 二阶 R-K 法 | 2 | (−2,0) |
| 经典 R-K 法 | 4 | (−2.78,0) |
| Adams 外推法 | 4 | (−0.3,0) |
| Adams 内插法 | 4 | (−3,0) |
| Simpson 方法 | 4 | — |

其中，Euler 中点法、Simpson 方法没有绝对稳定区间。

## 9.8　烟花火箭的运动问题求解

该实例要求其截断误差要求大于或等于 $O(h^4)$，如果使用简单的欧拉法或者中点法，则不能达到精度要求。我们可使用四阶 R-K 方法求解该问题。

利用 Matlab 编程，使用 R-K 方法求解微分方程组(9.1)和(9.2)，得到该系统的数值仿真

结果如图 9.4 所示。图 9.4(a)是该烟花火箭的上升过程高度的数值仿真,图 9.4(b)是其上升过程速度的数值仿真。同时亦可以得到烟花火箭上升的最大高度和问题中所需的时间延迟:

$$\begin{cases} h_{\max} = 198.462(\mathrm{m}) \\ t_{\mathrm{delay}} = 6.185(\mathrm{s}) \end{cases}$$

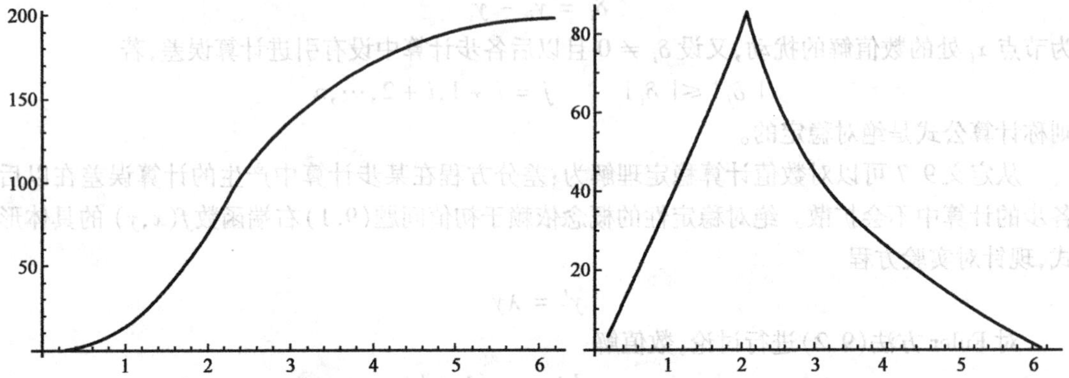


(a)高度仿真　　　　(b)速度仿真

图 9.4　烟花火箭的上升过程的数值仿真

# 9.9　Matlab 微分方程求解

**例 9.8**　设有微分方程:

$$\begin{cases} \dfrac{\mathrm{d}y}{\mathrm{d}x} = y - \dfrac{2x}{y}, & x \in [0,1] \\ y(0) = 1 \end{cases}$$

分别用 Euler 法和 Euler 预测-校正法作数值计算,并比较其计算结果(取 $h = 0.1$)。

解:编辑如下源程序:

```
% ex9_8.m
% Euler 法和 Euler 预测-校正公式解常微分方程
clc;

% Euler 法
F = 'y - 2 * x/y')
a = 0;
b = 1;
h = 0.1;
n = (b - a)/h;
X = a:h:b;
Y = zeros(1,n + 1);
Y(1) = 1;
```

```
for i = 2:n + 1
    x = X(i - 1);
    y = Y(i - 1);
    Y(i) = Y(i - 1) + eval(F) * h;
end

%Euler 预测-校正公式

Y1 = zeros(1,n + 1);
Y1(1) = 1;
for i = 2:n + 1
    x = X(i - 1);
    y = Y1(i - 1);
    ty = Y1(i - 1) + eval(F) * h;
    Y1(i) = Y1(i - 1) + h/2 * eval(F);
x = X(i);
    y = ty;
    Y1(i) = Y1(i) + h/2 * eval(F);
end

%准确解
temp = [];
f = dsolve('Dy = y - 2 * x/y','y(0) = 1','x');
df = zeros(1,n + 1);
for i = 1:n + 1
    temp = subs(f,'x',X(i));
    df(i) = double(vpa(temp));
end
disp('步长 Euler 法          Euler 预测-校正公式        准确值');
disp([X',Y',Y1',d f ']);
%画图观察效果
figure;
plot(X,df,'k - ',X,Y,'—r',X,Y1,'. - b');
grid on;
title('Euler 法和 Euler 预测-校正法解常微分方程');
legend('准确值','Euler 法','Euler 预测-校正法');
```

运行上述程序得到结果如下：

| 步长 | Euler 法 | Euler 预测-校正公式 | 准确值 |
|---|---|---|---|
| 0 | 1.000000000000000 | 1.000000000000000 | 1.000000000000000 |
| 0.100000000000000 | 1.100000000000000 | 1.095909090909091 | 1.095445115010332 |
| 0.200000000000000 | 1.191818181818182 | 1.184096569242997 | 1.183215956619923 |
| 0.300000000000000 | 1.277437833714722 | 1.266201360875776 | 1.264911064067352 |
| 0.400000000000000 | 1.358212599560289 | 1.343360151483998 | 1.341640786499874 |
| 0.500000000000000 | 1.435132918657796 | 1.416401928536909 | 1.414213562373095 |
| 0.600000000000000 | 1.508966253566332 | 1.485955602415668 | 1.483239697419133 |
| 0.700000000000000 | 1.580338237655217 | 1.552514091326145 | 1.549193338482967 |
| 0.800000000000000 | 1.649783431047711 | 1.616474782752057 | 1.612451549659710 |
| 0.900000000000000 | 1.717779347860087 | 1.678166363675185 | 1.673320053068151 |
| 1.000000000000000 | 1.784770832497982 | 1.737867401035412 | 1.732050807568877 |

作出对比图如图 9.5 所示。

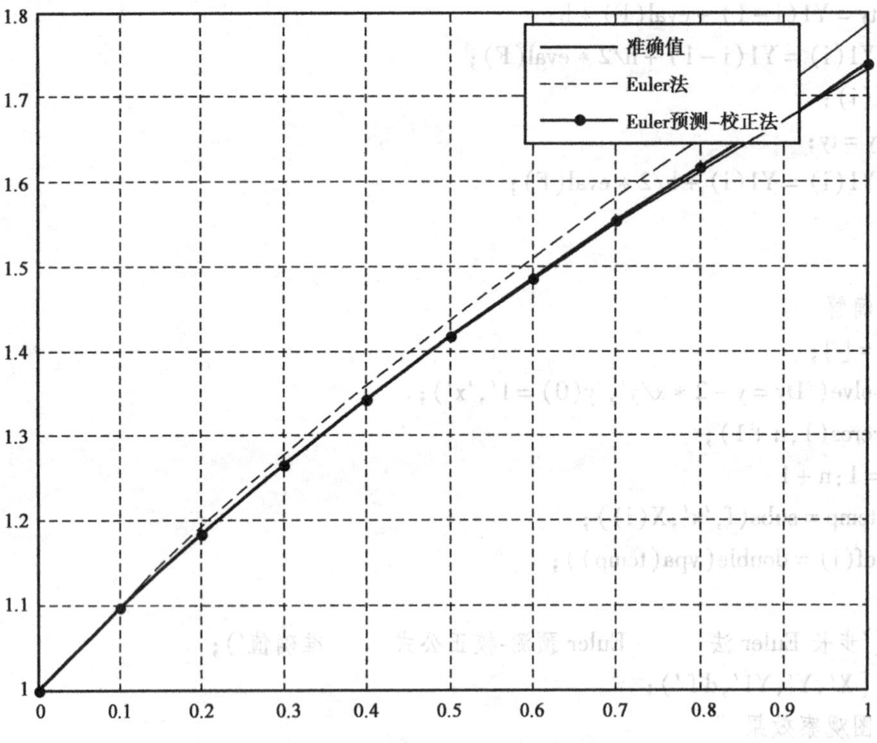


图 9.5　Euler 法和 Euler 预测-校正法解常微分方程

相对 Euler 法来说，Euler 预测-校正法精度更高，从图上也可以看到，它基本上和准确值的曲线重叠在一块。

**例 9.9**　用经典四阶 R-K 方法计算：

$$\begin{cases}\dfrac{dy}{dx} = y - \dfrac{2x}{y}, & x \in [0,1] \\ y(0) = 1\end{cases}$$

**解**

```
%ex9_9.m
%四阶经典 R-K 公式作数值计算
clc;
F='y-2*x/y';
a=0;
b=1;
h=0.1;
n=(b-a)/h;
X=a:h:b;
Y=zeros(1,n+1);
Y(1)=1;
for i=1:n
    x=X(i);
    y=Y(i);
    K1=h*eval(F);
    x=x+h/2;
    y=y+K1/2;
    K2=h*eval(F);
    x=x;
    y=Y(i)+K2/2;
    K3=h*eval(F);
    x=X(i)+h;
    y=Y(i)+K3;
    K4=h*eval(F);
    Y(i+1)=Y(i)+(K1+2*K2+2*K3+K4)/6;
end

%准确解
temp=[];
f=dsolve('Dy=y-2*x/y','y(0)=1','x');
df=zeros(1,n+1);
for i=1:n+1
    temp=subs(f,'x',X(i));
    df(i)=double(vpa(temp));
```

```
end
disp('步长    四阶经典 R-K 法                    准确值');
disp([X',Y',df']);
%画图观察效果
figure;
plot(X,df,'k*',X,Y,'—r');
grid on;
title('四阶经典 R-K 法解常微分方程');
legend('准确值','四阶经典 R-K 法');
```

运行上述程序得到如下结果：

| 步长 | 四阶经典 R-K 法 | 准确值 |
|---|---|---|
| 0 | 1.000000000000000 | 1.000000000000000 |
| 0.100000000000000 | 1.095445531693094 | 1.095445115010332 |
| 0.200000000000000 | 1.183216745505993 | 1.183215956619923 |
| 0.300000000000000 | 1.264912228340392 | 1.264911064067352 |
| 0.400000000000000 | 1.341642353750372 | 1.341640786499874 |
| 0.500000000000000 | 1.414215577890085 | 1.414213562373095 |
| 0.600000000000000 | 1.483242222771993 | 1.483239697419133 |
| 0.700000000000000 | 1.549196452302143 | 1.549193338482967 |
| 0.800000000000000 | 1.612455349658987 | 1.612451549659710 |
| 0.900000000000000 | 1.673324659016256 | 1.673320053068151 |
| 1.000000000000000 | 1.732056365165566 | 1.732050807568877 |

作出函数图形如图 9.6 所示。

这个结果比上述两种方法精度高得多。

**例 9.10** 利用 Adams 预测-校正公式法求解：

$$\begin{cases} \dfrac{dy}{dx} = y - \dfrac{2x}{y}, & x \in [0,1] \\ y(0) = 1 \end{cases}$$

**解** 前面三步还是用经典四阶 R-K 方法启动计算，求解程序如下：

```
%ex9_10.m
%Adams 校正-预测法作常微分方程数值计算
%[a,b]为求解区间,h 为步长
clc;
F='y-2*x/y';
a=0;
b=1;
h=0.1;
n=(b-a)/h;
```

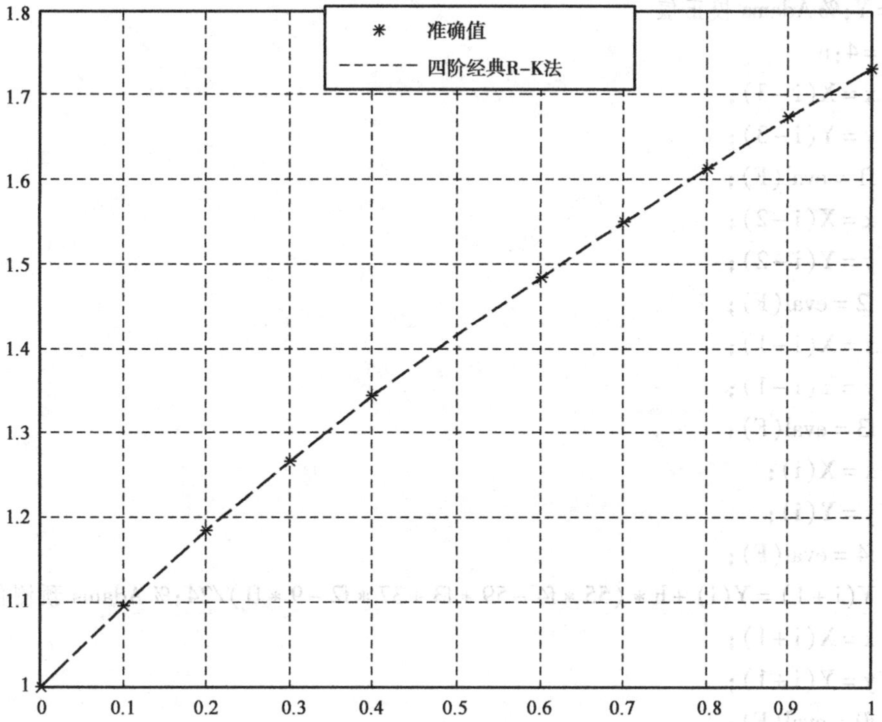


图9.6　四阶经典 R-K 法解常微分方程

```
X = a:h:b;
Y = zeros(1,n+1);% Adams 预测值
Y(1) =1;
%以四阶 R-K 法启动
for i =1:3
    x = X(i);
    y = Y(i);
    K1 =h * eval(F);
    x = x + h/2;
    y = y + K1/2;
    K2 =h * eval(F);
    x = x;
    y = Y(i) + K2/2;
    K3 =h * eval(F);
    x = X(i) + h;
    y = Y(i) + K3;
    K4 =h * eval(F);
    Y(i+1) = Y(i) + (K1 +2 * K2 +2 * K3 + K4)/6;
end
% Adams 校正-预测法
```

```
Y1 = Y;% Adams 校正值
for i =4:n
    x = X(i-3);
    y = Y(i-3);
    f1 = eval(F);
    x = X(i-2);
    y = Y(i-2);
    f2 = eval(F);
    x = X(i-1);
    y = Y(i-1);
    f3 = eval(F);
    x = X(i);
    y = Y(i);
    f4 = eval(F);
    Y(i+1) = Y(i) + h * (55 * f4 - 59 * f3 + 37 * f2 - 9 * f1)/24;% Adams 预测值
    x = X(i+1);
    y = Y(i+1);
    f0 = eval(F);
    Y1(i+1) = Y(i) + h * (9 * f0 + 19 * f4 - 5 * f3 + f2)/24;% 校正值
end

% 准确解
temp = [ ];
f = dsolve('Dy = y - 2 * x/y','y(0) = 1','x');
df = zeros(1,n+1);
for i = 1:n+1
    temp = subs(f,'x',X(i));
    df(i) = double(vpa(temp));
end
disp('步长      Adams 预测值            Adams 校正值        准确值');
disp([X',Y',Y1',df']);
% 画图观察效果
figure;
plot(X,df,'k * ',X,Y,'-.r',X,Y1,'—b');
grid on;
title('Adams 校正-预测法解常微分方程');
legend('准确值','Adams 预测值','Adams 校正值');
```

运行上述程序得到如下结果：

| 步长 | Adams 预测值 | Adams 校正值 | 准确值 |
|---|---|---|---|
| 0 | 1.00000000000000 | 1.00000000000000 | 1.00000000000000 |
| 0.10000000000000 | 1.095445531693094 | 1.095445531693094 | 1.095445115010332 |
| 0.20000000000000 | 1.183216745505993 | 1.183216745505993 | 1.183215956619923 |
| 0.30000000000000 | 1.264912228340392 | 1.264912228340392 | 1.264911064067352 |
| 0.40000000000000 | 1.341551759049205 | 1.341641357193254 | 1.341640786499874 |
| 0.50000000000000 | 1.414046421479413 | 1.414107280831795 | 1.414213562373095 |
| 0.60000000000000 | 1.483018909732277 | 1.483044033257615 | 1.483239697419133 |
| 0.70000000000000 | 1.548918873971137 | 1.548934845800237 | 1.549193338482967 |
| 0.80000000000000 | 1.612116428793334 | 1.612129054676922 | 1.612451549659710 |
| 0.90000000000000 | 1.672917033446480 | 1.672925295781879 | 1.673320053068151 |
| 1.00000000000000 | 1.731569752635566 | 1.731575065330948 | 1.732050807568877 |

它们的曲线如图 9.7 所示。

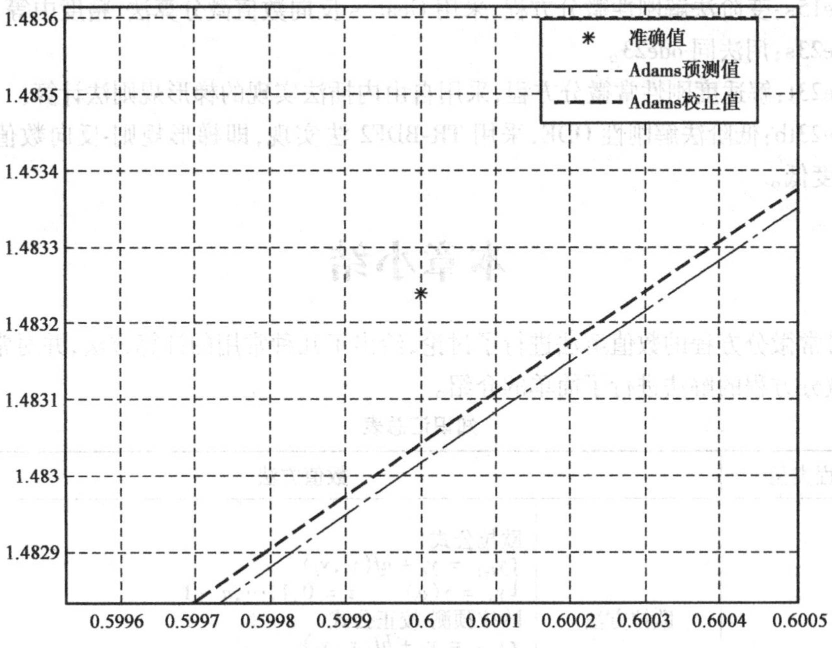


图 9.7　Adams 校正-预测法解常微分方程

相对于预测值,校正值的曲线更接近精确值的曲线。

我们列出常用的 Matlab 求解常微分方程命令如下:

(1)常微分方程的符号解法 dsolve

[y1,y2,…,y12] = dsolve(a1,a2,…,a12)

Matlab 用符号法解常微分方程时,需要作如下形式变换:

①用“Dmy” 表示函数 $y = f(x)$ 的 m 阶导数 $y^{(m)} = f^{(m)}(x)$,D 必须大写,m 根据导数阶数具体确定。

②初始条件写成如下形式:

$y(x_0) = y_0, Dy(x_0) = y_1, \cdots, D(m-1)y(x_0) = y_{m-1}$

③通常用变量 $t$ 作为默认变量。

输入中每个参数(a1,a2,…,a12) 都包含三部分内容:符号化方程、初值条件和界定的自变量,用单引号界定。输入参量 a(i)可以多达 12 个。

(2)常微分方程初值问题的数值解 ode23

[x,y] = ode23('fun',Tspan,y0,option)

可用于求解常微分方程,fun 为一阶微分方程的 M-函数文件名,用单引号或@ 标志。Tspan 规定了常微分方程的自变量取值范围,y0 表求初始条件向量 y0 = [y(x0) y'(x0) y''(x0) …]。option 为选项参数,可用 odeset 设置,输出[x,y]为微分方程数值解的列表,若省略输出则输出解函数的曲线。其他求解微分方程数值解命令调用格式相似。

(3) 其他用数值法解常微分方程的命令及含义

ode45:4/5 阶龙格-库塔公式求解,是求解常微分方程初值问题数值解法的常用命令。

ode23: 2/3 阶龙格-库塔公式求解。

ode113:普通变阶法解常微分方程。

ode15s:变阶法解刚性微分方程,采用 Gear's 反向数值微分算法,精度中等。

ode23s:用法同 ode23。

ode23t:解适度刚性常微分方程,采用自由内插法实现的梯形规则法计算。

ode23tb:低阶法解刚性 ODE,采用 TR-BDF2 法实现,即梯形规则-反向数值微分两阶段算法,精度低。

# 本章小结

本章对常微分方程的数值解法进行了讨论,给出了几种常用的计算方法,并对常微分方程组和高阶微分方程的解法进行了简单的介绍。

**知识汇总表**

| 微分方程类型 | 数值方法 | |
|---|---|---|
| 一阶常微分方程 | 欧拉方法 | 欧拉公式 $\begin{cases} y_{i+1} = y_i + hf(x_i, y_i) \\ y_0 = y(a) \quad i = 0,1,\cdots,n-1 \end{cases}$ 欧拉预测-校正公式 $\begin{cases} \bar{y}_{i+1} = y_i + hf(x_i, y_i) \\ y_{i+1} = y_i + \frac{h}{2}[f(x_i, y_i) + f(x_{i+1}, \bar{y}_{i+1})] \end{cases}$ |
| | 龙格-库塔方法 | 经典四阶龙格-库塔方法: $y_{i+1} = y_i + \frac{1}{6}(K_1 + 2K_2 + 2K_3 + K_4)$ $\begin{cases} K_1 = hf(x_i, y_i) \\ K_2 = hf\left(x_i + \frac{h}{2}, y_i + \frac{K_1}{2}\right) \\ K_3 = hf\left(x_i + \frac{h}{2}, y_i + \frac{K_2}{2}\right) \\ K_4 = hf(x_i + h, y_i + K_3) \end{cases}$ |

续表

| 微分方程类型 | 数值方法 | |
|---|---|---|
| 一阶常微分方程 | 预测校正法 | Adams 预测-校正公式：<br>$\begin{cases} \bar{y}_{i+1} = y_i + \frac{h}{24}[55f_i - 59f_{i-1} + 37f_{i-2} - 9f_{i-3}] \\ y_{i+1} = y_i + \frac{h}{24}[9\bar{f}_{i+1} + 19f_i - 5f_{i-1} + f_{i-2}] \end{cases}$ |
| 一阶常微分方程组 | 将每个方程看成一个单独的常微分方程初值问题列出迭代公式，并通过已有的数值解法求解。计算时，每次迭代需要将每个方程都求解一次。 | |
| 高阶常微分方程 | 利用换元思想将高阶微分方程组转化为一阶常微分方程组，再利用微分方程组的数值方法求解。 | |

# 习题九

1. 填空题

(1)解初值问题的 Euler 法是______阶方法，梯形方法是______阶方法，标准 R－K 方法是______阶方法。

(2)解初值问题 $y'(x) = 20(x-y), y(0) = 1$ 时，为保证计算的稳定性，若用经典的四阶 R－K 方法，步长 $0 < h <$ ______。采用 Euler 方法，步长 $h$ 的取值范围为______。若采用 Euler 梯形方法，步长 $h$ 的取值范围为______。若采用 Adams 外推法，步长 $h$ 的范围为______。若采用 Adams 内插法，步长 $h$ 的取值范围为______。

(3)求解初值问题 Euler 方法的局部截断误差为______，Euler 梯形方法的局部截断误差为______，Adams 外推法的局部截断误差为______，Adams 内插法的局部截断误差为______。

2. 用欧拉方法求解初值问题 $y' = x - y, y(0) = 0$ 的数值解，取步长 $h = 0.1$，计算到 $x = 0.5$。

3. 用四阶经典的龙格-库塔方法求解初值问题 $y' = \frac{3y}{1+x}, y(0) = 1 (0 < x < 1)$，试取步长 $h = 0.2$，要求小数点后保留四位数字。

4. 取 $h = 0.1$ 用欧拉方法，取 $h = 0.2$ 利用 Euler 预测-校正法，取 $h = 0.2$ 四阶经典 R-K 方法求解下面初值问题的数值解：

$$\begin{cases} y' = y + x \quad 0 \leqslant x \leqslant 1 \\ y(0) = 1 \end{cases}$$

5. 证明三段龙格-库塔方法

$$\begin{cases} k_1 = hf(x_n, y_n) \\ k_2 = hf\left(x_n + \dfrac{h}{3}, y_n + \dfrac{k_1}{3}\right) \\ k_3 = hf\left(x_n + \dfrac{2h}{3}, y_n + \dfrac{2k_2}{3}\right) \\ y_{n+1} = y_n + \dfrac{1}{4}(k_1 + 3k_3) \end{cases}$$

是三阶方法。

6. 用二阶的 Adams 预测-校正法求解初值问题

$$\begin{cases} y' = 1 - y \\ y(0) = 0 \end{cases}$$

取步长 $h=0.2$,求出 $x=1.0$ 时的近似值。

7. 写出用经典的 R-K 方法及 Adams 预测-校正法解初值问题,取步长 $h=0.1$。

$$\begin{cases} y' = x - y \\ y(0) = 0 \end{cases} \quad (0 \leqslant x \leqslant 0.4)$$

8. 用四阶龙格-库塔方法求解初值问题

$$\begin{cases} y'' = 5e^{2x}\sin x - 2y + 2y' \\ y(0) = -2, y'(0) = -3 \end{cases}$$

在 $x=0.2$ 和 $x=0.6$ 时的近似值,取 $h=0.1$。

9. 试用 Euler 方法求解以下常系数微分方程组的数值解。

$$\begin{cases} y_1' = y_2 - 7y_1 + \sqrt{x} \\ y_2' = -2y_1 - 5y_2 + x^2 \\ y_1(0) = 1, y_2(0) = 1 \end{cases} \quad x \in [0,10]$$

# 习题答案

## 习题一

1. (1) 截断误差,舍入误差;(2)小;(3)相近,远小于;(4) $1.5915\times 10^{-4}$

2. $x^* = 3.8730$ .3. 有效数字分别为:5,2,4,5,2,误差限(1) $0.5\times 10^{-2}$ ;(2) $0.5\times 10^{1}$

4. 有效数字分别为:2,3,3 $\varepsilon_r(x_1) = 0.5\times 10^{-2}$,$\varepsilon_r(x_2) = 0.5\times 10^{-3}$,$\varepsilon_r(x_3) = 0.5\times 10^{-3}$.

5. 有效数字位数分别为:3,1,1. 6. $\varepsilon_r(V) = 3\%$

7. 误差限为,计算过程不稳定. 8. $\frac{1}{(3+2\sqrt{2})^3}$ 误差最小;9. (1) $y = \frac{-x^2+3x}{1-x^2}$,(2) $x$,(3) $y = 2\cos(x+\frac{\varepsilon}{2})\sin(\frac{\varepsilon}{2})$. (4) $y = 4\times 10^{11} + 10$

## 习题二

1. (1)中断,误差增大;(2)矩阵 A 的 1 至 n-1 阶顺序主子式不为零; (3) 当矩阵 A 各阶顺序主子式非零;2. (1) $x = (3.0000, 1.0000, 2.0000)$ ,(2) $x = (1.0000, 2.0000, 3.0000)$

3. (1) $x = (1, 1+\varepsilon, -\varepsilon)^T$ (2) $x = (2, -2, 1)^T$;

4. $\begin{pmatrix} -0.0476 & -0.1429 & 0.1905 \\ -0.8095 & -0.0952 & 0.2381 \\ 0.2857 & 0.1905 & -0.1429 \end{pmatrix}$;

5. $x = \begin{bmatrix} 2 \\ -1 \\ 2 \\ -1 \end{bmatrix}$;

6. $L = \begin{bmatrix} 1 & & \\ 2 & 1 & \\ 6 & 3 & 1 \end{bmatrix}$

7. $x = \begin{pmatrix} 1 \\ 1 \\ 1 \\ 1 \end{pmatrix}$;

8. $x = \begin{pmatrix} 1 \\ -4 \\ 9 \end{pmatrix}$;

9. $x=(\ -0.3636\quad -0.4545\quad -0.4545\quad -0.3636)^T$ ;10. $x=\begin{pmatrix} 9.9000 \\ -51.8000 \\ 49 \end{pmatrix}$;

# 习题三

1. (1)3 , $3+\sqrt{5}$ , 2;(2) $t$ , $t^2$ ; (3) $c$ , $\frac{c}{a}$ ;(4)迭代法;(5)不可约,收敛;(6)Gauss - Seidel ;
 7. 谱半径;$0<w<2$;8. $\geq 1$ ,0, 1

2. (1) $\rho(B_J)=\frac{\sqrt{2}}{2}<1$,$\rho(B_S)=1$ ,Jacobi 迭代法收敛,Gauss - Seidel 迭代法不收敛;
 (2)对称正定,Gauss - Seidel 迭代法收敛,$\rho(B_J)=1$ ,Jacobi 迭代法不收敛;
 (3)严格对角占优,两种方法都收敛;(4)三对角阵不可约,对角占优,两种方法均收敛。
3. 用 Jacobi 迭代法和 Gauss - Seidel 迭代法求解方程组
 (1)Jacobi 迭代法 $x=(0.76733\quad 1.138332\quad 2.125358)$
  Gauss - Seidel: $X=(0.76735\quad 1.13841\quad 2.12537)$
 (2) Jacobi 迭代法 $X=(0.99998\ 1.99997\ 0.99997)$
  Gauss - Seidel: $X=(1.00000\quad 2.00000\quad 1.00000)$
4. $x=(1.000\quad 2.000\quad -1.000\quad 1.000)$;

# 习题四

1. (1)按模最大,全部;(2) 绝对值最大,非主对角;(3)一般,精确化,特征向量;
2. 模最大的特征值:13,对应的特征向量:(1.0000,0.8462,0.0178)
4. D = 0.5789,V =( -0.0461 -0.3749 1.0000)
5. $A=\begin{bmatrix} 1 & -1.11803 & 1 \\ -1.11803 & 1.40000 & -0.55000 \\ 1 & -0.55000 & 1.60000 \end{bmatrix}$
7. (1) $\lambda_1=2.125825$, $\lambda_2=8.388761$, $\lambda_3=4.485401$
 (2) $\lambda_1=2.5365258$, $\lambda_2=-0.0166473$, $\lambda_3=1.4801215$
8. $A_{10}=\begin{pmatrix} 4.7285 & 0.0781 & 0 \\ 0.0781 & 3.0035 & -0.0020 \\ 0 & -0.0020 & 1.2680 \end{pmatrix}\approx\begin{bmatrix} 4.7285 & & \\ & 3.0035 & \\ & & 1.2680 \end{bmatrix}$

# 习题五

1. (1) [0.5,1],[0.5,0.75];(2) $x_{k+1}=\frac{f(x_k)-f'(x_k)x_k}{1-f'(x_k)}$;(3) $-\frac{\sqrt{5}}{5}<c<0$;(4) $\frac{1}{3x_k^2-2x_k-1}$;(5) $\sqrt[3]{3}$ ,二阶.

2. x = 0.9219;5. (1)x = 1.4659 收敛 (2)x = 1.4656 ,收敛 (3)发散

7. x = 1.3247　10. $x^{(4)} = (0.4717798, 1.9435596)^T$

# 习题六

1. (1) 3,18,1, 0 (2) x , k(3)x + 1 ;2. (1)1.32436,(2)2.1835,(3)1.2453,2.2102

3. (1) $E(x) = 0$ (2) $E(x) = x^4 + 2x^3 + x^2 x \in [-1,0]$ $E(x) = x^4 - 6x^3 + 9x^2 x \in [0,3]$

4. $f(0.596) \approx 0.6319$ ;5. $p(x) = x^2 + 1$ ;6. $h = 0.0028284$ ;8. x = 0.422682

9. 1/6 * x^4 + 2/3 * x^3 - 5/6 * x^2 ;

12. $H(1.5) = 0.3075$ ;13. $S_1(x) = -\frac{2111}{10000}x^3 + \frac{1}{2}x^2 - \frac{2889}{10000}xx \in [0,1]$

$S_2(x) = \frac{139}{2500}x^3 - \frac{1501}{5000}x^2 + \frac{2557}{5000}x - \frac{667}{2500}x \in [1,2]$

$S_3(x) = -\frac{111}{10000}x^3 + \frac{999}{10000}x^2 - \frac{1443}{5000}x + \frac{333}{1250}x \in [2,3]$

# 习题七

1. (1) 1, $\frac{\sqrt{6}}{3}$, 1; (2) $\begin{pmatrix} 3 & 0 \\ 0 & 2 \end{pmatrix}\begin{pmatrix} c_0 \\ c_1 \end{pmatrix} = \begin{pmatrix} 1 \\ 0 \end{pmatrix}$, $\frac{1}{3}$; (3) $\begin{pmatrix} 2 & 0 & \frac{2}{3} \\ 0 & \frac{2}{3} & 0 \\ \frac{2}{3} & 0 & \frac{2}{5} \end{pmatrix}$, $\begin{pmatrix} 2 & 2 & \frac{8}{3} \\ 2 & \frac{8}{3} & 4 \\ \frac{8}{3} & 4 & \frac{32}{5} \end{pmatrix}$.

2. $S_2(x) = 0.42695x + 0.93432$ ; 3. $S(x) = 4.1225x^2 - 8.245x + 3.1423$

4. $f(x) = 2.0321x - 0.21562$ ;5. $y = 0.9726 + 0.0500x^2$ ;6. $y = 103.92e^{-0.5781x}$

7. 一次：$\begin{pmatrix} 9.0000 & 0 \\ 0 & 3.7500 \end{pmatrix}\begin{pmatrix} c_0 \\ c_1 \end{pmatrix} = \begin{pmatrix} 18.5601 \\ 8.0019 \end{pmatrix}$

二次：$\begin{pmatrix} 9.0000 & 0 & 3.7500 \\ 0 & 3.7500 & 0 \\ 3.7500 & 0 & 2.7656 \end{pmatrix}\begin{pmatrix} c_0 \\ c_1 \\ c_2 \end{pmatrix} = \begin{pmatrix} 18.5601 \\ 8.0019 \\ 8.0288 \end{pmatrix}$

三次：$\begin{pmatrix} 9.0000 & 0 & 3.7500 & 0 \\ 0 & 3.7500 & 0 & 2.7656 \\ 3.7500 & 0 & 2.7656 & 0 \\ 0 & 2.7656 & 0 & 2.3877 \end{pmatrix}\begin{pmatrix} c_0 \\ c_1 \\ c_2 \\ c_3 \end{pmatrix} = \begin{pmatrix} 18.5601 \\ 8.0019 \\ 8.0288 \\ 5.7861 \end{pmatrix}$

二次多项式：$0.24551x^2 + 2.1338x + 1.9599$

8. $f(x) = 0.84366x^2 + 0.86418x + 1.0051$

# 习题八

1. (1) n, 2n+1; (2) 1,3 (3) $E(f) = -\frac{h^3}{12}f(\eta), \eta \in (a,b)$; (4) N+1

2. (1) $A_0 = -\frac{4}{3}h, A_1 = \frac{8}{3}h, A_{-1} = \frac{8}{3}h$，代数精度为3 (2) $A_0 = \frac{4}{3}h, A_1 = \frac{1}{3}h, A_{-1} = \frac{1}{3}h$，代数精度为3；(3) $\begin{cases} x_1 = -0.2899 \\ x_2 = 0.5266 \end{cases}$ 或 $\begin{cases} x_1 = 0.6899 \\ x_2 = 0.1266 \end{cases}$，代数精度为3 (4) $A_1 = A_3 = \frac{1}{3}, A_2 = \frac{4}{3}, x_1 = -1$，代数精度为3。

3. 复化梯形公式需要区间213等分，复化辛普森公式需要区间8等分；5.

5. $I_T = 2.651, I_S = 2.695$；6. $T_8 = 0.9456909$，$S_4 = 0.9460832, C_2 = 0.9460829$

7. $I = 2.00000$；9. (1) 0.946083133 (2) 0.875468458；11. $h = 1$，$f'(1) = 3.195$；$h = 0.1$，$f'(1) = 2.720$；$h = 0.01$，$f'(1) = 2.750$，精确值为2.7182818.

# 习题九

1. (1) 一，二，四 (2) 0.139, $0 < h < 0.1$, $0 < h < \infty$, $0 < h < 0.115$, $0 < h < 0.15$,
(3) $\frac{h^2}{2}y''(\xi_i)$，$-\frac{h^3}{12}y'''(\xi_i)$，$\frac{251}{720}h^5y^{(5)}(\xi_i)$，$-\frac{19}{720}h^5y^{(5)}(\xi_i)$.

2. $y(1) = 1.78477$ 3. $y(0.5) = 0.39346906$ 4. Euler预测－校正法 $y(1.0) = 1.678166$，四阶经典R－K方法 $y(1.0) = 1.1.732056$ 5. $y(1.0) = 1.36787837$

6. $y(0.2) \approx -2.627794$，$y(0.6) \approx -3.6057595$

# 参考文献


[1] 王开荣、杨大地. 数值分析(第二版). 科学出版社,2014.5

[2] 李清善、宋士仓数值方法,郑州大学出版社,2007.9

[3] 张光澄 张雷. 实用数值分析. 四川大学出版社,2003.6

[4] 王能超. 数值分析简明教程. 高等教育出版社,1984.10

[5] (美) Shoichiro Nakamura 科学计算引论. 电子工业出版社,2002.6

[6] 张军. 数值计算. 清华大学出版社,2008.7

[7] 李岳生、黄友谦. 数值逼近. 人民教育出版社,1978.7

[8] 薛毅 数值分析与实验. 北京工业大学出版社,2005.3

[9] 高培旺. 计算方法典型例题与解集法. 国防科技大学出版社,2003.11

[10] 封建湖、车刚明. 数值分析原理. 科学出版社,2001.9